高等院校计算机任务驱动教改教材

C++ 面向对象程序设计

黄宝贵 主编

黄万丽　马春梅　禹继国　赵景秀　闫　超 副主编

清華大学出版社

北　京

内容简介

本书作为面向对象程序设计的入门教程，深入浅出地对面向对象程序设计的基本方法、设计思路及编程理念进行了深刻剖析，使读者能够轻松掌握C++面向对象程序设计的三大核心技术：封装、继承与多态，了解代码重用的主要机制及方法，掌握泛型编程的基本方法。本书内容分为10章，包括初识C++、预备知识、类与对象、运算符重载、类继承、多态、模板、标准模板库、输入/输出流、异常与断言。本书注重理论性与实用性相结合，通过大量精心设计的简单示例讲解复杂的语法，引导读者深入理解与体会面向对象程序设计的精髓，在此基础上，读者可以快速、高效地开发出高质量的应用程序。

本书可作为高等院校计算机相关专业的教材，也可作为自学C++基础知识的读者的参考书。

图书在版编目(CIP)数据

C++面向对象程序设计 / 黄宝贵主编. —北京：清华大学出版社，2020.3（2023.8重印）
高等院校计算机任务驱动教改教材
ISBN 978-7-302-55034-1

Ⅰ. ①C… Ⅱ. ①黄… Ⅲ. ①C++语言—程序设计—高等学校—教材 Ⅳ. ①TP312.8

中国版本图书馆CIP数据核字(2020)第040047号

责任编辑：杜　晓
封面设计：傅瑞学
责任校对：袁　芳
责任印制：沈　露

出版发行：清华大学出版社
网　　址：http://www.tup.com.cn，http://www.wqbook.com
地　　址：北京清华大学学研大厦A座　　**邮　　编：**100084
社 总 机：010-83470000　　**邮　　购：**010-62786544
投稿与读者服务：010-62776969，c-service@tup.tsinghua.edu.cn
质量反馈：010-62772015，zhiliang@tup.tsinghua.edu.cn
课件下载：http://www.tup.com.cn，010-83470410
印 装 者：三河市龙大印装有限公司
经　　销：全国新华书店
开　　本：185mm×260mm　　**印　　张：**22　　**字　　数：**486千字
版　　次：2020年4月第1版　　**印　　次：**2023年8月第4次印刷
定　　价：59.90元

产品编号：085600-03

前 言

一、为什么编写这本书

毋庸置疑,C++ 语言是当前非常流行的面向对象程序设计语言,各高等院校的计算机专业都开设了 C++ 语言课程,作为面向对象程序设计的入门课程,有些学校甚至把 C++ 语言课程作为非计算机专业学生的公共课。

然而,不可否认的是,C++ 语言语法复杂,想要轻松学习并熟练掌握 C++ 语言的精髓绝非易事。目前,介绍 C++ 语言的书数不胜数,这些书要么篇幅过大,要么内容比较具体、深入。当然,适合初学者的书也比较多,其中也不乏优秀的书。

但是,笔者依然耗费巨大的精力编写本书。笔者多年来一直从事一线教学工作,有着多年讲授 C 语言和 C++ 语言的经验,知道学生学习 C++ 语言的主要障碍是什么,哪些问题对他们来说是难以理解的,哪些问题是相对比较容易的。笔者一直尝试站在学生的角度看 C++ 语言到底是什么,如何以学生的思维理解一个语法知识点。这也是编写本书的出发点。本书力求做到深入浅出,通过大量的示例把复杂的概念用浅显的语言介绍给读者。

二、如何使用这本书

本书主要面向高等院校计算机专业的学生,使用本书时要注意以下几点。

(1) 需要有 C 语言编程基础。严格来说,本书并不是一部完整的 C++ 程序设计语言教程,因为本书省略了一些关于 C++ 语言的基本语法方面的内容,如基本数据类型(int、char、float、double 等)、程序控制结构(顺序结构、分支结构和循环结构)、数组、指针、结构体、自定义函数等。C++ 语言是在 C 语言基础上发展起来的,它兼容 C 语言,有许多语法与 C 语言语法是相同的。因此,笔者建议读者要有一定的 C 语言编程基础。

(2) 突出本书的基础性作用。通常,C++ 语言是学生接触的第一门面向对象程序设计语言,他们缺乏程序设计的实际经验,而且没有学习数据结构、算法等相关课程。所以,目前他们很难用 C++ 语言编写出实用的应用程序。本书以大量的、简单的控制台应用程序演示 C++ 语言语法及功能,通俗化地介绍面向对象程序设计中晦涩的、难以理解的概念,希望读者不要厌烦这些看似简单、没有任何用处的示例。事实上,每个示例都是笔者精心设计的、具有代表性的,能够深刻剖析 C++ 语言的每个语法细节。但是,笔者始终坚持一个观点:学习 C++ 语言时绝不能沉陷于 C++ 语言的语法细节的汪洋大海中,因为 C++ 语言的语法太过复杂,如果拘泥于语法细节的实现,往往只会使读者深切地感到 C++ 语言语法的枯燥,无法从更高的角度高屋建瓴地理解面向对象程序设计的概念及编程理念。而建立正确的面向对象程序设计的理念及程序设计方法是学习 C++ 语言的一个最主要目的。

(3) 切忌眼高手低。学好 C++ 语言通常需要经过三个阶段:首先是模仿阶段。多读别人写的代码,不断揣摩编程者的心思,试图做到与编程者的心灵相通,彻底理解代码的功能及设计思路。其次是质疑阶段。质疑别人写的任何代码,力图从另外一个角度找到解决问题的方法,做到以更简洁、易懂的代码解决相同的问题。但是,这个阶段编写的代码往往经不起推敲。最后是自由发挥阶段。对于任何问题总能找到最恰当的算法,编写出无懈可击的、健壮的代码。笔者在教学过程中发现,有些学生编写代码的思路很"奇特",代码虽然简单却不容易理解。而这些学生往往很欣赏自己的"杰作",俨然把自己当作了"编程达人"。事实上,思路"奇特"、可读性差的代码并不是好的代码,这些代码中往往存在设计漏洞,经不起推敲。所以,在使用本书的过程中,笔者建议读者放下"身段",把每个示例都读一遍、写一遍、改一遍。读懂笔者的心思,看懂示例代码,然后亲自编写一遍代码,力求做到仿而不抄。最后修改代码,达到"青出于蓝而胜于蓝"的效果。

笔者很喜欢网上看到的一段话,大概意思是:我知道打基础是痛苦而且没有多少成就感的过程,但是在化茧成蝶之前,我们还是要继续做而且要认真地做"毛毛虫",因为我们知道我们会有变成美丽蝴蝶的那一天!以此与读者共勉。

三、本书各章内容介绍

本书内容共分为 10 章,包括初识 C++、预备知识、类与对象、运算符重载、类继承、多态、模板、标准模板库、输入/输出流、异常与断言。

第 1 章 主要介绍 C++ 语言的发展、特点及应用领域;C++ 语言程序设计基本过程、程序基本结构、名称空间、常用编译器等;Code::Blocks 集成开发环境,在 Code::Blocks 中设计 C++ 语言控制台应用程序的基本方法及过程。

第 2 章 主要介绍 C++ 语言不同于 C 语言的数据类型、变量声明及初始化方法,包括布尔类型、类型转换、自动类型声明及变量的列表初始化;数组的另外三种实现方法:vector、array 和 string 字符串;使用 new 和 delete 运算符申请内存及回收内存,引用与指针的联系与区别,左值引用与右值引用,内联函数、默认参数函数及函数重载的概念及作用等。

第 3 章 主要介绍面向对象程序设计的概念及程序设计理念,类的声明、对象定义、构造函数、析构函数等,类中成员的访问方式,类的封装性的意义,类中特殊成员(如静态成员、常成员等)的作用及使用方式,类的友元的作用及使用注意事项。

第 4 章　主要介绍运算符重载的概念、意义，常用运算符在自定义类中的重载规则、重载方式，类型转换函数及类型转换构造函数等。

第 5 章　主要介绍类的继承，包括程序设计中代码重用的意义、不同继承方式下类中成员的访问方式、多重继承等。

第 6 章　主要介绍多态，包括静态多态性及动态多态性、基类与派生类之间的类型转换、虚函数与动态多态性的实现、纯虚函数与抽象类等。

第 7 章　主要介绍程序设计中的代码重用和范型编程的概念及意义，包括函数模板的功能及使用方法、类模板的功能及使用方法、函数模板及类模板的实例化、可变参数函数模板等。

第 8 章　主要介绍标准模板库（Standard Template Library，STL），STL 主要包含容器、迭代器、算法、函数对象等。本章内容包括序列容器（vector、deque、list）及容器适配器（stack、queue）、关联容器（set、map 等）、迭代器（迭代器的类型及作用）、算法（STL 中常用的算法，如 find、sort、for_each 等）及函数对象的使用方法。

第 9 章　主要介绍输入/输出流的概念、C++ 中标准流类库、标准输入流（istream）、标准输出流（ostream）、数据输入/输出的方法及格式化控制、文件流类、文件流对象的创建、文件的打开与关闭、文本文件及二进制文件的读/写方法、字符串流的概念及使用方法等。

第 10 章　主要介绍程序设计过程中的异常处理，包括异常的概念、异常处理的机制、异常类、断言及静态断言等。

四、致谢

首先感谢山东省教育服务新旧动能转换专业对接产业项目（曲阜师范大学精品旅游）对本书的资助。

笔者在编写本书的过程中得到了很多领导和教师的指导与帮助，也得到了父母、爱人、孩子的大力支持，没有他们的帮助，笔者很难完成书稿。

感谢禹继国教授、赵景秀教授，他们为本书稿提出了一些很有见地的指导意见。感谢清华大学出版社编辑的帮助。

感谢所有参与书稿编写的教师，主要参编人员有黄万丽、马春梅、闫超、张秀娟、司广涛、刘金星、崔新春、任平红等，全体人员在编写过程中付出了辛勤的汗水，在此一并表示感谢！

尽管我们付出了最大的努力，但是由于知识水平及能力有限，书中难免有不妥之处。真诚地希望各位专家及读者朋友提出宝贵意见，我们将不胜感激。

编　者

2023 年 5 月

于曲阜师范大学

目录

第1章 初识C++

为了解决软件危机,20 世纪 80 年代计算机界提出了面向对象程序设计(Object Oriented Programming,OOP)的编程思想,支持面向对象程序设计的语言也应运而生。其中,C++ 语言是最流行的一种面向对象程序设计语言。

C++ 语言在计算机编程语言中占有极其重要的地位,可以说是所有计算机程序设计语言中非常伟大的发明之一。C++ 语言自 1983 年问世以来,一直备受程序员的青睐,是非常受欢迎的编程语言之一。C++ 语言在 TIOBE 2019 年 5 月公布的编程语言排行榜[①]中排名第三位,而且在近 20 年(2001—2019 年)的时间里始终稳定地位居前三位,如图 1-1 所示,足见 C++ 语言的魅力。

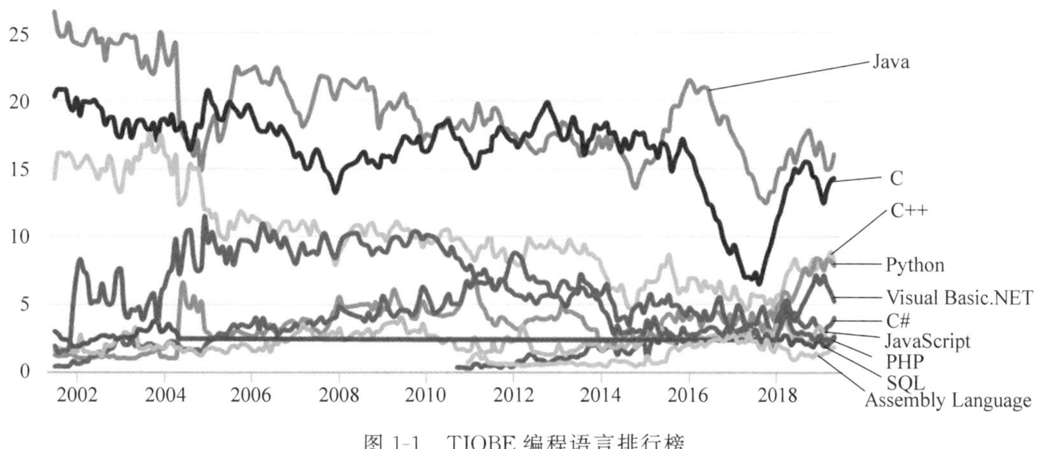

图 1-1 TIOBE 编程语言排行榜

接下来,让我们一起揭开 C++ 语言的神秘面纱,领略 C++ 语言的独特魅力吧!

1.1 C++ 简介

1.1.1 C++ 发展史

计算机科学中对象和实例的概念最早萌芽于麻省理工学院的 PDP-1 系统,而 Simula67 被认为是最早的面向对象程序设计语言,它引入了所有后来面向对象程序设计语言所遵循

① TIOBE 编程语言排行榜根据互联网上有经验的程序员、课程和第三方厂商的数量,并使用搜索引擎(如 Google、Bing、Yahoo!)Wikipedia、Amazon、YouTube 统计出排名数据,只是反映某个编程语言的热门程度,并不能说明一门编程语言好不好,或者一门语言所编写的代码数量多少,其结果作为当前业内程序开发语言的流行使用程度的有效指标。

的基础概念：对象、类、继承等。随后出现了 Smalltalk 语言，被公认为历史上第二个面向对象程序设计语言和第一个真正的集成开发环境（Integrated Development Environment，IDE）。Smalltalk 对其他众多的程序设计语言（如 Objective-C、Java 和 Ruby 等）的产生起到了极大的推动作用。1982 年，美国 AT&T 公司贝尔实验室的本贾尼·斯特劳斯特卢普（Bjarne Stroustrup）博士在 C 语言的基础上引入并扩充了面向对象的概念，发明了一种新的程序设计语言。为了表达该语言与 C 语言的渊源关系，1983 年该语言被正式命名为 C++（C Plus Plus），而本贾尼·斯特劳斯特卢普博士被尊称为“C++ 语言之父”。

自从 C++ 语言被发明以来，它经历了多次修订，每一次修订都为 C++ 语言增加了新的特征并做了一些修改。第一次修订是在 1985 年，在此期间本贾尼·斯特劳斯特卢普博士出版了他的经典巨著 *The C++ Programming Language*，这时 C++ 语言已经开始受到关注。1990 年，本贾尼·斯特劳斯特卢普博士又出版了一部传世经典 *The Annotated C++ Reference Manual*（简称 ARM），由于当时还没有 C++ 语言标准，ARM 成为事实上的标准。1990 年，在 C++ 语言中引用了模板（Template）和异常（Exception），使 C++ 语言具备了泛型编程（Generic Programming）和更好的运行期错误处理方式。1991 年，负责 C++ 语言国际标准化的技术委员会工作组召开了第一次会议，开始进行 C++ 语言国际标准化的工作。从此，美国国家标准学会（American National Standards Institute，ANSI）和国际标准化组织（International Standards Organization，ISO）的标准化工作保持同步，互相协调。1993 年，运行期类型识别（Run-Time Type Identification，RTTI）和名称空间（Namespace）加入 C++ 语言中。1994 年，C++ 语言的第一个标准化草案出台。在完成 C++ 语言标准化的第一个草案后不久，亚历山大·斯特帕诺夫创建了标准模板库（Standard Template Library，STL），STL 不但功能强大，而且非常优雅，标准化委员会投票并通过了将 STL 包含到 C++ 语言标准中的决议，于 1997 年通过了该标准的最终草案。1998 年，C++ 语言的 ANSI/ISO 标准被投入使用。通常，这个版本的 C++ 语言被认为是标准 C++ 语言，称为 C++ 98。2003 年，ISO 的 C++ 语言标准化委员会又对 C++ 语言略做了一些修订，发布了 C++ 03 语言标准，这个新版本是一次技术性修订，对第一版进行了整理，如修订错误、减少多义性等。2005 年，一份名为 *Library Technical Report 1*（TR1）的技术报告发布，为 C++ 语言加入了正则表达式（Regular Expression）、哈希表（Hash Table）等重要类模板。ISO 于 2011 年发布 C++ 11 标准，取代 C++ 98 和 C++ 03。C++ 11 对 C++ 语言的语言特性和标准库都做了比较大的扩充，TR1 中的许多特性正式成为 C++ 11 语言标准的一部分。2014 年，ISO 发布了 C++ 14 语言标准，C++ 14 旨在作为 C++ 11 的一个小扩展，主要提供漏洞修复和小的改进。C++ 14 是 C++ 11 的增量更新，主要是支持普通函数的返回类型推演（Return Type Deduction）、泛型 lambda、对 constexpr 函数限制的修订、constexpr 变量模板化等。2017 年，ISO 发布了 C++ 17 语言新标准，引入了许多新的语言特性，如用于可变参数模板的折叠表达式（Fold Expressions）、内联变量（Inline Variables）、类模板参数规约（Class Template Argument Deduction）等。目前，最新标准 C++ 20 制订工作正在推进中。

本书中介绍的语法遵循 C++ 11 语言标准，主要基于以下两个原因：一是 C++ 11 相较于 C++ 98 做了较大的改进，引入了很多新特性，这使得 C++ 语言感觉像是一门“新”的语言；二是本书的定位是面向对象程序设计的入门级教材，C++ 11 以后的标准虽然也增加了很多新特性，但是这些新特性对于面向对象程序设计的初学者来说过于深奥。还有一点原因是，任何一款 IDE 都需要对新标准有一个适应改进的过程，有些 IDE 对最新标准未必全部提供支持。本书重点介绍大多数编译器都支持的特性。

1.1.2 C++应用领域

C++语言兼容C语言,是一种接近计算机硬件编程的语言,因此在系统级的开发上,C/C++语言应用居多。C++语言应用领域主要集中在以下几个方面。

(1) 嵌入式系统开发。C++语言是一种功能强大的面向对象的程序设计语言,在嵌入式系统开发中使用C++语言,会获得意想不到的简洁和喜悦。使用C++语言进行程序设计具有很高的效率,而且C++语言对C语言的兼容性使得底层平台的设计也很高效,同时具有很大的灵活性,因此使得它在底层开发中有着极大的应用。

(2) 游戏开发。近年来,C++语言凭借先进的数值计算库、泛型编程等优势,在游戏设计领域有较多的应用,绝大部分的游戏引擎是使用C++语言编写的,如UE4。除了一些网页游戏外,很多游戏客户端程序都是基于C++语言开发的。

(3) 虚拟现实和仿真。虚拟现实(Virtual Reality,VR)是一种可以创建和体验虚拟世界的计算机仿真系统,是利用计算机生成的一种实时动态的三维立体逼真图像,结合VR眼镜,可以在观影、游戏、旅游活动、教学等方面给人一种完美的沉浸式体验。C++语言在这一技术中扮演着重要的角色,常规的VR引擎基本上用C++语言开发。

(4) 网络软件开发。C++语言拥有大量成熟的用于网络通信的库,自适应通信环境(Adaptive Communication Environment,ACE)是其中最具有代表性的跨平台库,在许多重要的企业部门甚至是军方都有应用。知名通信软件QQ核心代码就是基于C++语言编写的。

(5) 数字图像处理。在数字图像处理领域中,基于C++语言开发的程序占有很大的比例,如OpenCV视觉识别技术。

当然,C++语言的应用远不止这些。随着信息化、智能化、网络化的发展,大数据计算、人工智能的不断发展及应用,C++语言的应用会越来越广泛,在各个应用领域都将发挥重要的作用。

1.2 C++程序集成开发环境

C++程序设计需要使用合适的集成开发环境。集成开发环境是用于提供程序开发环境的应用程序,一般包括代码编辑器、编译器、语法检查器、调试器和图形用户界面工具等,集成了代码编写功能、编译功能、语法检查功能、调试功能等一体化的开发软件服务套。所有具备这一特性的软件或者软件套(组)都可以称为集成开发环境,如微软公司的Visual Studio系列,Borland公司的C++ Builder、Code::Blocks等。Visual Studio是目前比较流行的Windows平台应用程序的集成开发环境,是由美国微软公司设计开发的一套完整的开发工具集,它所写的目标代码适用于微软支持的所有平台,包括Microsoft Windows、Windows CE、.NET Framework、.NET Compact Framework等。Visual Studio功能强大,支持多种编程语言,安装使用Visual Studio需要耗费大量计算机资源,不适用于C++语言的初学者。

C++ Builder是由Borland公司推出的一款可视化集成开发工具。C++ Builder具有快速的可视化开发环境，可以快速地建立应用程序界面，它实现了可视化的编程环境和功能强大的 C++ 语言的完美结合。但是，本书旨在向读者介绍 C++ 语言基础语法，通过构建控制台应用程序讲解语法知识。从这个角度出发，Code::Blocks 是最佳选择。本书所有代码都在 Code::Blocks 开发环境下编写并通过测试。

1.2.1 Code::Blocks 简介

Code::Blocks 是一个开放源码的全功能的跨平台 C/C++ 语言集成开发环境，最初的开发重点是 Windows 平台，后期又提供对 GNU/Linux 的支持。Code::Blocks 在 1.0 发布时就成为跨越平台的 C/C++ 语言集成开发环境。Code::Blocks 提供了许多工程模板，包括控制台应用、DirectX 应用、动态链接库、FLTK 应用、GLFW 应用、Irrlicht 工程、OGRE 应用、OpenGL 应用、QT 应用、SDCC 应用、SDL 应用、SmartWin 应用、静态库、Win32 GUI 应用、wxWidgets 应用、wxSmith 工程，另外它还支持用户自定义工程模板。在 wxWidgets 应用中选择 UNICODE 支持中文。Code::Blocks 支持语法彩色醒目显示，支持代码补全，支持工程管理、项目构建、程序调试等。

1.2.2 Code::Blocks 环境设置

通常不需要对 Code::Blocks 开发环境做任何配置，直接使用它的默认设置即可完成 C++ 程序的设计。如果需要，可以修改 Code::Blocks 的开发环境。

1. 设置 C++ 语言标准

选择"设置(Settings)"→"编译器(Compiler)"命令，在弹出的对话框中选择相应的语言标准。本书遵循 C++ 11 标准，所以选择 ISO C++ 11，如图 1-2 所示。

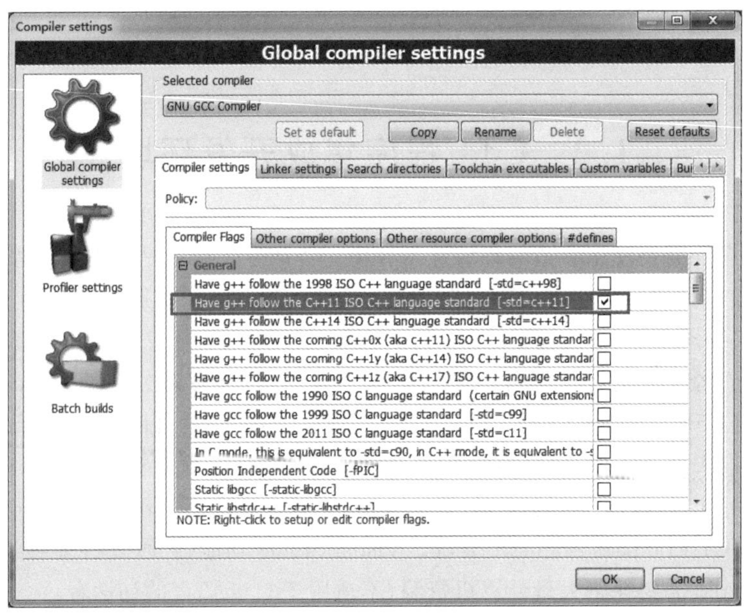

图 1-2 选择语言标准

2. 设置调试器

使用调试器可以调试程序,用于发现程序设计中的错误。Code::Blocks 的调试器需要与编译器匹配,如 MinGW 与 GDB 匹配。首先确定编译器的类型,本书使用 MinGW 编译器,如图 1-3 所示。然后选择"设置(Settings)"→"调试器(Debugger)"命令,在弹出的对话框中设置调试器,如图 1-4 所示。

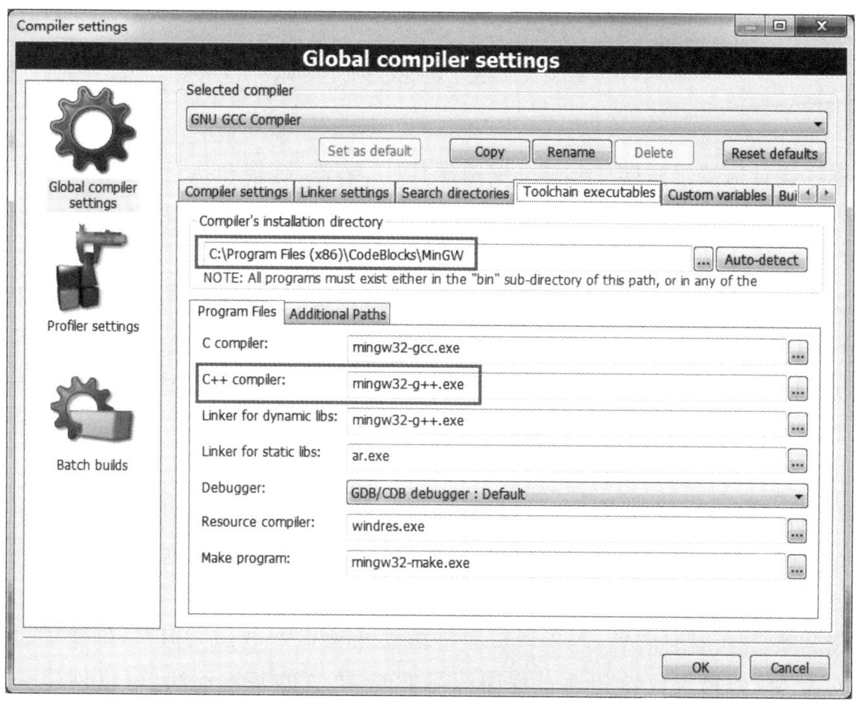

图 1-3 选择编译器

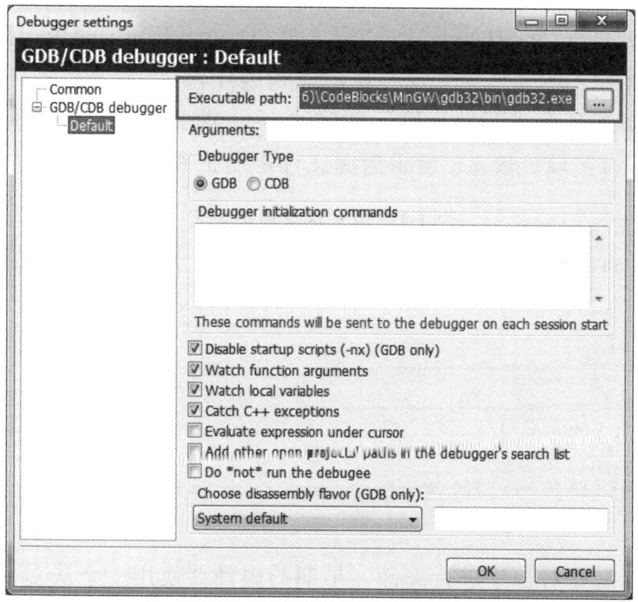

图 1-4 设置调试器

本书中,Code::Blocks 的调试器安装在 C:\Program Files (x86)\CodeBlocks\MinGW\gdb32\bin\gdb32.exe 中。

注意

只有项目文件才能进行程序调试,单源文件不能进行调试。

1.3 C++ 程序设计基本过程

C++ 程序设计需要经过四个步骤: 编辑源代码、编译、链接和执行,但具体的步骤取决于计算机环境和使用的 C++ 编译器。在 Code::Blocks 环境中编写 C++ 程序的基本步骤如下。

1. 编辑源代码

使用文本编辑器编写程序,并将其保存为文件,该文件就是程序的源代码文件,简称源文件(Source File)。可以选择任意文本编辑器编写源文件,如记事本。当然,最明智的选择是使用 IDE 自带的编辑器编写源文件。使用 Code::Blocks 编写程序时可以选择创建项目文件或者单源文件。

(1) 创建项目文件

选择"文件(File)"→"新建(New)"→"项目(Project)"→"控制台应用程序(Console application)"命令(注: 本书所有示例均创建控制台应用程序)。根据提示完成项目创建,在 main.cpp 文件中编辑源代码。

项目包含很多有用的信息,而且调试程序需要在项目中进行。但是,创建项目文件的操作过程相对复杂,如果仅仅希望通过程序练习 C++ 语言的基本语法,可以创建一个普通的源文件。

(2) 创建单源文件

选择"文件(File)"→"新建(New)"→"空文件(Empty File)"命令,打开文件编辑窗口,默认文件名是 untitled。源文件需要保存才能继续编译,C++ 源文件的扩展名通常是.cpp。当然,不同的操作系统及集成开发环境下创建的 C++ 源文件扩展名有所不同,使用什么扩展名取决于 C++ 语言实现。表 1-1 所示为源文件常用扩展名。

表 1-1 源文件常用扩展名

C++ 实现	源文件扩展名
UNIX	.C、.cc、.cxx、.c
GNU C++	.C、.cc、.cxx、.cpp、.C++
Borland C++	.cpp
Microsoft Visual C++	.cc、.cxx、.cpp
Code::Blocks	.cc、.cxx、.cpp

2. 编译

创建好项目后,需要对程序进行编译。早期的编译器使用一个从 C++ 语言到 C 语言的编译器程序,没有开发直接的 C++ 语言到目标代码的编译器,它把 C++ 源代码翻译成 C 源代码，然后使用一个标准C语言编译器对其进行编译。随着C++语言的普及，越来越多的实现转向创建C++语言编译器，直接把C++源代码生成目标代码。这种方法加速了编译过程，并强调C++是一种独立的语言。

通常，IDE都提供了编译命名，如Code::Blocks中的“建立(Build)”→“编译当前文件(Compile Current File)”命令。还有一些IDE提供了诸如“建立(Build)”“生成(Make)”等命令，以完成程序的编译。

如果程序中存在语法错误，语法检查器能够检查出这些错误并给予提示。必须修改程序的所有错误，源文件才能编译成功。如果程序没有语法错误，编译器将生成一个扩展名为.o的目标代码(Object Code)文件。

3. 链接

链接是指把目标代码同使用的函数的目标代码及一些标准的启动代码(Startup Code)组合起来，生成可执行程序的过程。C++程序通常使用库函数，如计算平方根的函数sqrt()，链接的任务就是把sqrt()函数的目标代码与当前程序组合为一个整体。通常，IDE提供了“建立(Build)”命令可完成程序的链接，如在Code::Blocks中可以使用“建立(Build)”命令生成可执行程序。

4. 执行

程序执行是指运行生成的可执行程序并得到程序结果的过程。如果程序的输出结果不是预期的正确结果，需要重新修改程序并重新编译、链接生成新的可执行程序，必要时需要调试程序找到错误原因并修改程序。在Code::Blocks中可以使用“执行(Run)”命令生成可执行程序。

C++程序设计的大致过程如图1-5所示。

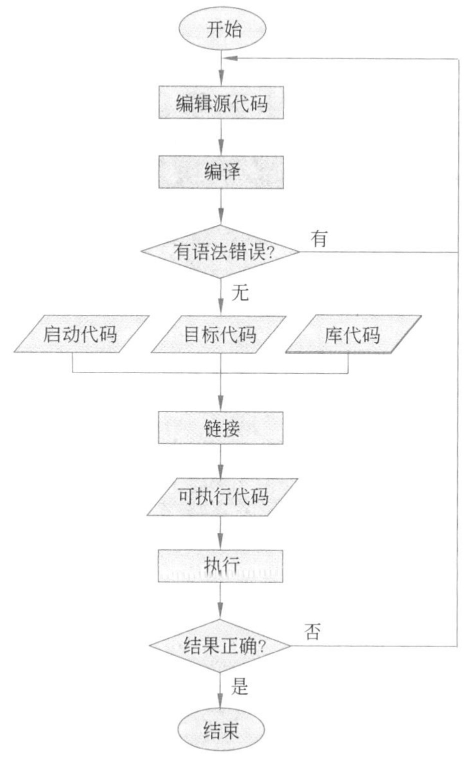

图1-5 C++程序设计步骤

1.4 第一个程序

创建第一个程序：设计控制台应用程序，在显示器上输出“Hello world.”(注：双引号不是输出内容的一部分)。有意思的是，几乎所有语言的第一个示例程序都是向显示器输出“Hello world.”。

【例 1-1】

```
#include <iostream>                    //文件包含预处理命名
using namespace std;
/*
函数功能:在显示器上输出"Hello world."
参数:无
返回值:整数 0
 */
int main()
{
    cout <<"Hello world." <<endl;
    return 0;
}
```

程序运行结果如图 1-6 所示。

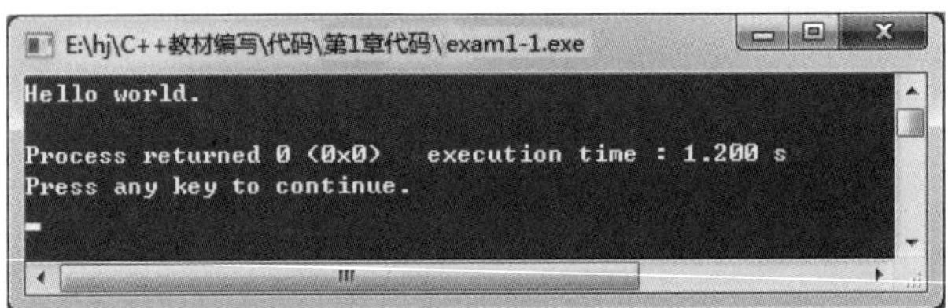

图 1-6　例 1-1 程序运行结果

1.4.1 C++ 程序基本结构

C++ 程序是由一个或多个文件构成的，这些文件可能是源文件或头文件等。源文件是由一个或多个函数构成的，一个程序有且仅有一个名字为 main()的称为“主函数”的函数。函数的基本结构如下：

```
类型说明符 函数名 (参数列表)
{
    语句序列;
}
```

其中,第一行称为函数头或函数首部,大括号部分称为函数体,分号是语句结尾的标志。

【例 1-2】

```
#include <iostream>
#include <cmath>
using namespace std;
bool isPrime(int n)
{
    int k =sqrt(n);                          //整型变量 k 等于变量 n 的平方根
    for(int i =2; i <=k; i++)
    {
        if(n %i ==0) return false;
    }
    return true;
}
int main()
{
    int intNum;
    cout <<"请输入一个整数:";
    cin >>intNum;                            //从键盘输入一个整数
    if(isPrime(intNum) ==true)
    {
        cout <<intNum <<"是素数。" <<endl;
    }
    else
    {
        cout <<intNum <<"不是素数。" <<endl;
    }
    return 0;
}
```

程序的功能：从键盘输入一个整数,判断该整数是否为素数,并输出判断结果。程序运行结果如图 1-7 所示。

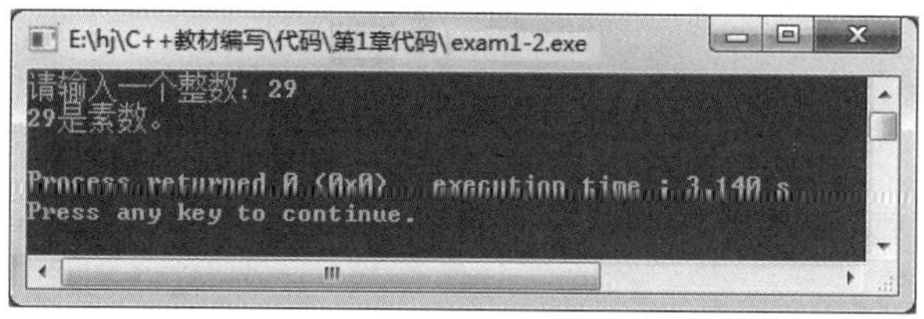

图 1-7　例 1-2 程序运行结果

本例包含两个函数：main()函数和 isPrime()函数,在 main()函数中调用了 isPrime()

函数(Line 18)。C++ 语言的函数可以给调用者返回一个值,该值称为返回值(Return Value),值的类型就是返回值的类型。例如,isPrime()函数返回一个 bool 类型值(Line 4),main()函数返回一个整型值(Line 13)。

1. 关于 main()函数

来看一下 main()函数的接口描述。int 是主函数 main()的返回值类型,即 main()函数返回一个整数值。接下来是空括号,意味着 main()函数不接收任何信息,或者说 main()函数不接收任何参数(Argument)。当然,并不是说 main()函数必须不带任何参数,事实上 main()函数的括号内可以带有形参,例如:

```
int main(int argc, char * * argv)
{
    cout <<"Hello world." <<endl;
    return 0;
}
```

相信已经学习过 C 语言的读者对 main()函数的形参意义及作用非常了解,本书不再讨论这些参数的意义。

main()函数的最后通过语句"return 0;"返回整数 0,这是非常有意义的工作,因为程序员可以通过程序的返回值来判断程序运行是否正常结束。如果程序正常结束,main()函数返回 0(如图 1-7 所示,"Process returned 0..."); 如果程序因为某种原因非正常结束,main()函数将返回一个非零值,例如:

```
#include <iostream>
using namespace std;
int main()
{
    int * p =new int[-1];
    return 0;
}
```

以上代码的运行结果如图 1-8 所示。

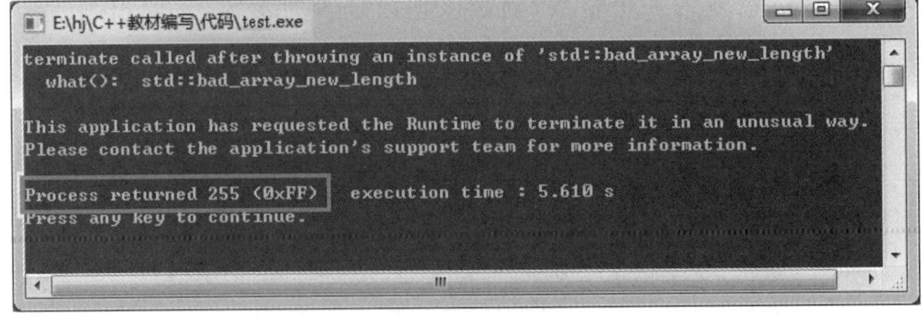

图 1-8 程序非正常结束

程序返回了一个非零随机整数(255),说明程序并没有正常结束。

熟悉 C 语言编程风格的读者可能会使用如下 main()函数。

```
void main(){ }
```

并且在 main()函数中不使用任何 return 语句。虽然在逻辑上是正确的，但这种程序在有些系统上不能正常工作，显示语法错误。例如，在 Code::Blocks 中编辑如下程序段：

```
#include <iostream>
using namespace std;
void main()
{
    cout <<"Hello world." <<endl;
}
```

编译时将会显示语法错误：

```
error: '::main' must return 'int'
```

如果认为在 main()函数最后写语句“return 0;”过于烦琐，也可以不必写这条语句，因为 ANSI/ISO C++ 语言标准对此做出了让步，允许开发人员不写语句“return 0;”，编译器默认返回整数零。但是，这种做法也仅限于 main()函数，在其他需要返回一个整数值的函数中省略语句“return 0;”，该函数将向它的调用者返回一个随机整数，这会导致程序得到出乎意料的结果。事实上，在 main()函数最后写上语句“return 0;”不会增加太大的工作量。

2. 编译预处理命令

正如在例 1-1 和例 1-2 中所看到的，程序的开头有文件包含编译预处理命令：

```
#include <iostream>
#include <cmath>
```

iostream、cmath 等文件称为头文件(Header File)，因为它们总会被包含到源文件的开头。C++ 语言编译器自带许多头文件，每个头文件都支持一组特定的工具。在 C 语言中，头文件的扩展名是.h，用于标识头文件，区别于源文件，如 stdio.h、math.h 等。由于 C++ 语言兼容 C 语言，C++ 语言中保留了 C 语言中提供的扩展名为.h 的头文件。同时，C++ 语言对 C 语言版本的头文件做了修改，去掉了扩展名.h，继而在文件名前加上前缀 c，如 cstdio、cmath 等。当然，C++ 语言特有的头文件不需要加前缀 c，如 iostream。

那么，为什么在源文件的开头包含这些头文件呢？因为在程序中需要使用编译器预定义的类、对象、函数等。例如，在例 1-1 和例 1-2 中分别使用 cin、cout 输入/输出数据，而 cin 和 cout 分别是类 istream 和 ostream 预定义的对象，而关于 istream、ostream 及 cin、cout 的定义及声明都在头文件 iostream 中。所以，要想使用 cin、cout，必须包含头文件 iostream。类似地，在例 1-2 中使用了库函数 sqrt()，这是一个数学函数，其函数声明(也称函数原型)在头文件 cmath(C++ 语言风格)中，所以需要包含 cmath。当然，也可以使用 C 语言风格的头文件 math.h。但是笔者强烈建议使用 C++ 语言风格的头文件，因为 C++ 语言对旧版 C 语言风格的头文件不只是简单地修改了文件名，有些头文件的内容也做了修改。

3. 关于注释

注释是程序员对程序代码所做的说明，编译器忽略注释的内容，即注释对程序的执行不起任何作用。但是注释在程序设计中又起到至关重要的作用，其主要体现在两个方面：一是注释有助于读者理解程序，提高了程序的可读性，可帮助读者理解程序的功能，快速读懂程序；二是有利于程序的维护及修改，因为维护或修改程序的程序员未必是程序的设计者。即使是程序的设计者，随着时间的推移及知识量的增长，他也未必能够理解自己在几个月甚至几年前编写的代码。

C++ 语言可以使用两种类型的注释：C 语言风格的注释，即“/* 注释内容 */”形式的注释；C++ 语言风格的注释，以双斜杠“//”开头，即“//注释内容”。通常，“/* …… */”用于多行注释，说明函数的功能(如例 1-1 中 Line 3～Line 7)；而“//……”用于单行注释，说明一条语句的功能(如例 1-2 中 Line 17)或者某个标识符的作用(如例 1-2 中 Line 6)等。

4. cin 与 cout

在例 1-2 中，使用“cin >>”输入数据(Line 17)，使用“cout <<”输出数据(Line 20、Line 24)。学习过 C 语言的读者会惊讶于为什么不使用 scanf()和 printf()实现数据的输入与输出。事实上，在 C++ 语言中的确可以调用函数 scanf()和 printf()实现数据的输入与输出，但是 C++ 语言中的数据输入与输出以“流”的形式实现，使用“cin>>”“cout<<”更方便、更安全。C++ 语言定义了两个流类：输入流类 istream 和输出流类 ostream，而 cin 和 cout 分别是 istream 类型的对象和 ostream 类型的对象。cin 结合提取运算符“>>”实现数据的输入，cout 结合插入运算符“<<”实现数据的输出。关于输入/输出流的详细内容请参考第 9 章。

1.4.2 使用名称空间

在前面两个例子中有如下语句：

```
using namespace std;
```

这是一条 using 编译指令，表示使用名称空间 std，其目的是保证可以在语句中直接使用 cin、cout 和 endl。

接下来，我们讨论名称空间，如果读者对以下内容在理解上感觉有困难，可以直接跳过，不影响后面内容的学习。读者只需记住，在源文件中写上这条 using 编译指令即可。但是，以下内容并不难理解，可以尝试阅读。

名称空间是由程序员设计并命名的内存区域，存放一些自定义的变量、常量、函数等标识符，从而与其他同名标识符区分开来，避免与同名标识符发生冲突。在大型程序设计中，通常由几位程序员共同开发完成同一程序，他们往往会使用多个独立开发的库，而在这些库中声明了大量的全局标识符，如常量、类、函数和模板等。当应用程序使用这些库时，不可避免地会发生某些名字相互冲突的情况。程序员虽然可以通过设计长标识符或在标识符中增加前缀等方式尽量区别标识符，但这种解决方案显然不太理想：对于程序员来说，书写和阅读长的名字费时费力，过于烦琐，容易出错。C++ 语言中的名称空间为防止名字冲突，提供了更加可控的手段。其基本思路是，设计多个名称空间，把可能出现冲突的标识符的声明放在不同的名称空间中，当使用这些标识符时可以通过名称空间进行区别，避免与同名标识符产生冲突。

例如，某中学有五位名叫“张三”的学生，他们同时参加全校运动会。那么，运动员检录时无法仅用名字“张三”区别他们，必须通过额外的信息加以区别。假设这五位学生分别在五个不同的班，那么可以在名字前加班名区分他们，如三年级一班张三、四年级二班张三等。把该中学看作一个大程序，把每个班看作一个名称空间，把张三看作一个标识符，在不同的名称空间中的同名标识符可以通过名称空间加以区别。

名称空间的定义格式如下：

```
namespace 空间名
{
    ...;
}
```

其中，namespace 是关键字，空间名是任意合法的标识符，在大括号中声明(Declare)或定义(Define)[①]常量、变量、函数、类等。

例如：

```
namespace Space1
{
    int a =0;
    void func()
    {
        cout <<"function in Space1 is called..." <<endl;
    }
}
namespace Space2
{
    int a =1;
    bool flag =true;
    void func()
    {
        cout <<"function in Space2 is called..." <<endl;
    }
}
```

这里定义了两个名称空间 Space1 和 Space2，整型变量 a 和函数 func()同时出现在这两个名称空间中。当使用同名函数 func()时，通过引入名称空间可以避免冲突。那么，如何使用名称空间及名称空间中的名称呢？

---

① C++ 语言中声明和定义是两个不同的概念。变量声明是告诉编译器变量名称、类型等，在声明阶段编译器不会给变量分配内存；函数声明是告诉编译器函数返回值类型、函数名称、参数类型及个数等。变量定义是在变量声明后给它分配内存；函数定义是实现函数的功能。事实上，有时声明与定义并不是严格区别的，如“int x = 3;”是对变量 x 的声明及定义；再如，函数定义及声明可以合并在一起，用函数定义充当函数声明的角色。所以，在本书中没有严格区别声明及定义，有时声明和定义的说法混合使用，读者可通过上下文加以区别。

在名称空间外的作用域中使用名称空间中定义的名称时，有三种方法可以使用。

1. 使用作用域运算符“::”限定标识符

这是最简单的方法，也是避免冲突最有效的方法。例如，要引用 Space1 空间中的变量 a，可以使用如下方法：

```
Space1::a
```

例如：

```
cout <<Space1::a;                    //输出名称空间 Space1 中变量 a 的值，输出 0
```

在例 1-1 中，如果不使用“using namespace std;”(删除 Line 2 代码)，则 Line 10 代码要改写为

```
std::cout <<"Hello world." <<std::endl;
```

显然，这种方法虽然可以避免冲突，但当多次使用该名称时在代码书写上稍显烦琐。事实上，我们在程序中要经常使用 cout、endl 等。

2. 使用 using 声明

使用 using 声明引入要使用的名称，例如：

```
using Space1::a;
cout <<a;                          //a 为名称空间 Space1 中的变量
```

类似地，例 1-1 中，可以把 Line 2 代码改写为

```
using std::cin;
using std::cout;
using std::endl;
```

对于 cin、cout、endl 来说，这种方法可以做到一劳永逸：以后直接使用它们即可。但是，在程序中无法直接使用 std 中声明的其他名称。另外，这种使用方法可能会引发冲突。例如：

```
using Space1::a;
using Space2::a;
```

在程序中引入两个同名名称 a，在程序中无法通过名称区别它们。

事实上，有些编译器是不允许出现上述代码的，否则会出现语法错误：

```
error: 'a' is already declared in this scope
```

3. 使用 using 编译指令

使用 using 编译指令可以使得某个名称空间中的所有名称在程序中均可直接使用，

例如：

```
using namespace std;                //使用名称空间 std,std 中的所有名称均可使用
```

然而，使用这种方法往往会引发冲突，例如：

```
using namespace Space1;
using namespace Space2;
cout <<a;                           //语法错误,error: reference to 'a' is ambiguous
```

一般情况下，使用 using 声明(第二种方法)比使用 using 编译指令(第三种方法)更安全，不容易引发冲突。因为 using 声明只引用一个名称，而 using 编译指令能够引用名称空间中的所有名称，包括可能并不需要的名称。如果名称空间中的名称与局部名称发生冲突，则名称空间中的名称在局部名称的作用范围内将被隐藏(Hide)。例如：

```
namespace Space1
{
    int a =0;
}
using namespace Space1;             //或者 using Space1::a;
int main()
{
    int a =2;                       //与引入的名称空间 Space1 中的名称 a 相同
    cout <<a <<endl;                //输出局部变量 a 的值,名称空间中的变量 a 被隐藏
    return 0;
}
```

using 声明及 using 编译指令可以写在所有函数的外部，从该语句开始向下，整个文件的范围内都可以使用引用的名称，相当于文件作用域的声明。还有一种处理方法，即把 using 声明及 using 编译指令写在函数内部，这种方式引用的名称只在该函数内部有效，相当于局部作用范围。显然，当需要在多个函数中使用同一个名称空间时第二种处理方式比较麻烦，但是第二种处理方式发生名称冲突的可能性低。在大型程序设计中更倾向于使用第二种处理方式，但本书在使用 std 名称空间时使用第一种处理方式，即使用文件作用域的 using 编译指令。

C++ 语言中可以定义匿名名称空间，即省略名称空间的名字，例如：

```
namespace
{
    int a;
}
```

该名称空间中声明的名称的作用范围是从该声明点开始到该文件末尾，相当于一个全局作用域。然而，这种名称空间不能显式地使用 using 声明或者 using 编译指令在其他位置

使用。匿名空间中的名称不能在所属文件之外的其他文件中使用，该特性与全局的 static 修饰的名称一致。上例的匿名空间相当于在源程序中定义了“static int a;”，即只能在当前文件中使用变量 a，变量 a 在外部是不可见的。

小　　结

中国共产党已走过百年奋斗历程，并将继续引领中华民族的伟大复兴，谱写新时代中国特色社会主义更加绚丽的华章。与时俱进，锐意进取，勤于探索，勇于实践是我党永葆青春的关键所在。同样，与时俱进、不断发展是 C++ 语言诞生 40 年来一直长盛不衰、保持魅力的秘诀。C++ 语言语法简单、功能强大，可以应用于任何领域，胜任任何程序设计。编写 C++ 语言程序的过程非常简单，通常包含四个步骤：编辑、编译、链接、运行。

本书中的语法通过设计控制台应用程序进行验证，所有示例都是控制台应用程序。本章详细介绍了 C++ 语言程序的基本结构，是学习后续内容的基础。

第2章 预备知识

C++ 语言语法非常复杂,内容非常丰富。C++ 语言是 C 语言的继承与发展,兼容 C 语言。所以,C++ 语言的许多语法与 C 语言的语法是相同的。但是,C++ 语言与 C 语言毕竟是两种完全不同的语言,C++ 语言有它不同于 C 语言的内容。本章假设读者已经拥有深厚的 C 语言的编程功底,可以熟练使用 C 语言设计程序。所以,本章仅简要介绍 C++ 语言语法中不同于 C 语言的部分内容。

2.1 数据类型

C++ 语言中使用的数据类型非常丰富,可分为基本数据类型和构造数据类型两大类。基本数据类型包括整数类型、浮点数类型、字符类型、布尔类型、枚举类型等,可以使用基本数据类型构造其他数据类型。

2.1.1 整数类型

整数类型简称整型,用于表示没有小数部分的数字,如 0、−1、1。C++ 语言提供了多种整型数据类型的变种,存储不同类型的整型数据时所需要的内存大小不同,继而不同类型的整型数据的范围大小不同。术语"宽度(Width)"用于描述存储整数时使用的内存大小,使用的内存越多,则越宽,表示这种类型的数据范围越大。根据宽度递增的顺序排列分别是 short、int、long、long long,而每种类型又分为有符号类型和无符号类型,所以 C++ 语言提供了八种不同的整型。C++ 语言标准并没有对整型的宽度做定义,不同编译器规定的宽度有所不同。其基本原则如下。

(1) short 至少 16 位。

(2) int 至少与 short 一样长。

(3) long 至少 32 位,且至少与 int 一样长。

(4) long long 至少 64 位,且至少与 long 一样长。

通过运算符 sizeof()可以计算某种类型在当前编译器中的宽度,以字节为单位。例如,sizeof(int)等于 4,表示在当前系统中 int 类型的宽度是 4 个字节。目前,多数编译器规定 int 类型的宽度是 4 个字节。在头文件<climits>中声明了一些宏常量,表示某种类型的最大值或最小值,如 INT_MIN 表示 int 类型最小值,INT_MAX 表示 int 类型最大值。

2.1.2 宽字符类型

C/C++ 语言使用 char 关键字表示字符类型，可以表示一个英文字符或者数字字符。通常，char 类型宽度是 1 个字节。很多系统支持的字符个数不超过 128，因此用 1 个字节可以表示所有字符。目前，比较常用的字符集是美国的 ASCII(American Standard Code for Information Interchange，美国标准信息交换代码)字符集，用整数表示一个字符，如字符 A 的 ASCII 值为 65。然而，C++ 语言实现使用的是其主机系统的编码，如 IBM 大型机使用 EBCDIC(Extended Binary Coded Decimal Interchange Code)编码。ASCII 和 EBCDIC 都不能很好地满足国际需要，C++ 语言支持宽字符类型，可以表示更多的值，如国际 Unicode 字符集使用的值。

1. wchar_t 类型

wchar_t 是字符类型，是一种扩展的存储方式，主要用在国际化程序的实现中。char 用 8 位表示一个字符的字符类型，最多只能表示 256 种不同的字符。然而，许多外文字符集所含的字符数目超过 256，char 类型无法表示。例如，汉字字符，每一个汉字字符占 2 个字节，所以 C++ 语言提出了 wchar_t 类型，称为宽字符(Wide Characters)类型或双字节类型。wchar_t 类型一般为 16 位或 32 位，但不同的 C++ 语言库有不同的规定。

标准 C++ 语言的 iostream 类库中的类和对象提供了 wchar_t 宽字符类型的相关操作，如使用 wcin、wcout 输入/输出宽字符类型数据。使用字母 L 作为前缀，标识宽字符常量或宽字符串，如 L'A'表示字母 A 的 wchar_t 版本。

```
wchar_t wch =L'A';              //声明 wchar_t 类型变量 wch,初始化为宽字符 A
wcout <<wch <<endl;             //输出 A
cout <<sizeof(wch) <<endl;      //在 Code::Blocks 中输出 2
wchar_t ws[] =L"Hello";         //声明 wchar_t 类型数组 ws,初始化为宽字符串 Hello
cout <<sizeof(ws) <<endl;       //输出 12
```

2. char16_t 和 char32_t 类型

随着编程人员日益熟悉 Unicode，wchar_t 类型显然已经满足不了需求，C++ 11 新增了 char16_t 和 char32_t 类型。其中，char16_t 是无符号类型，长 16 位；char32_t 也是无符号类型，长 32 位。C++ 11 使用前缀 u(小写字母 u)表示 char16_t 字符常量和字符串常量，如 u'A'、u"Hello world"；使用前缀 U(大写字母 U)表示 char32_t 字符常量和字符串常量，如 U'A'、U"Hello world"。

2.1.3 布尔类型

C 语言并没有彻底从语法上支持“真”和“假”，用整数 0 表示“假”，用非零值表示“真”。C++ 语言中新增了 bool 类型(布尔类型)表示“真”或“假”，它一般占用 1 个字节。bool 类型只有两个取值，true 和 false，true 表示“真”，false 表示“假”。例如：

```
bool flag =true;
```

当 bool 类型参与算术运算时，bool 类型提升为 int 类型，true 转换为 1，false 转换为 0。例如：

```
int flag =true;                    //flag 赋初始值为 1
```

另外，任何数字值或指针值都可以隐式地转换为 bool 类型值，规则是零值或空指针转换为 false，非零值或非空指针转换为 true。例如：

```
bool flag =1;                      //flag 赋初始值为 true
```

bool 类型常用于条件判断，例如：

```
bool flag =true;
while(flag){...};
```

当用 cout 输出 bool 类型值时，默认输出整数 1(true)或 0(false)。可以在输出流中插入操纵符 boolalpha 强制要求输出 true 或 false。详细内容请参考第 9 章。例如：

```
bool flag =true;                              //声明 bool 类型变量 flag,初始化为 true
cout <<flag <<endl;                           //输出 1
cout <<boolalpha <<flag <<endl;               //输出 true
cout <<noboolalpha <<flag <<endl;             //输出 1
```

2.1.4 类型转换

C++ 语言中数据类型非常丰富，这为程序员提供了方便：根据需要选择合适的数据类型。相应地，这也使计算机的操作变得更复杂：当对不同的数据类型进行运算时，需要处理大量不同的情况。当操作的数据类型不同时，C++ 语言需要对数据类型进行转换，包括自动类型转换和强制类型转换两大类。

1. 自动类型转换

在进行程序设计时，一个基本的原则是数据类型“最好一致”，当不一致时要做到数据类型的“兼容”。当数据类型不一致但相互兼容时，C++ 语言编译器能够实现自动类型转换。在类型转换时需要特别注意的是，把一种类型的值转换为范围更大的类型时通常不会发生什么问题；相反地，把一种类型的值转换为范围更小的类型时将会造成数据的丢失。也就是说，有些转换是安全的，有些则会带来麻烦。

2. 强制类型转换

C++ 语言还允许使用强制类型转换机制显式地实现数据类型的转换。强制类型转换有两种方法，其语法格式如下。

格式一：

```
(类型说明符) (表达式);
```

格式二：

```
类型说明符 (表达式);
```

其中，格式一是C语言风格的强制类型转换，格式二是C++语言风格的强制类型转换。例如：

```
(int)(x+y);             //把x+y的结果强制转换为int类型
int (x+y);              //把x+y的结果强制转换为int类型，为C++语言风格的强制类型转换
```

强制类型转换不会修改原有表达式的值，而是创建一个新的、指定类型的值。例如：

```
cout <<int('A');                    //输出字母A的ASCII值，即输出65
```

3. 类型转换运算符

有时上述强制类型转换操作是不安全的或者没有意义的。例如：

```
float pi =3.14;
char* pch =(char*)(&pi);
```

以上转换是正确的，但没有任何意义。另外，C语言提供的类型转换方法不能满足C++语言中特殊类型转换的要求。为此，C++语言提供了四个数据类型转换运算符，分别是static_cast、dynamic_cast、const_cast和reinterpret_cast，可以实现更安全的数据类型的转换。

1）static_cast

static_cast的基本格式如下：

```
static_cast<类型说明符>(表达式);
```

其功能是把表达式转换为＜＞中的类型说明符指定的类型。这是最常用的类型转换运算符，主要执行非多态的转换。它主要有如下几种用法。

(1) 用于类层次结构中基类(父类)和派生类(子类)之间指针或引用的转换。把派生类的指针或引用转换成基类类型(称为上行转换)时是安全的；反之，把基类的指针或引用转换成派生类类型(称为下行转换)时，由于没有动态类型检查，因此是不安全的。

(2) 用于基本数据类型之间的转换，如把int转换成char，把int转换成enum。这种转换的安全性也要由开发人员来保证。

(3) 把空指针转换成目标类型的指针。

(4) 把任何类型的表达式转换成void类型。

注意

static_cast不能转换掉表达式的const、volatile等属性。例如：

```
float pi =3.14;
int n =static_cast<int>(pi);      //正确,n=3
const int m =1;
int * p =static_cast<int * >(&m); //错误:invalid static_cast from type 'const int * '
to type 'int * '
```

2）dynamic_cast

dynamic_cast 的基本格式如下：

```
dynamic _cast<类型说明符>(表达式);
```

其功能是把表达式转换为<>中的类型说明符指定的类型。其中,类型说明符必须是类的指针、类的引用或者 void * 。如果类型说明符是类的指针类型,那么表达式也必须是一个指针;如果类型说明符是一个引用,那么表达式也必须是一个引用。

dynamic_cast 主要用于类层次间的上行转换和下行转换,还可以用于类之间的交叉转换。在类层次间进行上行转换时,dynamic_cast 和 static_cast 的效果是一样的;当进行下行转换时,dynamic_cast 具有类型检查的功能,比 static_cast 更安全。dynamic_cast 运算符可以在执行期决定真正的类型。如果下行转换是安全的(如果基类指针或者引用确实指向一个派生类对象),dynamic_cast 返回转换类型的指针;如果下行转换不安全,则返回空指针。

3）const_cast

const _cast 的基本格式如下：

```
const _cast<类型说明符>(表达式);
```

这是一个基于 C 语言编程开发的运算方法,其主要作用是修改类型的 const 或 volatile 属性。除了 const 或 volatile 修饰之外,表达式的类型与<>中的类型说明符是一致的。例如：

```
const int a =1;
int* p =const_cast<int * >(&a);
* p =2;
cout << * p <<"," <<a <<endl;      //输出 2,1
```

4）reinterpret_cast

reinterpret _cast 的基本格式如下：

```
reinterpret _cast<类型说明符>(表达式);
```

reinterpret_cast 用于任意指针(或引用)类型之间的转换,以及指针与足够大的整数类型之间的转换。类型说明符必须是一个指针、引用、算术类型、函数指针或者成员指针。它主要有以下几种基本用法。

(1) 从指针类型到一个足够大的整数类型。

(2) 从整数类型或者枚举类型到指针类型。

(3) 从一个指向函数的指针到另一个不同类型的指向函数的指针。

(4) 从一个指向对象的指针到另一个不同类型的指向对象的指针。

(5) 从一个指向类函数成员的指针到另一个指向不同类型的函数成员的指针。

(6) 从一个指向类数据成员的指针到另一个指向不同类型的数据成员的指针。

例如：

```
struct data{short a, b;};
long n =0x12345678;
data* p =reinterpret_cast<data*>(&n);
cout <<hex <<p->a;                    //在 Code::Blocks 中输出 5678
```

通常，这样的转换适用于依赖于实现的底层编程技术，是不可移植的。例如，不同系统在存储多字节整数时可能以不同的顺序存储其中的字节。

2.2 变量声明及初始化

变量要遵循“先声明，后使用”的原则，声明变量的一般语法规则如下：

```
类型说明符 变量名;
```

例如：

```
int n;                                //声明整型变量 n
```

变量在使用之前必须为其赋值，可以在声明变量的同时为变量初始化。例如：

```
int n =1;                             //声明整型变量 n,同时初始化为 1
```

C++ 语言扩充了变量声明及初始化的方法，可以实现变量类型的自动推断，并实现统一的初始化的方法。

2.2.1 auto 类型说明

在 C++ 11 之前的版本中，关键字 auto 用于修饰局部变量，限定变量的作用域及生命周期。C++ 11 扩充了关键字 auto 的功能，可以用作类型说明符声明变量，编译器根据为变量初始化的值的类型自动推断变量的类型。例如：

```
auto n =1;                            //变量 n 的类型是 int,等价于 int n =1;
auto ch ='A';                         //变量 ch 的类型是 char
```

使用 auto 关键字声明变量时必须为变量显式地指定初始值，因为编译器需要根据初始值的类型推断变量的类型。

当然，在声明基本类型的变量时并不推荐使用这种方法，因为上述代码的可读性并不好。另外，这种使用方法可能得到出乎意料的错误结果。例如，程序员的本意是想声明一个浮点型变量 n，然后进行除法运算。正确的代码如下：

```
float n =3;                        //变量 n 为 float 类型
cout <<n/2;                        //浮点除法，输出 1.5
```

但是，如果用 auto 声明变量并显式初始化为如下语句：

```
auto n =3;                         //变量 n 为 int 类型
cout <<n/2;                        //整除运算，输出 1
```

显然，这并不是程序员想要的结果。

事实上，自动类型推断并非是为这种简单应用而设计的，它更多的是为了简化代码。请看以下语句：

```
vector<string>vs;                  //声明向量容器 vs,vs 中存储 string 类型对象
for (vector<string>::iterator it =vs.begin(); it !=vs.end(); it++)
{
    //...
}
```

在 C++ 11 中可以使用 auto 关键字简化上述代码：

```
vector<string>vs;                  //声明向量容器 vs,vs 中存储 string 类型对象
for (auto it =vs.begin(); it !=vs.end(); it++)
{
    //...
}
```

读者不必看懂上述代码，只需体会 auto 关键字在简化代码上所体现的作用即可。其中，vector<string>::iterator it = vs. begin()的意思是声明 vector<string>::iterator 类型的变量 it 并初始化为 vs. begin()。显然，这种写法非常复杂。这里可以根据 vs. begin()的值的类型自动推断变量 it 的类型。

2.2.2　关键字 decltype

有时我们希望从表达式的类型推断出要定义的变量类型，但是不想用该表达式的值初始化变量(如果要初始化就用 auto)。为了满足这一需求，C++ 11 引入了 decltype 类型说明符，它的作用是选择并返回表达式的数据类型。在此过程中，编译器分析表达式并得到它的类型，却不实际计算表达式的值。例如：

```
int n =3;
decltype(n) m;
```

变量 m 的类型与变量 n 的类型一致，即用 n 的类型(int)声明变量 m，m 不使用 n 的值。

事实上，decltype 更多地用于函数类型声明中。结合 auto 和 decltype，可以在函数模板中定义函数的返回值类型。例如：

```
template <typename T1, typename T2>
auto add(T1 x, T2 y) ->decltype(x +y)
{
    return x +y;
}
```

上述代码定义了函数模板(详细内容见第 7 章)add()，add()函数有两个参数 x 和 y，其类型分别是 T1 和 T2，读者可以把 T1 和 T2 看作两个基本数据类型，如 int 和 char，或者是 double 和 int，也可以看作 int 和 int。

当函数模板的返回值依赖于模板的参数时，我们无法在编译代码前确定模板参数的类型，也无从知晓返回值的类型，这时我们可以将 auto 用作函数返回值的类型。auto 在这里的作用也称为返回值占位符，它只是为函数返回值占了一个位置，真正的返回值是后面的 decltype(x+y)，这称为后置类型推断。为什么要将返回值类型后置呢？如果没有后置，则函数需要声明为

```
decltype(x +y)  add(T1 x, T2 y)
```

但是此时的 x 和 y 并没有定义，是语法错误。

2.2.3 列表初始化

C++ 语言对数据的初始化操作有多种写法。例如：

```
int n1 =1;
int n2(1);
int n3 ={1};
int n4{1};
```

以上变量声明及初始化语句均正确。为了方便记忆和使用，C++ 11 标准推荐使用大括号“{ }”完成变量初始化。这种初始化的形式称为列表初始化(List-initialization)。

列表初始化应用于基本数据类型时不允许“缩窄(Narrowing)”赋值，即用宽数据类型为窄数据类型变量赋值。例如，不允许用浮点型数据为整型变量赋值：

```
int n{3.14};
```

上述语句编译时出现语法错误：

```
error: narrowing conversion of '3.1400000000000001e+0' from 'double' to 'int'
inside { }
```

值得注意的是，有些编译器可能仅给出警告，并不出错，如在 Dev-C++ 下的提示如下：

```
[Warning] narrowing conversion of '3.1400000000000001e+0' from 'double' to 'int'
   inside { }
```

2.3 数组的替代方案

数组是一种构造类型，用于表示一组类型相同的数据。例如：

```
int nArray[5] {1, 2, 3, 4, 5};
for(int i =0; i <5; i++)
{
    cout <<nArray[i] <<" ";
}
```

数组一旦声明，其长度就是确定的。数组的下标从 0 开始，在使用数组元素时尤其要注意下标不能越界。例如：

```
nArray[6] =1;
```

在语法上并没有错误，但这种操作是不安全的，因为 nArray[6]并不是程序员可控制的内存区域。

另外，两个数组不能直接通过数组名完成赋值，即使两个数组类型及大小完全相同。例如：

```
int arr[5] =nArray;                    //nArray 是前面声明的数组
```

上述语句编译时出现语法错误：

```
error: array must be initialized with a brace-enclosed initializer
```

针对上述问题，C++ 语言提供了数组替代方案，如 vector 和 array，在处理数据时更灵活、更安全。

2.3.1 向量 vector

vector 可以看作一个动态数组，用于存储一组数据类型相同的数据，对数据元素的个数没有限制，即可以把 vector 看作一个存放任意数据类型的“容器”。使用 vector 需要包含头文件<vector>。声明 vector 对象①的方法有多种，例如：

```
vector<类型说明符>对象名;
vector<类型说明符>对象名(元素个数);
vector<类型说明符>对象名{元素初始值列表};
```

其中，类型说明符说明了 vector 容器中存储的数据类型，可以是基本数据类型，也可以是构造数据类型。对象名是任意合法的标识符。第一种形式声明的对象长度是 0，第二种形式指定了对象的元素个数，第三种形式可以为对象赋初始值。例如：

```
vector<int>nV1;
vector<float>fV2(10);
vector<int>nV3{1, 2, 3, 4, 5};
```

nV1 的初始长度为 0，并不意味着该向量没有任何用处，不能存储任何数据。同样，fV2 的初始长度是 10，也并不意味着只能存储 10 个 float 型数据，因为 vector 类型的对象长度是自动变化的。例如，若 fV2 中存储的元素超过 10 个，编译器会自动为 fV2 分配相应数量的内存空间。

vector 向量中元素的访问方法有两种：下标法和使用成员函数 at()。例如，访问 nV3 的第三个元素(下标为 2 的元素)：

```
nV3[2];
```

或者

```
nV3.at(2);
```

其中，at()是 nV3 的成员函数，通过成员分量运算符“.”进行调用。

【例 2-1】

```
#include <iostream>
#include <vector>
using namespace std;
int main()
{
    vector<int>nV{1, 2, 3, 4, 5};
    for(int i =0; i <5; i++)
    {
```

① vector 是类模板，用类模板声明的变量严格来说应该称为对象。目前读者可以忽略对象的概念，暂时把对象理解为变量即可。事实上，在 C++ 语言中变量就是对象，如 int n = 1 的意思就是声明整型对象(变量)n。

```
Line 9            cout <<nV[i] <<" ";
Line 10       }
Line 11       cout <<endl;
Line 12       nV[2] =0;
Line 13       nV.at(3) =-1;
Line 14       for(int i =0; i <5; i++)
Line 15       {
Line 16           cout <<nV.at(i) <<" ";
Line 17       }
Line 18       cout <<endl;
Line 19       return 0;
Line 20   }
```

程序运行结果如图 2-1 所示。

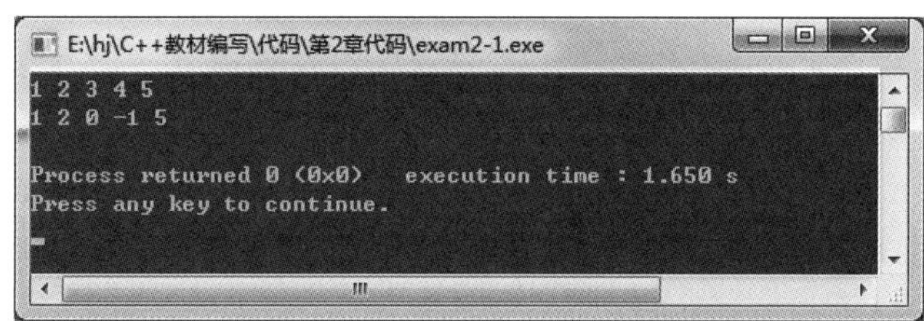

图 2-1　例 2-1 程序运行结果

首先声明一个整型向量 nV，向量的初始值是 1，2，3，4，5(Line 6)。通过下标运算(Line 9)或者 at()成员函数(Line 13)访问向量的元素。事实上，vector 是 C++ 语言中 STL 的一种容器，是一个类模板。vector 类模板有很多成员函数，可以实现许多功能。本章关于 vector 仅做简单介绍，上述示例并未体现出 vector 的重要价值。关于 vector 的详细内容请参考第 8 章。

2.3.2　类模板 array

array 与普通数组一样，也实现为一个定长的数组。使用 array 需要包含头文件<array>。声明 array 类型对象的基本格式如下：

```
array<类型说明符,数组长度>数组名;
```

其中，类型说明符指定数组的元素类型，数组长度是常量表达式，指定了数组中元素的个数。例如：

```
array<float, 10>arr1;
array<int, 5>arr2{1, 2, 3, 4, 5};
```

类模板 array 提供了丰富的成员函数，可以实现特定的功能。下面介绍几个常用的成员函数。

1. 元素访问

元素访问的方法有多种，如下标运算符“[]”、at()、front()、back()、data()等成员函数。

1) []

基本格式：

```
数组名[下标]
```

例如：

```
cout <<arr2[2];                    //输出下标为 2 的元素，输出 3
arr2[0] =0;                        //第一个元素值改为 0
```

下标从 0 开始，需要程序员控制下标不能越界，编译器不对下标做越界检查。

2) at()

基本格式：

```
数组名.at(下标)
```

例如：

```
cout <<arr2.at(2);                  //3，输出下标为 2 的元素
arr2.at(0) =0;                      //第一个元素值改为 0
```

注意

下标不能越界，如果下标越界，编译时无法检查出错误，但是程序运行时会出错，抛出异常。① 例如：

```
cout <<arr2.at(10);                //arr2 的下标值的范围是[0, 9]
```

运行时出错，如图 2-2 所示。

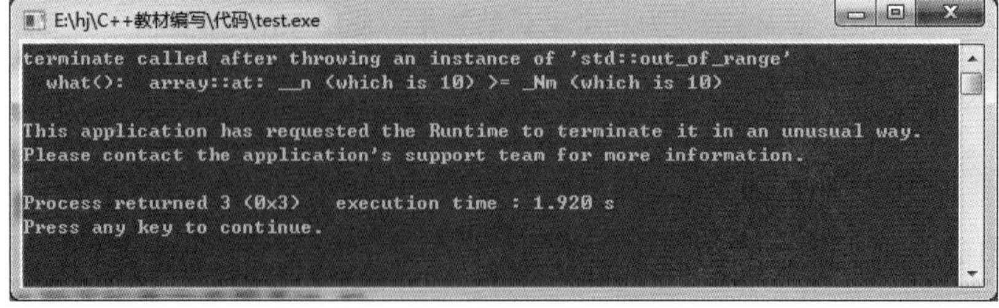

图 2-2 下标越界时程序异常终止

① 异常是指程序运行时的不正常行为。异常可以被捕获并进行异常处理，如果不对异常做任何处理，程序终止运行。这里暂时不对异常做深入分析，详细内容请参考第 10 章。

3) front()

基本格式:

```
数组名.front()
```

函数功能:返回第一个元素,相当于 at(0)。例如:

```
cout <<arr2.front();                //1,输出第一个元素值
arr2.front() =0;                    //第一个元素值改为 0
```

4) back()

基本格式:

```
数组名.back()
```

函数功能:返回最后一个元素。例如:

```
cout <<arr2.back();                 //5,输出第一个元素值
arr2.back() =0;                     //最后一个元素值改为 0
```

5) data()

基本格式:

```
数组名.data()
```

函数功能:返回指向第一个元素的指针。例如:

```
array<int, 5>arr2{1, 2, 3, 4, 5};
*arr2.data() =0;                    //第一个元素值改为 0,相当于 arr2.front() =0;
cout << *(arr2.data() +2);          //3,输出下标为 2 的元素值
```

2. 迭代器运算函数

迭代器(Iterator)即指向 array 容器的元素的指针,它具有指针的一般性质,如解引用运算"*"、指针移动(如自增"++"、自减"--")等。相关的成员函数包括 begin()、end()、cbegin()、cend()、rbegin()、rend()。

1) begin()、end()

基本格式:

```
数组名.begin()
```

或

```
数组名.end()
```

分别返回第一个元素的迭代器和最后一个元素后面位置的迭代器，如图 2-3 所示。

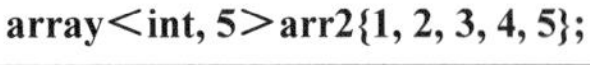

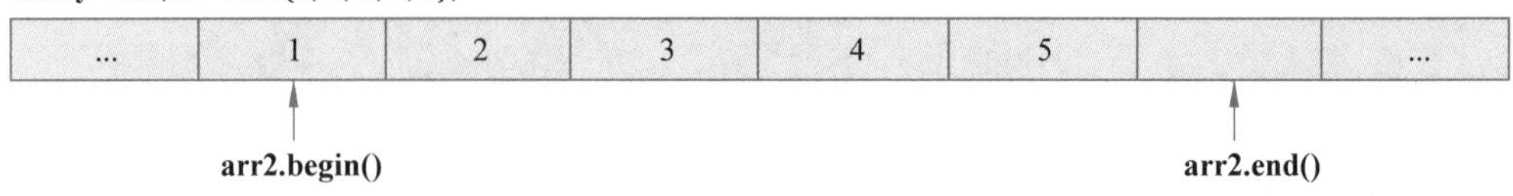

图 2-3　begin()和 end()迭代器的位置

2）cbegin()、cend()

其基本格式和功能与 begin()、end()相同。与 begin()、end()的区别是：begin()、end()可以通过迭代器修改迭代器指向的元素的值；而 cbegin()和 cend()迭代器是常量(Const)迭代器，不能修改迭代器指向的元素的值。

3）rbegin()、rend()

基本格式：

```
数组名.rbegin()
```

或

```
数组名.rend()
```

分别返回最后一个元素的迭代器和第一个元素前面位置的迭代器，如图 2-4 所示。

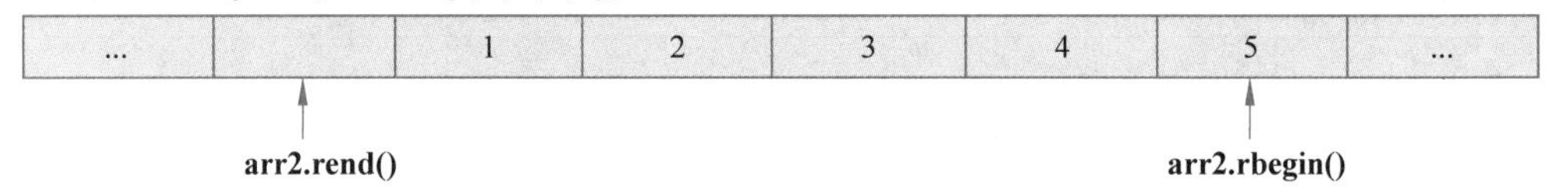

图 2-4　rbegin()和 rend()迭代器的位置

这种迭代器可以看作反向迭代器，如果需要逆序访问数组元素的值可以使用这种迭代器。

【例 2-2】

```
#include <iostream>
#include <cstring>
#include <array>
using namespace std;
int main()
{
    const int arrsize = 5;
    array<int, arrsize>intArr;
    array<char, 20>chArr;
    for(int i = 0; i <arrsize; i++)
```

```
Line 11     {
Line 12         intArr.at(i) =2 * i;
Line 13     }
Line 14     for(auto it =intArr.begin(); it !=intArr.end(); it++)
Line 15     {
Line 16         cout << * it <<" ";
Line 17     }
Line 18     cout <<endl;
Line 19     memcpy(chArr.data(), "hello world", 20);
Line 20     chArr.front() ='H';
Line 21     cout <<chArr.data() <<endl;
Line 22     return 0;
Line 23 }
```

程序运行结果如图 2-5 所示。

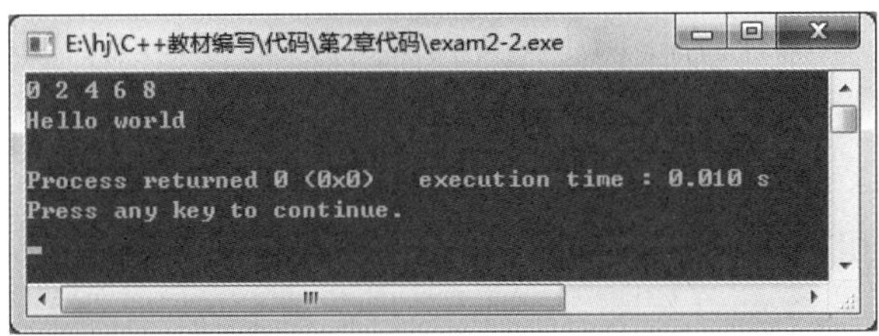

图 2-5　例 2-2 程序运行结果

本例使用了字符串处理函数 memcpy()，需要包含头文件<cstring>，其函数原型如下：

```
void * memcpy ( void * destination, const void * source, size_t num );
```

其功能是把从指针 source 指向的内存开始的 num 个字节的数据复制到 destination 指向的内存中。针对本例，Line 19 的功能是把从存储字符串常量"hello world"的内存的起始位置开始的 20 个字节的数据复制到 chArr. data()指向的内存空间中。

数组、vector、array 的主要区别如下。

（1）数组元素访问方法只有下标法，而且对数组元素的下标不做越界检查。vector 和 array 提供了两种元素访问方法：下标法及成员函数 at()。其中，成员函数 at()能够对下标越界做出反应，若下标越界会抛出异常。

（2）数组和 array 实现为一个定长的数组，而 vector 可以实现为动态数组。所以，当数组元素个数不确定并且有较大的变化时，使用 vector 实现。但是，vector 在实现上效率较低，如果数组元素个数是确定的，优先使用数组或 array。

（3）数组无法直接实现复制，必须逐个元素进行复制，而两个相同类型的 vector 和 array 对象可以直接进行赋值，例如：

```
array<int, 5>arr1{1, 2, 3, 4, 5};
array<int, 5>arr2;
arr2 =arr1;
```

数组 arr2 直接用 arr1 进行赋值，把 arr1 中各个元素的值一一赋值给 arr2 的各个元素。

2.4 字符串 string

在 C 语言中没有字符串类型，字符串的处理是通过字符数组实现的，C++ 语言也支持这种 C 语言风格的字符串。除此之外，C++ 语言还提供了一种自定义类型 string，以实现字符串的操作。string 是 C++ 语言 STL 中的一个字符串类，包含在头文件<string>中，所以要使用 string 类，必须在程序中包含头文件<string>。string 类位于名称空间 std 中，必须提供一条 using 编译指令或者使用 std::string 来引用它。使用 string 处理字符串方便快捷，不用考虑字符串的长度、内存空间不足等情况。另外，string 类提供了丰富的成员函数，可以实现对字符串所需要的绝大部分操作。

2.4.1 定义 string 字符串

用 string 定义字符串有多种格式，其中常用的格式有如下几种。

(1) string s1;

声明字符串 s1，s1 是空字符串，没有任何元素。

(2) string s2("Hello world");

声明字符串 s2，用字符串常量"Hello world"初始化。这种格式还可以等价地写为

```
string s2 ="Hello world";
```

(3) string s3{"Hello world"};

声明字符串 s3，使用列表初始化的方法初始化 s3。

(4) string s4(5, 'a');

声明字符串 s4，用五个字符'a'初始化 s4。

(5) string s5(s2);

声明字符串 s5，并用字符串 s2 初始化 s5。

2.4.2 string 的常用操作

1. 字符串数据的输入与输出

可以使用输入流对象 cin 输入一个字符串，但输入的字符串中不能包含空格、回车、制表符(Tab)等。例如：

```
string s1;
cin >>s1;                //可以输入 Hello、world 等字符串,但是不能输入 Hello world 字符串
```

可以使用 getline()函数输入字符串,其基本格式[①]如下。

格式一:

```
getline(cin, 字符串, 终止符)
```

格式二:

```
getline(cin, 字符串)
```

格式一的功能是从键盘输入一串字符,直到遇到终止符为止,终止符被读出扔掉。例如:

```
getline(cin, s1, '*');
```

从键盘输入字符,直到遇到'*'为止,即可以输入除'*'外的所有字符。

格式二的功能是从键盘输入一串字符,直到遇到'\n'为止。例如:

```
getline(cin, s1);
```

从键盘输入字符,直到遇到'\n'为止,即可以输入回车符之前的所有字符,回车符也被读出扔掉。

字符串的输出很简单,直接使用 cout 把字符串的内容输出到显示器上即可,例如:

```
cout <<s1;
```

2. 字符串的连接

可以使用运算符"+"实现两个字符串的连接,不必考虑内存大小的问题。例如:

```
s1 =s1 +s2;              //把字符串 s2 连接到字符串 s1 的末尾,无须考虑字符串 s1 的大小
```

3. 字符串大小比较

可以直接使用关系运算符比较两个字符串的大小,比较规则是从头开始依次比较每个字符的 ASCII 大小,直到比较出结果为止。例如:

```
string s1{"abc"};
string s2{"ad"};
```

---

① getline()函数有多种重载形式,可以从标准输入流(键盘)中输入数据,也可以从文件输入流中输入数据。本章暂时假设只从键盘中输入数据。详细内容请参考第 9 章。

则 s1<s2 结果为 true。

成员函数 compare()也提供了字符串大小比较的功能。compare()有多种用法，其中最基本的用法如下：

```
int compare (const string& str) const;
```

例如：

```
s1.compare(s2)
```

该函数的返回值是整数。若两个字符串相等，则函数返回 0；若 s1 小于 s2，则返回一个小于零的整数；若 s1 大于 s2，则返回一个大于零的整数。

4. 访问字符串中某个元素

可以使用下标运算符“[]”或者成员函数 at()访问某个元素，但是需要注意下标不能越界。例如：

```
string s1{"Hello world"};
cout <<s1[0] <<", " <<s1.at(1);        //输出 H，e
cout <<s1.at(11);
```

最后一条语句不能正常执行，因为字符串"Hello world"有 11 个字符，所以 s1 的长度是 11，下标最大值是 10。因此，s1. at(11)的下标越界，运行时会抛出异常。

5. 部分常用成员函数

string 类提供了丰富的成员函数，表 2-1 列出了 string 类的一些常用成员函数及基本功能。

表 2-1 string 类的一些常用成员函数及基本功能

分 类	成 员 函 数	基 本 功 能
赋值及修改	=、assign()	为 string 对象赋值，替换原有内容
	+=、append()、push_back()	在字符串末尾添加字符串
	replace()	字符串替换
	insert()	在指定位置插入一个或几个字符
访问及修改	back()	返回最后一个字符的引用①
	front()	返回第一个字符的引用
删除	erase()	删除指定位置的一个或几个字符
	pop_back()	删除最后一个字符
	clear()	清空字符串
迭代器	begin()、end()	提供正向迭代器的支持，可用迭代器修改其指向的元素
	cbegin()、cend()	正向常迭代器，不能用迭代器修改其指向的元素
	rbegin()、rend()	提供逆向迭代器的支持，可用迭代器修改其指向的元素
	crbegin()、crend()	逆向常迭代器，不能用迭代器修改其指向的元素

① 关于引用请参考 2.5 节。

续表

分 类	成 员 函 数	基 本 功 能
容量及大小	capacity()	当前为 string 对象分配的内存空间大小
	max_size()	string 对象能够容纳的字符的最大个数
	size()、length()	返回字符串的长度，即字符的个数
	resize()	修改 string 的大小
状态判断	empty()	判断字符串是否是空串
查找	find()、find_first_of()、find_first_not_of()、find_last_of()、find_last_not_of()	字符查找
取子字符串	substr()	取子字符串
类型转换	data()、c_str()	返回指向 C 语言风格的字符串的指针

下面，通过一个示例演示一些常用成员函数的用法。

【例 2-3】

```
#include <iostream>
#include <string>
#include <cstring>
using namespace std;
int main()
{
    string s1{"Hello world"};  //s1="Hello world"
    s1 =s1 +"!";               //末尾添加!,s2="Hello world!",相当于
                               //s1.append("!");或者 s1.push_back('!');
    cout <<s1.size() <<endl;   //12,s1.size()等价于 s1.length()
    for(auto it =s1.rbegin(); it !=s1.rend(); it++)
    {
        cout << * it;          //相当于逆序输出字符串的内容
    }
    cout <<endl;
    auto found =s1.find("or");
    if(found !=string::npos)
    {
        cout <<"or found at " <<found <<endl;     //下标从 0 开始
    }
    char str[20];
    strcpy(str, s1.c_str());   //等价于 strcpy(str, s1.data());
    cout <<str <<endl;
    s1.pop_back();             //删除最后一个元素
    cout <<s1 <<endl;
    return 0;
}
```

程序运行结果如图 2-6 所示。

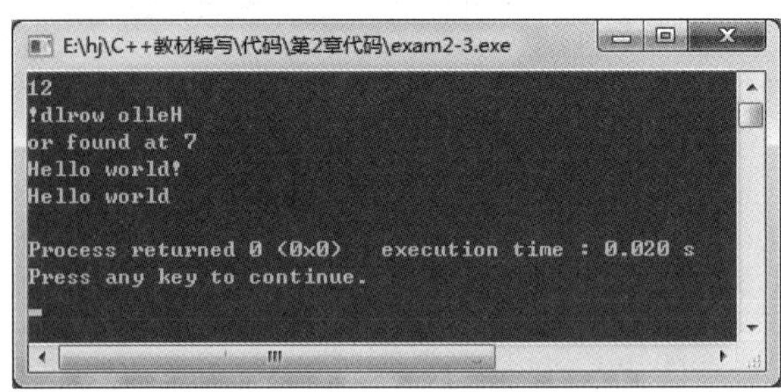

图 2-6　例 2-3 程序运行结果

Line 15 调用 find()函数查找字符串"or",函数返回一个 size_t 类型的整数。如果找不到,则返回值是 npos,所以 Line 16 条件表达式 found != npos 成立表示找到字符串"or"。npos 是类 string 中声明的一个常量,需要写为 string::npos。

6. 与 string 相关的基本数据类型转换函数

C++ 语言提供了与 string 相关的基本数据类型转换函数,如表 2-2 所示。

表 2-2　与 string 相关的基本数据类型转换函数

函　　数	基 本 功 能
stod()、stof()、stold()	string 转换为 double、float、long double
stoi()、stol()、stoll()	string 转换为 int、long、long long,可指定整数的基数
stoul()、stoull()	string 转换为 unsigned long、unsigned long long,可指定整数的基数
to_string()、to_wstring()	数字转换成 string、wstring

2.5　指针与引用

C++ 语言中的指针是继承于 C 语言的一种复合数据类型,其使用方法和 C 语言相同。在定义指针变量时,通常要对指针变量赋初始值,防止使用野指针导致程序异常。例如:

```
int* p;
*p =1;                          //错误,对未经赋值的指针直接修改其内存是非法的
```

如果指针无法确定指向哪块内存,通常的做法是将指针赋值为“空”指针。例如:

```
int* p1 =NULL;
int* p2 =0;
int* p3 =nullptr;               //C++ 11 中的标准用法
```

其中,NULL 是宏常量,值为 0。所以,前两种方法虽稍有差异(NULL 是 void * 类型,0 是 int 类型),但本质上是相同的。C++ 11 标准定义了新的关键字 nullptr,是 std::nullptr_t 类型的值,专门用来表示空指针。nullptr 和任何指针类型之间可以进行隐式类型转换,还

可以隐式转换为 false(bool 类型),但是不能转换为数值(int 类型或 float 类型等)。

在 C++ 语言编程中经常使用指针管理计算机内存,如内存的申请与释放。面向对象程序设计强调在运行阶段而非编译阶段进行决策。例如,为静态数组分配内存时分配的内存大小是固定值,该值必须在程序的编译阶段就设定好,在程序运行过程中始终保持这个值。如果为数组分配了 100 个元素,但实际只使用了 20 个元素,那么 80%的空间处于浪费状态;但是如果只为数组分配 20 个元素也未必够用。最理想的状态是程序在运行过程中根据需要申请内存空间,既够用也不浪费。

C++ 语言的做法是,使用运算符 new 请求正确数量的内存及使用指针来跟踪新分配的内存空间的位置。虽然在 C 语言中也提供了库函数(如 malloc()、free()等)实现内存的管理,但是 C++ 语言中新提供的运算符 new 和 delete 远比它们使用方便,而且功能更强。

2.5.1 new 与 delete 运算符

C++ 语言中内存的管理使用 new 和 delete 运算符实现,分别用于内存申请与内存释放。

1. new 运算符

new 运算符的基本格式如下。

格式一:

```
类型说明符* 指针变量名 =new 类型说明符;
```

格式二:

```
类型说明符* 指针变量名 =new 类型说明符[数组长度];
```

格式一用于申请一块内存空间,存储一个指定类型的数据。例如:

```
int* p =new int;
```

其中,new int 是告诉编译器需要申请一块能够存放一个 int 类型数据的内存空间,编译器申请成功之后把申请到的内存地址赋值给指针变量 p,通过指针变量 p 使用申请到的这块内存空间。

使用上述代码申请的内存中没有指定初始值,所以直接使用 *p 访问指针 p 指向的内存空间是没有任何意义的。可以用如下代码为申请的内存空间赋值:

```
int* p =new int();          //申请一块能够存储一个 int 类型数据的内存空间,默认初始值为 0
int* p =new int(1);         //申请一块能够存储一个 int 类型数据的内存空间,默认初始值为 1
int* p =new int{1};         //完全等价于 int* p =new int(1);
```

格式二用于申请一段连续的内存空间,用于存储多个(用数组长度指定)指定类型(类型说明符指定的类型)的数据,数组长度是不小于零的合理大小的整数。例如:

```
int * p =new int[10];
```

其中,new int[10]是告诉编译器申请一段连续的内存空间,用于存储 10 个 int 类型的数据。如果申请成功,把申请到的内存地址赋值给指针变量 p,通过指针变量 p 使用申请到的这块内存空间。同样,用上述代码申请的内存空间没有指定初始值。

可以使用如下代码申请内存空间:

```
int * p =new int[10]();
```

用 new 运算符申请数组时,后面可以加小括号(),但括号中不能指定任何初始值,编译器自动为元素初始化为 0。可以用大括号"{}"指定初始值,即使用列表初始化指定初始值。例如:

```
int * p =new int[5]{1, 2, 3, 4, 5};
```

申请五个 int 类型的存储空间并进行初始化。

可以只给部分元素初始化,例如:

```
int * p =new int[5]{1};
```

申请五个 int 类型的存储空间,只给第一个元素初始化为 1,其余四个元素未赋初始值。通常的做法是这四个元素的初始值自动初始化为 0。但是,有些编译器未必是这样处理的。因此,如果需要申请五个 int 类型的存储空间,第一个元素初始值为 1,其余元素都是 0,可以这样编写代码:

```
int * p =new int[5]();
 * p =1;                                    //等价于 p[0] =1;
```

值得注意的是,格式二中的数组长度是不小于零的合理大小的整数。如果数组长度小于零或者是一个非常大的整数(依赖于具体的机器实现),那么内存申请会失败,并抛出异常。例如:

```
int * p =new int[-1];
```

当运行上述代码时程序抛出异常,若不对异常做任何处理程序将终止,如图 2-7 所示。

```
terminate called after throwing an instance of 'std::bad_array_new_length'
  what():  std::bad_array_new_length

This application has requested the Runtime to terminate it in an unusual way.
Please contact the application's support team for more information.

Process returned 3 (0x3)   execution time : 12.310 s
Press any key to continue.
```

图 2-7　申请内存失败抛出异常

注意

new 运算符分配的内存块通常与普通变量对应的内存块不同。普通变量存储在栈(Stack)区，而 new 运算符从堆(Heap)区或自动存储区(Free Store)的内存区域分配内存。操作系统对栈区和堆区的内存管理是有区别的，为普通变量分配的内存随着变量的生命周期结束操作系统自动回收内存，但是用 new 运算符申请的内存需要通过程序命令强制回收。

2. delete 运算符

用 new 运算符申请的内存空间使用完毕要及时释放，以免造成内存泄漏；用 new 运算符申请的内存需要使用 delete 运算符释放。delete 运算符的使用格式如下。

格式一：

```
delete 指针名;
```

格式二：

```
delete[] 指针名;
```

格式一释放由 new 运算符的第一种格式申请的内存，格式二释放由 new 运算符的第二种格式申请的内存。例如：

```
delete p;
delete[] p;
```

【例 2-4】

```
#include <iostream>
#include <string>
using namespace std;
int main()
{
    string* ps =new string{"Hello world"};
    cout <<"address:" <<ps <<", contents: " << *ps <<endl;
    int arrsize =10;
    int* p =new int[arrsize];
    for(int i =0; i <arrsize; i++)
    {
        p[i] =i * i;
    }
    *p =10;                          //相当于 p[0]=10,修改第一个元素的值为 10
    for(int i =0; i <arrsize; i++)
    {
        cout << *(p +i) <<" ";       //*(p +i)等价于 p[i]
```

```
Line 18         }
Line 19         delete ps;                       //释放指针 ps 指向的对象 string
Line 20         delete[] p;                      //释放数组对象
Line 21         return 0;
Line 22     }
```

程序运行结果如图 2-8 所示。

图 2-8 例 2-4 程序运行结果

Line 9 代码告诉我们,使用 new 运算符可以根据需要申请内存空间,这是使用 new 运算符的最主要的原因。当用 new 运算符申请了一段内存,连续存储一组数据时,申请的内存空间的首地址赋值给指针变量。通过指针变量使用这段内存空间时有两种方法:下标法(Line 12)和指针法(Line 17)。

使用 new 和 delete 运算符可以实现二维数组的操作。假如我们需要处理一个二维数组,其长度是动态的,取决于程序的运行过程。

【例 2-5】

```
#include <iostream>
#include <iomanip>
using namespace std;
int main()
{
    int m =4, n =5;                     //处理一个 m 行 n 列的二维整型数组
    int * * p =new int * [m];       //申请 m 个元素,每个元素是 int * 类型的内存空间
    for(int i =0; i <m ; i++)
    {
        p[i] =new int[n];               //p 数组的每个元素 p[i]都是指针,指向 n 个
                                        //int 类型的内存空间首地址
    }
    for(int row =0; row <m; row++)
    {
        for(int col =0; col <n; col++)
        {
            p[row][col] =row * col;//给元素赋值
        }
    }
```

```
Line 19      for(int row =0; row <m; row++)
Line 20      {
Line 21          for(int col =0; col <n; col++)
Line 22          {
Line 23              cout <<setw(3) <<left <<p[row][col];      //访问元素
Line 24          }
Line 25          cout <<endl;
Line 26      }
Line 27      for(int i =0; i <m; i++)
Line 28      {
Line 29          delete[] p[i];                                 //释放内存
Line 30      }
Line 31      delete[] p;
Line 32      return 0;
Line 33  }
```

程序运行结果如图 2-9 所示。

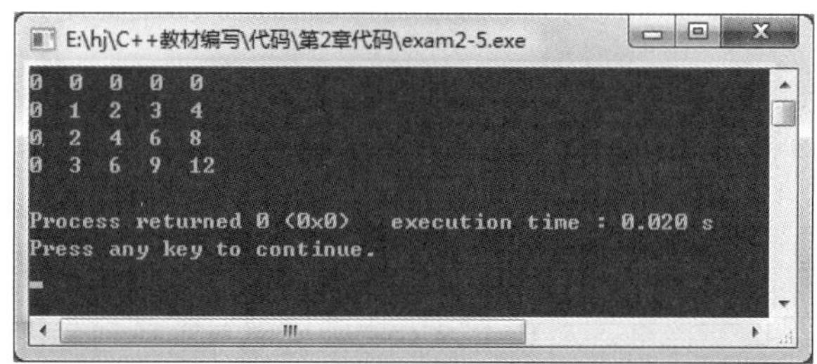

图 2-9 例 2-5 程序运行结果

一个 m 行 n 列的整型二维数组可以看作由 m 个一维数组组成,每个一维数组有 n 个整型元素。其基本思路是,为每一行数组申请一段内存空间(new int[n],Line 10),保存申请到的这段内存空间的首地址(int * 类型),一共有 m 行,把这 m 个地址存储到一个 int * 类型的数组中。显然,这需要为该数组申请 m 个元素,每个元素都是 int * 类型(new int * [m],Line 7)。其具体实现时的顺序是:先申请一段内存空间存储 m 个 int * 类型的元素,用指针变量 p 存储这段空间的首地址(Line 7);然后依次申请 m 个一维数组的内存空间(用 Line 8 的 for 循环实现),用数组 p 的元素 p[i]存储申请到的内存空间的首地址(Line 10)。而释放内存的顺序与申请内存的顺序恰好相反:先释放每一行的内存(Line 29),然后释放存储每行首地址的内存(Line 31)。

另外,在例 2-5 中使用了 setw()和 left,用于控制数据的输出格式。setw(3)是指定数据的域宽为 3,即每个数都占 3 列,不足 3 位的数前补空格,超过 3 位的数按实际数位输出;left 的作用是指定数据输出时在域内左对齐,当输出的数字不足 3 位时在数字的后面(右面)补空格。使用格式控制符需要包含头文件<iomanip>。

注意

通常情况下,new 和 delete 运算符成对使用,而 new []与 delete[]成对使用。例如:

```
int * p1 =new int;
...;
delete p1;
int * p2 =new int[5];
...;
delete[] p2;
```

上述示例中，将 delete p1 写成 delete[] p1 也没有问题，也能够释放指针 p1 指向的内存空间。将 delete[] p2 写成 delete p2，虽然程序没有语法错误也能运行，但是内存没有被完全回收，仍然造成了部分内存泄漏。事实上，用 delete 运算符回收空指针也是合法的，例如：

```
int * p =nullptr;
delete p;
```

只是一般不这么做。

2.5.2 引用运算符

引用(Reference)是 C++ 语言引入的新语言特性，是 C++ 语言常用的重要内容之一。正确、灵活地使用引用，可以使程序简洁、高效。

引用是隐式的指针，就是给某一变量(或对象)定义一个别名。声明引用后，对引用的操作与对变量的操作是完全一样的。引用分为两种：左值引用(Lvalue Reference)和右值引用(Rvalue Reference)。

1. 声明左值引用

左值一般是指可以放在赋值号左侧的对象，普通的变量均是左值。左值引用的声明格式如下：

```
类型说明符 & 引用名 =目标变量名;
```

例如：

```
int a;
int& ra=a;      //声明引用 ra,它是变量 a 的引用,即变量 a 的别名
```

说明：

(1) “&”不是取地址运算，而是起标识作用，用于说明所定义的标识符是一个引用。

(2) 类型说明符是指目标变量的类型，即引用的类型与目标变量的类型必须相同。

(3) 声明引用时，必须同时对其进行初始化。例如，语句“int& ra;”是非法的。

(4) 引用声明后，相当于目标变量名有两个名称，即该目标原名称和引用名，且不能再把该引用名作为其他变量名的别名。例如：

```
int a =1, b =2;
int& ra =a;
ra =b;
```

第三句 ra=b 相当于 a=b，即用变量 b 为变量 a 赋值，并不是 ra 重新引用变量 b。

(5) 声明一个引用，不是新定义了一个变量，它本身不是一种数据类型，因此编译器不给引用分配存储单元。在设计函数的形参时，通常把形参设计为引用，利用该特征节省内存(详见 2.7.1 小节)。

(6) 不能建立数组的引用。因为数组是一个由若干个元素所组成的集合，所以无法建立一个数组的别名。

(7) 引用实际上是隐式的指针，它与指针的区别是：指针是一种数据类型(构造数据类型)，但引用不是。指针可以转换为它所指向的变量的数据类型。例如：

```
int a =1;
double* p = (double*)(&a);      //虽然这样做可能没有任何意义，但从语法角度来说是正确的
```

引用不能进行数据类型转换，必须与目标变量的类型一致。例如：

```
int a =1;
double& ra =a;  //语法错误:error: invalid initialization of non-const reference
                //of type 'double&' from an rvalue of type 'double'
```

(8) 左值引用不能绑定常量，即不能建立常量的左值引用。例如：

```
int& ra =1;  //语法错误:error: invalid initialization of non-const reference of
             //type 'int&' from an rvalue of type 'int'
```

2. 用 const 限定左值引用

用关键字 const 声明的引用称为常引用，常引用的声明格式如下：

```
const 类型说明符 & 引用名 =目标变量名;
```

const 的内涵是指不能通过常引用对目标变量的值进行修改，从而使引用的目标成为 const，达到了引用的安全性。例如：

```
int a =0;
const int& ra =a;
ra =1;                  //语法错误:error: assignment of read-only reference 'ra'
```

但是，变量 a 本身是可变化的，如 a=1 是正确的。

常变量只能创建常左值引用，不能创建非常左值引用。例如：

```
const int a =1;
const int& cra =a;              //正确
```

```
int& ra =a;            //语法错误:error: binding 'const int' to reference of type
                       //'int&' discards qualifiers
```

即常引用可以引用变量,也可以引用常变量。

常引用有很多用处。

(1) 不能通过常引用修改目标变量的值。在设计函数的形参时,通常利用该特点把形参设计为常引用,保证在函数中不修改实参的值(详见 2.7.1 小节)。

(2) 常引用既可以用变量初始化,也可以用常量初始化。例如:

```
const string& rs ="Hello world";
```

(3) 常引用可以用不同类型的变量初始化。例如:

```
int a =0;
const double& ra =a;
```

这是连指针都没有的优越性。这里 ra 引用了一个 int 类型的变量,编译器在编译这两行代码时,先把 a 转换为 double 类型的数据,建立一个临时数据对象,然后把临时数据赋值给引用 ra。

3. 声明右值引用

为了支持移动操作(包括移动构造函数和移动赋值函数),C++ 语言引入了一种新的引用类型——右值引用,可以自由接管右值引用的对象内容。右值是相对于左值而言的,右值一般可以放在赋值号的右端,常见的常量、表达式等都是右值。右值引用的一个重要特性就是能够绑定一个将要销毁的对象。因此,可以自由地将一个右值引用的资源“移动”到另一个对象中。

右值引用的声明格式如下:

```
类型说明符 && 右值引用名 =右值;
```

例如:

```
int&& ra =1;
int&& rb =(2 * a);
```

左值引用必须引用一个变量,但右值引用不能引用变量。例如:

```
int a =1;
int&& ra =a;              //语法错误:Error:cannot bind 'int' lvalue to 'int&&'
```

2.6　基于范围的 for 循环

程序的基本控制结构包括三种：顺序结构、选择结构（也称分支结构）和循环结构（也称重复结构）。循环结构的实现方法比较多，除了使用 while()、do while()和 for()循环之外，C++ 11 还提供了一种称为基于范围（Range-based）的 for 循环。其基本格式如下：

```
for(变量声明:表达式)
{
    语句序列;
}
```

其中，表达式通常是一个数组名或容器对象。[①] 基于范围的 for 循环使用了一个称为范围变量的内置变量，每次基于范围的 for 循环迭代时，它都会复制下一个元素值到范围变量。例如：

```
array<int, 5>arr{1, 2, 3, 4, 5};
for(int x : arr)
{
    cout <<x <<" ";                  //输出 1 2 3 4 5
}
```

上述 for 循环的执行过程如下：首先声明变量 x，把数组 arr 中的第一个元素赋值给变量 x，然后执行循环体。执行完循环体后进入下一次循环，把数组 arr 中的第二个元素赋值给变量 x，执行循环体，直到数组 arr 中的所有元素全部被遍历完，结束循环。

再举一个例子：

```
string s{"china"};
for(char& x : s)
{
    x =x -32;
}
cout <<s <<endl;                     //输出 CHINA
```

使用引用作为范围变量，可以通过引用来修改 s 中的元素，这是引用的一种重要应用。上述 for 循环的执行过程如下：首先声明引用变量 x，x 引用 s 的第一个元素，执行循环体，修改变量 x 的值，相当于修改 s 的第一个元素的值；然后进行第二次循环，直到 s 中的所有元素全部被遍历完，结束循环。

---

① 容器，非常形象，可以看作存储一组数据的工具，是第 8 章中 STL 的内容。

2.7 函数剖析

函数是组成程序的最基本的模块，函数可实现某个特定的功能。函数包含系统库函数和自定义函数两种。

关于函数的声明、定义、函数原型等问题本节不做详细讨论。接下来，我们详细讨论引用作为函数参数、函数重载、默认参数和内联函数等内容。

2.7.1 引用作为函数参数

C++ 语言中的参数传递主要有两类：按值传递与按引用传递，其中按值传递主要有两种，即传递表达式的值与传递变量的地址值(指针)。接下来我们编写函数，实现两个整数的交换，通过这个经典案例详细讨论这几种参数传递的特点及区别。

1. 传递表达式的值

【例 2-6】

```
Line 1    #include <iostream>
Line 2    using namespace std;
Line 3    void swap_value(int x, int y)
Line 4    {
Line 5        int temp =x;
Line 6        x =y;
Line 7        y =temp;
Line 8    }
Line 9    int main()
Line 10   {
Line 11       int m =0, n =1;
Line 12       cout <<"交换前:m =" <<m <<", n =" <<n <<endl;
Line 13       swap_value(m, n);
Line 14       cout <<"交换后:m =" <<m <<", n =" <<n <<endl;
Line 15       return 0;
Line 16   }
```

程序运行结果如图 2-10 所示。

按值传递无法实现程序员的目的(本意是交换 m 和 n 的值)。程序执行 Line 13，调用函数 swap_value()，因为形参是普通变量，所以把实参变量的值对应传递给形参变量。形参是局部变量，编译器为形参变量分配内存空间，把实参的值赋值给形参变量。实参与形参在内存中独立存在，是两个不同的变量。如图 2-11 所示，把实参 m(n)的值 0(1)传递给形参 x(y)，形参 x(y)的初始值为 0(1)，在 swap_value()函数中通过局部变量 temp 作为交换的中介，形参 x 与 y 交换值后，x 和 y 值变为 1 和 0。但是，参数传递的方向是单向的，而且 m(n)和 x(y)是两个独立存在的内存空间。所以，m 和 n 值并没有交换，仍然是 0 和 1。

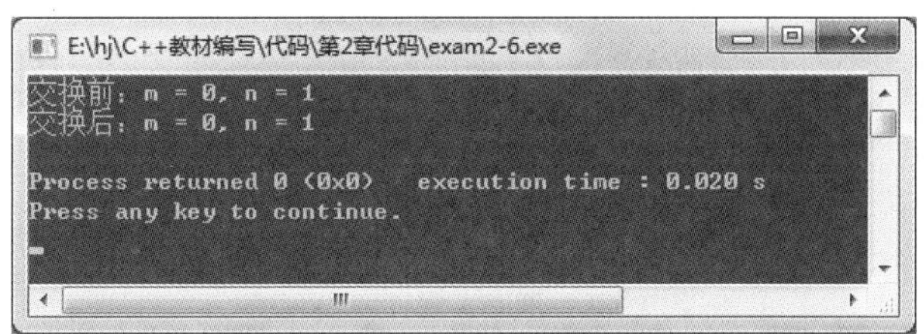

图 2-10　例 2-6 程序运行结果

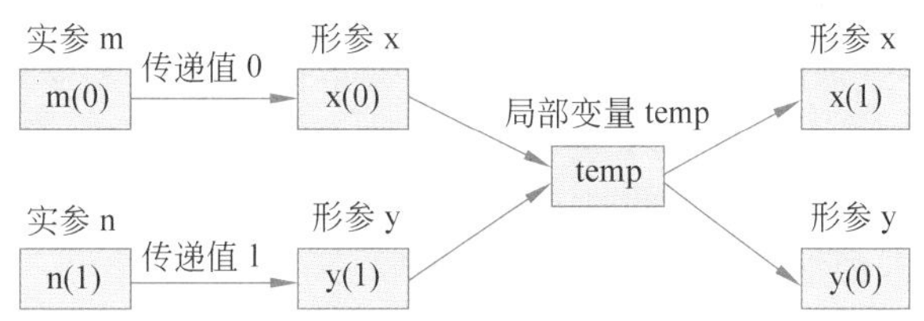

图 2-11　值传递的过程

2. 传递变量的地址值(指针)

【例 2-7】

```
#include <iostream>
using namespace std;
void swap_address(int * x, int * y)
{
    cout <<"形参变量值:x =" <<x <<", y =" <<y <<endl;
    int temp = * x;
    * x = * y;
    * y =temp;
}
int main()
{
    int m =0, n =1;
    cout <<"交换前:m =" <<m <<", n =" <<n <<endl;
    cout <<" address(m) =" <<&m <<", address(n) =" <<&n <<endl;
    swap_address(&m, &n);
    cout <<"交换后:m =" <<m <<", n =" <<n <<endl;
    return 0;
}
```

程序运行结果如图 2-12 所示。

```
E:\hj\C++教材编写\代码\第2章代码\exam2-7.exe
交换前: m = 0, n = 1
address(m) = 0x28fefc, address(n) = 0x28fef8
形参变量值: x = 0x28fefc, y = 0x28fef8
交换后: m = 1, n = 0

Process returned 0 (0x0)   execution time : 0.170 s
Press any key to continue.
```

图 2-12 例 2-7 程序运行结果

传递变量的地址完全实现了程序员的目的:交换两个变量的值。Line 15 调用函数 swap_address(),把变量 m(n)的地址对应传递给了形参指针变量 x(y),在这个传递过程中传递的依然是值,只不过该值是内存地址的编号,即指针。那么,形参指针变量 x(y)的值就是实参变量 m(n)的地址(参考 Line 5 和 Line 14 输出结果)。所以,形参指针变量 x(y)"指向"实参变量 m(n),如图 2-13 所示。此时,* x(* y)就是变量 m(n)。所以,函数 swap_address()交换了 * x 和 * y 的值,即交换了变量 m 和 n 的值。

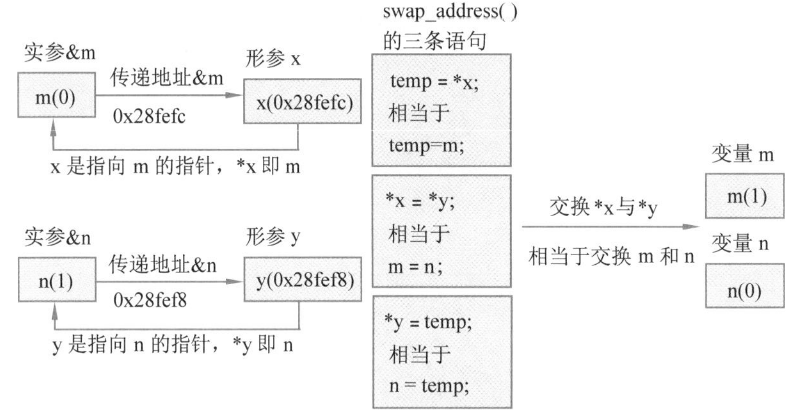

图 2-13 地址传递的过程

3. 引用作为函数参数

【例 2-8】

```
#include <iostream>
using namespace std;
void swap_reference(int& x, int& y)
{
    cout <<"形参变量的地址:address(x) =" <<&x <<", address(y) =" <<&y <<
      endl;
    int temp =x;
    x =y;
    y =temp;
}
```

```
Line 10  int main()
Line 11  {
Line 12      int m =0, n =1;
Line 13      cout <<"交换前:m =" <<m <<", n =" <<n <<endl;
Line 14      cout <<"实参变量的地址:address(m) =" <<&m <<", address(n) =" <<&n <<
         endl;
Line 15      swap_reference(m, n);
Line 16      cout <<"交换后:m =" <<m <<", n =" <<n <<endl;
Line 17      return 0;
Line 18  }
```

程序运行结果如图 2-14 所示。

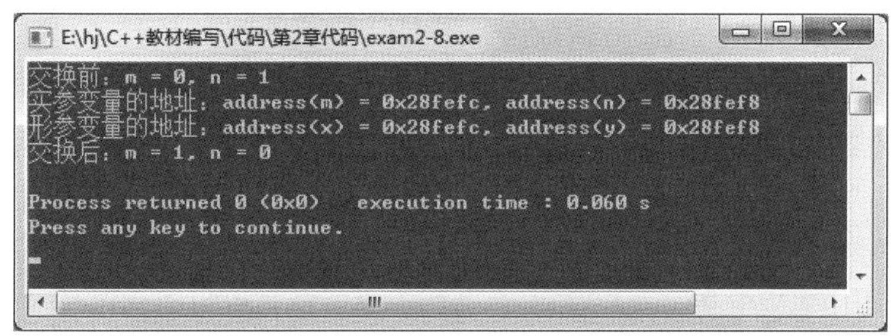

图 2-14　例 2-8 程序运行结果

本例的形参是引用(Line 3),Line 15 调用函数 swap_reference(),把实参 m 和 n 传递给形参 x 和 y。因为形参是引用,所以参数传递后相当于“int& x = m; int& y = n;”。x 和 y 分别是变量 m 和 n 的别名。对比 Line 14 和 Line 5 的输出结果,发现形参 x(y)在内存中的地址与变量 m(n)的地址相同,即变量 x(y)与变量 m(n)使用同一个内存单元。那么,函数 swap_reference()中交换变量 x 和 y,即交换变量 m 和 n。引用作为函数参数的传递过程如图 2-15 所示。

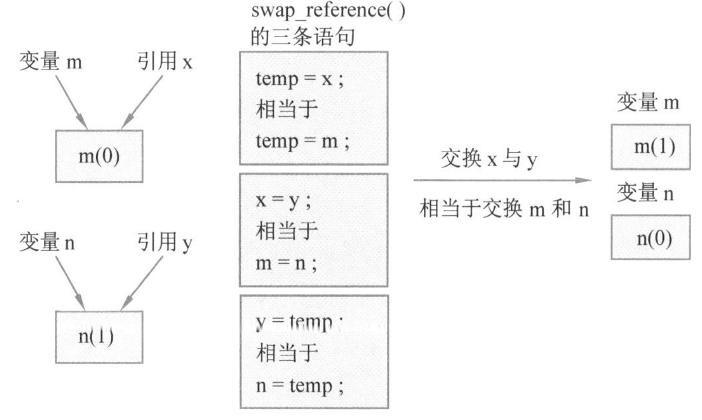

图 2-15　引用作为函数参数的传递过程

这是一个区分值传递、地址传递与引用传递的经典案例。值传递(例 2-6)是典型的“单向值传递”的过程，这种方法无法实现交换两个变量的目的。形参变量相当于实参变量的“副本”，编译器需要为形参变量分配内存空间，并且把实参值“复制”给形参变量。然而，在被调用函数中改变“副本”的值并未影响实参变量。按照地址传递可以实现交换两个实参变量的值(例 2-7)，但在本质上，其参数传递的过程依然遵循“单向值传递”的原则。只是这里的值是变量的地址，是指针。这种处理方式中，编译器依然需要为形参指针变量分配内存空间，并且把实参值“复制”给形参变量。而且，在函数调用时需要为变量加取地址运算符“&”(例 2-7 Line 15)，在被调用函数中要反复使用指针的解引用运算符“ * ”(例 2-7 Line 6～Line 8)。这使得程序设计更加困难和容易出错，并且程序的可读性也会下降。引用作为函数形参，用引用传递可以实现变量的交换(例 2-8)。用引用作为函数形参时，编译器不需要为形参变量分配内存空间(对比例 2-8 的 Line 14 和 Line 5 的输出结果)，也不需要把实参的值“复制”给形参变量。在系统的开销方面既可以节约内存资源，也可以节省 CPU 的运行时间，在程序设计方面也更简洁(不用反复使用“ * ”运算符)。所以，使用引用作为参数提高了程序的可读性，容易实现，最重要的是函数调用的效率高。在本例中读者可能还无法真正体会到“效率高”高在哪里。事实上，在面向对象程序设计过程中，当编写函数处理对象时，函数的形参几乎总会设计为类的引用，参数的传递采用引用传递。甚至可以这么说，引用完全是为对象的参数传递而设计的。

因为形参引用本质上是实参的别名，在函数中修改形参引用的值相当于修改实参变量的值，而这种实参变量值的修改相对比较隐蔽。那么，在使用引用作为形参时，如果不希望在被调用函数中修改被引用变量(实参)的值，可以使用关键字 const 来限定形参，这样形参就成为常引用。例如：

```
bool isLarger(const string& s1, const string& s2)
{
    return s1 >s2;
}
```

在该函数中，只比较两个字符串的大小，并不改变字符串的值，所以用 const 来限定形参，使形参成为常引用。

事实上，用 const 限定形参引用，把形参声明为常引用总是最“好”的选择，基于以下三个理由。

(1) 使用 const 可以避免无意中修改实参变量的值。

(2) 使用 const 声明形参，使函数能够处理 const 类型和非 const 类型实参，否则将只能接收非 const 类型实参。

(3) 使用 const 引用，使函数能够接收临时变量或常量。

例如，有如下变量：

```
const string s1 ="Hello", s2 ="Hi";
string s3 ="fine", s4 ="good";
```

则以下函数调用都是正确的：

```
if(isLarger(s1, s2)){...;}
if(isLarger(s3, s4)){...;}
if(isLarger("Shandong", "Shanghai")){...;}
if(isLarger(s1+s3, s2+s4)){...;}
```

2.7.2 函数重载

首先，请看如下应用场景：编写函数，实现求两个整数的和。相信读者能够很容易地完成如下代码：

```
int intAdd(int a, int b)
{
    return a +b;
}
```

再编写如下函数，实现求两个浮点数的和：

```
float floatAdd(float a, float b)
{
    return a +b;
}
```

相信读者用现有知识可以完成一系列的函数，实现上述功能。然而，仔细分析发现，这些函数的函数名相似，实现的功能不同。如果程序员开发了这样一个函数库，提供了多个不同名的函数，当用户希望调用这些函数时，记忆这么多相似但不同名的函数是非常困难的。那么，用户自然会想：能不能提供一些相同名字的函数，当调用函数时给函数传递不同的参数就可以实现不同的功能呢？即 C++ 语言中能不能在一个程序中编写多个同名函数呢？答案是肯定的，C++ 语言中的函数重载(Overload)即可实现同名函数完成不同的功能。

函数重载是指在同一个作用域内定义多个函数名相同但形参不同的函数，即同名函数实现不同的函数功能。

函数的形参列表也称函数的特征标(Function Signature)，函数重载的关键是函数具有不同的特征标。当调用同名函数时，编译器通过函数的特征标区分同名函数。如果两个函数的参数的个数、类型均相同，而且参数的排列顺序也相同，则它们的特征标相同。所以，函数重载时，函数的参数不完全一样，包括参数个数、类型及顺序。例如，以下函数可以实现函数重载：

```
int add(int x, int y);
float add(float x, float y);
int add(int x, int y, int z);
float add(int x, float y);
float add(float y, int x);
```

【例 2-9】

```
Line 1   #include <iostream>
Line 2   #include <string>
Line 3   using namespace std;
Line 4   int add(const int& x, const int& y)
Line 5   {
Line 6       return x +y;
Line 7   }
Line 8   int add(const int& x, const int& y, const int& z)
Line 9   {
Line 10      return x +y +z;
Line 11  }
Line 12  double add(const double& x, const double& y)
Line 13  {
Line 14      return x +y;
Line 15  }
Line 16  string add(const string& s1, const string& s2)
Line 17  {
Line 18      return s1 +s2;
Line 19  }
Line 20  int main()
Line 21  {
Line 22      cout <<add(1, 2) <<endl;
Line 23      cout <<add(1, 2, 3) <<endl;
Line 24      cout <<add(1.3, 2.4) <<endl;
Line 25      cout <<add("Hello ", "world") <<endl;
Line 26      return 0;
Line 27  }
```

程序运行结果如图 2-16 所示。

本例定义了四个 add()函数，它们的形参不完全相同，实现了 add()函数重载。编译器在编译 Line 22 代码时，根据参数的类型寻找与之匹配的函数定义，发现第一个 add()函数(Line 4)的形参类型与 add(1, 2)是相匹配的。类似地，其他函数调用在编译阶段就能够确定将调用哪个函数。

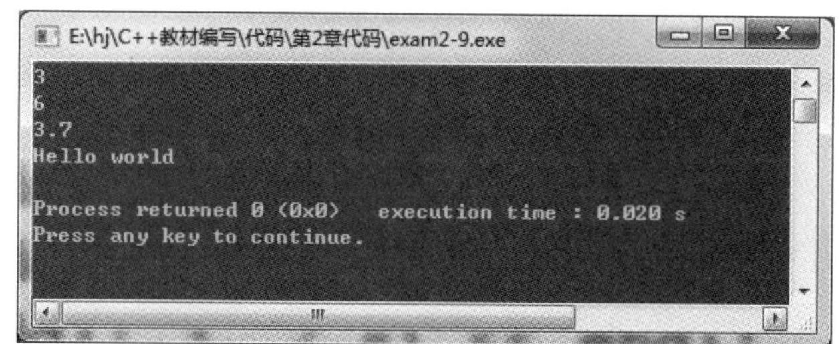

图 2-16 例 2-9 程序运行结果

使用函数重载时要注意以下几点问题。

(1) 不能用函数返回值的类型区别两个重载函数。例如：

```
int add(int x, int y);
float add(int x, int y);
```

这两个函数不能在同一作用域内定义,即它们不能实现函数重载。虽然这两个函数的返回值类型不同,但函数的特征标相同,它们不能重载。

(2) 形参的名字不能用于区别两个同名函数。例如：

```
int add(int x, int y);
int add(int a, int b);
```

这两个函数也不能实现函数重载,不能在同一作用域内定义。虽然这两个函数的形参名字不同,但函数的特征标相同。

(3) 普通变量与其引用具有相同的特征标。例如：

```
double square(double x);
double square(double& x);
```

这两个函数看上去其形参类型不同,但是这两个函数不能实现函数重载。这两个函数可以在同一作用域内定义,但是调用函数时可能会出错,例如：

```
double a =1;
square(a);
```

该函数调用时调用哪个重载函数？参数 a 与 double x 原型匹配,与 double& x 也匹配。所以,从编译器角度看,这两个函数的特征标相同,会出现如下语法错误：

```
error: call of overloaded 'square(double&)' is ambiguous
```

大意是,调用重载函数 square(double&)时有歧义。

(4) 如果形参是指针或者引用，使用 const 定义的常指针与常引用可以与不使用 const

的指针与引用区别，实现函数重载。例如：

```
void func1(int* p);
void func1(const int* p);
```

这两个函数可以实现函数重载。

```
void func2(int& ra);
void func2(const int& ra);
```

这两个函数也可以实现函数重载。

如果实参是用关键字 const 声明的变量，那么只能把这种变量传递给 const 声明的形参。对于没有用关键字 const 声明的变量，理论上既可以把它传递给非 const 类型形参，也可以把它传递给 const 类型形参。但是在函数重载中，编译器会优先选择非 const 类型形参版本的函数。

【例 2-10】

```
#include <iostream>
using namespace std;
string strCat(string& s1, string& s2)
{
    cout <<"调用非 const 版本函数..." <<endl;
    return s1 +s2;
}
string strCat(const string& s1, const string& s2)
{
    cout <<"调用 const 版本函数..." <<endl;
    return s1 +s2;
}
int main()
{
    string s;
    string s1{"Good "}, s2{"morning"};
    s =strCat(s1, s2);
    cout <<s <<endl;
    const string cs1{"Hello "}, cs2{"world"};
    s =strCat(cs1, cs2);
    cout <<s <<endl;
    s =strCat("Hello ", "world");
    cout <<s <<endl;
    return 0;
}
```

程序运行结果如图 2-17 所示。

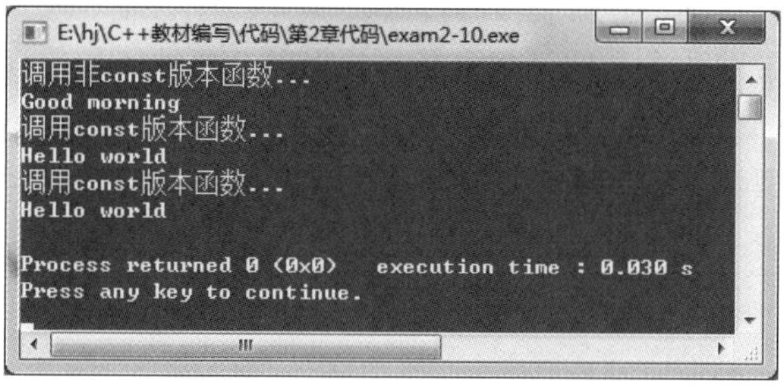

```
E:\hj\C++教材编写\代码\第2章代码\exam2-10.exe
调用非const版本函数...
Good morning
调用const版本函数...
Hello world
调用const版本函数...
Hello world

Process returned 0 (0x0)   execution time : 0.030 s
Press any key to continue.
```

图 2-17　例 2-10 程序运行结果

s1 和 s2 是变量，Line 17 调用 strCat()函数时，实参是变量，与非 const 版本函数 strCat()类型匹配。cs1 与 cs2 是用 const 声明的字符串常量，所以 Line 20 调用 const 版本函数。同理，Line 22 的函数调用中的实参是字符串常量，也调用 const 版本函数。

(5) 函数重载只发生在同一作用域内的同名函数之间，不同作用域的同名函数不能实现重载。例如：

```
void f(int);
void g()
{
    void f(double);
    f(1);                          //调用 f(double)函数
}
```

虽然 f(1)与 f(int)函数实现完美匹配，但是 f(1)函数仍然调用 f(double)函数，因为在 f(1)函数的作用域内只声明了一个 f(double)函数，而不存在 f(int)函数。也就是说，f(int)函数与f(double)函数处于不同的作用域内，它们无法实现重载。

2.7.3　默认参数

首先，请看以下两个应用场景。

场景一：编写 add()函数，分别实现 2 个整数、3 个整数、4 个整数的和。这可以通过函数重载实现。然而，程序员需要编写 3 个 add()重载函数，即

```
int add(int, int);
int add(int, int, int);
int add(int, int, int, int);
```

仔细分析后发现，除了函数的参数个数不同之外，其他代码几乎相同。这种重复劳动是否可以简化呢？

场景二：为某理工类高校编写程序，录入学生的信息，其中包含性别选项。通常，理工类高校的男生人数远远多于女生人数，甚至某些专业没有女生。那么，可以把学生的性别选项设置默认值为“男”，当录入男生信息时，性别数据不需要录入，使用默认值即可；当录入女

生信息时，录入女生性别数据为“女”。

C++ 语言提供了带默认参数的函数机制来处理以上两种场景的程序设计。

默认参数是指当调用函数中省略了实参的值时自动使用的一个值。如何设置默认值呢？必须通过函数原型设置。方法是在函数原型中为形参赋初始值。例如：

```
int add(int, int, int =0, int =0);
```

以上函数原型告诉编译器如下信息。

（1）函数返回值类型是 int。

（2）函数的名字是 add。

（3）函数有 4 个参数，每个参数的类型都是 int。

（4）如果调用函数时只给出 2 个参数，第 3 个和第 4 个参数的值都使用默认值 0。

（5）如果调用函数时只给出 3 个参数，第 3 个参数覆盖默认值 0，第 4 个参数的值使用默认值 0。

（6）如果调用函数时给出 4 个参数，第 3 个参数和第 4 个参数覆盖默认值 0。

【例 2-11】

```
#include <iostream>
using namespace std;
int add(int, int, int =0, int =0);      //函数声明
int main()
{
    int a =1, b =2, c =3, d =4;
    cout <<add(a, b) <<endl;
    cout <<add(a, b, c) <<endl;
    cout <<add(a, b, c, d) <<endl;
    return 0;
}
int add(int a, int b, int c, int d)
{
    return a +b +c +d;
}
```

程序运行结果如图 2-18 所示。

图 2-18　例 2-11 程序运行结果

Line 7 调用 add()函数只给出 2 个参数,第 3 个和第 4 个参数使用默认值 0;Line 8 调用 add()函数给出了 3 个参数,第 4 个参数使用默认值 0。调用 add()函数时实际参数个数少于 2 个或者多于 4 个都是错误的。例如:

```
cout <<add(a) <<endl;                    //语法错误
error: too few arguments to function 'int add(int, int, int, int)'
cout <<add(1, 2, 3, 4, 5) <<endl;        //语法错误
error: too many arguments to function 'int add(int, int, int, int)'
```

使用默认参数的函数时要注意以下几点问题。

(1) 如果有函数声明,则默认参数只能在函数声明中指定。

如果在函数声明中指定了默认参数,同时在函数定义时也指定了默认参数,则属于重复定义默认参数,即使在函数定义时指定的默认参数与函数声明中指定的默认参数值相同。例如,把 add()函数代码修改为

```
int add(int a, int b, int c =0, int d =0)
{
    return a +b +c +d;
}
```

则编译时错误提示如图 2-19 所示。

```
In function 'int add(int, int, int, int)':
error: default argument given for parameter 3 of 'int add(int, int, int, int)' [-fperm...
note: previous specification in 'int add(int, int, int, int)' here
error: default argument given forpparameter 4 of 'int add(int, int, int, int)' [-fperm...
note: previous specification in 'int add(int, int, int, int)' here
```

图 2-19 同时在函数声明及函数定义中为形参指定默认参数时的错误提示

(2) 如果没有函数声明,只有函数定义,可以在函数定义中指定默认值。

对函数进行函数声明是良好的编程习惯。事实上,如果被调用函数的定义在主调用函数之前,C++ 语言允许不对被调用函数进行显式的函数声明。这时函数的定义充当了函数的声明,可以在函数定义中为形参指定默认值。

(3) 默认参数定义的顺序是自右向左,如果某个参数设定了默认值,则其右边的所有参数必须设置默认值。例如:

```
int add(int, int =0, int, int);  //语法错误
```

(4) 默认值可以是全局变量、常量,甚至是一个函数,但是不能使用局部变量。因为编译器在编译阶段就需要确定默认值,但是局部变量在编译时无法确定。

(5) 同时使用默认参数的函数和函数重载时需要避免函数调用上的二义性。例如:

```
int add(int, int, int =0);       //第 3 个参数设置了默认值
int add(int, int);
```

显然，这两个函数可以实现函数重载，因为它们的参数个数不同，即使第一个函数的第3个参数设置了默认值，第一个函数仍然是有3个参数的函数，区别于第二个函数的2个参数。假设有以下函数调用：

```
cout <<add(1, 2) <<endl;
```

那么，编译器无法确认调用哪个函数，因为add(1, 2)显然匹配第二个函数，但是也匹配第一个函数，其中第3个参数使用默认值。此时，就出现了函数调用上的二义性。这种情况下编译器给出如下错误提示：

```
error: call of overloaded 'add(int&, int&)' is ambiguous
```

2.7.4 内联函数

内联函数(Inline Function)是C++语言为了提高程序的运行效率所做的一项改进。要充分理解这句话，就必须深入了解普通函数调用的处理机制。

计算机在执行程序时需要把程序代码加载到内存中，我们把程序代码称为指令，每条指令都有特定的内存地址。计算机从main()函数处开始执行，顺次执行main()函数中的每一条指令。当执行到函数调用的指令时，计算机将跳转到另一个地址，即被调用函数的入口地址，并在被调用函数执行结束之后返回。为了正确地返回到跳转之前的位置，在执行函数调用指令时，计算机需要存储该指令的内存地址，并将函数参数复制到堆栈，然后跳转到函数的入口地址对应的内存单元，执行被调用函数中的指令。当被调用函数执行完毕后，程序将跳回到被保存的指令处，继续执行主调用函数的剩余指令。当一个函数被频繁调用时，计算机将来回跳转并记录跳转的位置，这需要一定的系统开销。

如果被调用函数是内联函数，编译器的处理方式是把内联函数的代码复制到函数调用处，直接替换函数调用。这样，当程序再执行到函数调用指令时，直接执行复制过来的指令，不需要跳转到另外一个地方然后再跳回来。

内联函数的声明及定义很简单，只需在函数的声明及定义时加上关键字inline即可。例如：

```
inline int add(int x, int y);        //内联函数声明
inline int add(int x, int y)         //内联函数定义
{
    return x +y;
}
```

内联函数的执行效率稍快一些，但要为此付出代价：程序代码将占用更多的内存。内联函数被调用的次数越多，内联函数的“副本”就越多，程序代码的长度就越长。因此，应该谨慎地使用内联函数。假设程序跳转一次需要花费1μs(实际执行时要比这个时间小)，被调用函数的执行时间需要花10μs，那么使用内联函数提升的效率仅仅是1/11。如果被调用函数的执行时间需要花2μs，那么使用内联函数提升的效率可达到1/3。所以，当被调用函

数代码少、执行速度快、需要频繁调用时才考虑使用内联函数。

事实上，关键字 inline 只是程序员“请求”编译器把该函数作为内联函数，但是编译器未必“答应”。如果编译器发现该函数的代码复杂（如有循环，甚至是递归函数），那么编译器将拒绝把该函数作为内联函数。

小　结

习近平总书记在二十大报告中指出：“要增强党组织政治功能和组织功能，严密的组织体系是党的优势所在、力量所在。”尤其是基层党组织，“把基层党组织建设成为有效实现党的领导的坚强战斗堡垒。”一个结构完整、功能强大并且安全运行的 C++ 语言程序犹如稳健运行的党组织，而 C++ 语言的语法基础就是基层党组织，任何一个简单的语法错误或语义错误都会导致 C++ 语言程序无法正常运行。

C++ 语言是在 C 语言的基础上增加了面向对象程序设计的语法，C++ 语言兼容 C 语言，而且我们假定读者已经熟练掌握了 C 语言的语法。[①] 本章旨在介绍 C++ 语言新增的基础内容及与 C 语言有较大不同的语法知识。

C++ 语言中任何数据都有类型，区别类型的目的在于不同的类型能够表达的数据范围不同，可对其进行的操作也不同。不同类型之间进行数据运算时需要对数据进行类型转换。变量声明之后再使用、使用之前赋初始值是基本常识，必须深入程序员的脑海中。数组是最常用的一种数据结构，所以 C++ 语言为我们提供了使用更加方便、安全的类模板。字符串类型 string 的出现也为我们处理字符提供了便利。new 和 delete 运算符使我们能够轻松地使用计算机内存资源，对内存真正做到“按需所取”。函数是构成程序的基本单位，是大程序模块化设计的基础，所以建议读者熟练掌握各类函数的编写方法。

---

① 笔者所在的学院设计的课程体系结构中，C 语言是一年级第一学期开设的语言基础课，C++ 语言是第二学期开设的核心基础课。所以，C++ 语言是在 C 语言课程的基础上开设的。

第3章 类与对象

程序设计语言主要划分为两大类：面向过程程序设计语言和面向对象程序设计语言。C++ 语言是一种面向对象程序设计语言。正确理解面向对象程序设计语言的一些重要概念是掌握面向对象程序设计思想与方法的前提。本章将向读者介绍一些重要概念，如对象、类、封装、继承、多态等。本章还将介绍类的定义与使用，深入讨论类中的特殊成员，如构造函数、析构函数、常数据成员、静态数据成员等。

3.1 面向对象程序设计

与 C 语言不同，C++ 语言是一种面向对象程序设计语言，而 C 语言是一种面向过程程序设计语言。那么，面向对象程序设计与面向过程程序设计有什么不同呢？

3.1.1 面向对象与面向过程的区别

面向过程的概念是在面向对象的概念出现之后为之相对而提出的。面向过程程序设计是一种自上而下的设计方法，以事件为中心，以功能为导向，分析出解决问题的步骤，按照模块划分出程序任务并由函数实现，依次执行各函数，实现功能。例如，设计程序统计某个班 C++ 语言的考试成绩，计算最高分和平均分。面向过程程序设计的思路可能是这样的。

首先把学生的考试信息输入程序中，在该过程中，需要考虑如何组织学生的考试信息、需要包含哪些数据（学号、姓名、成绩）、是用数组还是用结构体表示、是顺序存储还是链式存储等。可以编写 dataInput() 函数实现上述功能。然后，编写函数 maxScore() 和 avgScore()，计算最高分及平均分。设计这些函数时需要考虑数据的组织结构，不同的数据结构对应不同的程序设计方法，而且 maxScore() 和 avgScore() 操作的数据是相同的。最后，编写代码把结果输出。

在面向过程程序设计中，数据由专门的结构进行描述，而对数据的操作被封装为函数，数据和对数据的操作是分离的。这种设计容易导致一种数据的操作分布在整个程序的各个角落，而一个操作也可能会用到很多种数据。在这种情况下，对数据和操作的任何一部分进行修改都会变得很困难，特别是在大型项目开发中，面向过程程序设计面临巨大的挑战。

面向对象程序设计更接近于人看待事物的思维过程，是过程化程序设计后的又一次软件开发方式的革命。对象化编程的思想是基于抽象数据类型（Abstract Data Type，ADT）的，把数据结构和用于操作这些数据的各种操作抽象为一个整体。例如，统计某个班 C++ 语言的考试成绩，对象化程序设计的思路可能是这样的：

首先把学生的信息及对成绩的处理抽象为一个“学生”类，每个学生是一个对象，是程序操作的个体。创建一个学生个体，输入该学生的所有数据，在该过程中可以计算出学生个体的个数及最高成绩，甚至可以计算出所有学生的总成绩。

面向对象程序设计描述的是客观世界中的事件，以对象代表一个具体的事物，把数据和对数据的操作方法放在一起而形成的一个相互依存又不可分割的整体。把数据和操作看成整体，具有程序结构清晰、能够自动生成程序框架、实现简单、有效减少程序的维护工作量、代码重用率高等优点。

当然，面向对象和面向过程程序设计并不是绝对对立的。采用对象化程序设计的思想，用 C 语言也可以手动设计程序模块模拟出对象设计的效果，C++ 语言中也部分使用了过程化程序设计的思路。

3.1.2 面向对象的基本概念

1. 对象

术语“对象(Object)”是指现实世界中一切可以相互区别的具体事物，如学生“张三”、一辆具体的汽车、某间教室、一本书；对象还可以是无形的，如一项任务、某高校、某学院等。对象是由数据(描述事物的属性或性质)和作用于数据的操作(描述对象的行为)构成的一个独立整体。例如，这位学生的姓名是“张三”，性别是“男”，C++ 语言考试成绩是 87 分；这辆汽车是“××”牌、黑色的；这间教室的门牌号是 S103，有 120 个座位；这是“信息科学与工程学院”，有 4 个系 1200 名学生……对象也可以做一些动作，或者具有某些行为，如计算张三所有课程的平均分、获取这辆车的车牌号码……

2. 类

我们把具有相同属性的对象抽象为一类(Class)，如所有大学生对象构成一类人、所有“××”牌汽车对象构成一类车、某高校的所有学院构成学院类……类是具有相同属性和行为的一组对象的集合，它提供了一个抽象的描述，其内部包括属性和行为两个主要部分。属性用类的数据成员描述，而行为称为类的方法。

3. 抽象

对于术语“抽象(Abstraction)”，我们并不陌生。抽象是我们认识事物的基本手段之一。面向对象程序设计中的抽象是指对具体对象进行概括，抽出一类对象的公共性质并加以描述的过程。对一个问题的抽象包括两个方面：数据抽象和行为抽象。数据抽象描述某类对象的属性或状态，即此类对象区别于彼类对象的特征；行为抽象描述某类对象的共同行为。

3.2 类的定义

类是对象的抽象，是一种用户自定义数据类型，它用于描述一组对象的共同特征和行为。定义类时需要清楚地知道该类要描述的信息、用什么类型的数据表示这些信息，以及对这些数据进行什么操作。类的定义形式如下：

```
class 类名                          //类的名字是任意合法的标识符
{
成员访问控制符:                      //描述成员的访问权限
    数据成员;                        //描述类的属性或特征
成员访问控制符:
    成员函数;                        //描述类的行为,也称类的方法
};                                  //类声明的末尾以分号结束
```

其中,class 是关键字,类名是任意合法的标识符,在大括号"{ }"中声明类的成员,包括数据成员和成员函数,在大括号"{ }"的最后以分号结束类的定义。为了提高程序的可读性,类名应做到见名知意。通常,类名的第一个字母大写。如 Student——学生类、Time——时间类、Animal——动物类等。数据成员(Data Members)用于描述类的属性或特征,数据成员可以是内置数据类型的变量,也可以是构造数据类型的对象,甚至是其他类的类对象。成员函数(Member Functions)用于描述类的行为,也称类的方法。访问控制符(Access Control)规定了类的成员在程序中可访问的位置。成员访问控制符有三种,分别是 public(公有访问权限)、private(私有访问权限)、protected(受保护访问权限)。当省略第一个访问控制符时,默认的成员访问控制符是 private。但是,为了提高程序的可读性,强烈建议读者不要省略关键字 private。

例如,类 Student 定义如下:

```
class Student
{
public:                             //公有访问权限
    int GetAge() const;             //GetAge()方法获得学生的年龄
    double AvgScore();              //AvgScore()方法求学生的平均成绩
private:                            //私有访问权限
    string strName;                 //描述学生的姓名
    int nAge;                       //描述学生的年龄
    double arrScore[4];             //四个元素的数组,分别表示四门课的考试成绩
};
```

Student 类中声明了两个成员函数和三个数据成员。成员函数 GetAge()用于返回学生的年龄,其中关键字 const 说明 GetAge()是常成员函数①,表示在函数体中不能修改数据成员的值。成员函数 AvgScore()的功能是求学生的平均成绩。数据成员 strName 表示学生的姓名,nAge 表示学生的年龄,而数组 arrScore[4]用来存储四门课的考试成绩。如果省略关键字 public,那么缺省的访问控制符是 private,GetAge()和 AvgScore()就成为类 Student 的私有成员函数。

注意

在本例中,类的成员函数 GetAge()和 AvgScore()仅仅是函数声明,没有定义相应的函数。该函数不具备任何功能,仅为类提供一个对外的"接口"。

---

① 如果不希望在成员函数中修改数据成员的值,把成员函数声明为常成员函数是一种好的做法。关于常成员函数的详细内容请参考 3.9 节。当然,也可以删除关键字 const,并不影响程序的功能。

在计算机系统中，接口是一个共享框架，供两个系统(如计算机与打印机之间、用户与计算机程序之间)交互时使用。例如，U 盘有接口，插入主板上为 U 盘预留的接口就可以使用 U 盘；教室的日光灯为我们提供了接口(墙壁上的开关)，使用接口开关日光灯。类也提供了对外的公共接口，使用接口操作类的数据。接口让程序员能够编写与类对象交互的代码，让程序员能够使用类对象。例如，计算一个学生的平均成绩不需要打开对象，只需使用 Student 类提供的 AvgScore()方法即可。

C++ 语言还提供了另外一种类的定义格式，用关键字 struct 替换 class。例如：

```
struct Time
{
public:
    void SetTime();
    void GetTime();
private:
    int hour, minute, second;
};
```

用 struct 定义的类与用 class 定义的类的区别是，如果在 struct 定义类时省略第一个访问控制符，则默认的成员访问控制符是 public。即，这儿的关键字 public 可以省略。

3.2.1 成员的访问控制

在类的定义中需要为类的成员指定相应的访问权限，用访问控制符进行说明。C++ 语言中的访问控制符有三个，分别是 public、private 和 protected。

1. public

用 public 修饰的成员是公有成员，具有与类外交互的能力。公有成员可以在类的外部直接访问，因此这些成员是不隐藏的，即 public 访问属性的公有成员可以在程序的任意位置(类声明之后)使用。例如，Student 类中的公有成员函数 GetAge()可以在 main()函数中通过对象进行调用。

2. private

用 private 修饰的成员称为私有成员，只能在类的成员函数或类的友元函数(3.10.1 小节介绍)中访问，不能在类的外部直接访问，实现了面向对象程序设计思想中最重要的一个特点：数据封装。例如，Student 类中的私有成员 nAge，不能在 main()函数中通过对象调用 nAge 得到对象的年龄。如果需要使用对象的年龄，必须调用公有成员函数 GetAge()(假设 GetAge()函数的功能是获取数据成员 nAge 的值)。

3. protected

用 protected 修饰的成员称为受保护的成员，与私有成员一样，受保护的成员也只能在类的成员函数或友元函数中访问，不能在类的外部直接访问。受保护的成员与私有成员的区别是受保护的成员可以在该类的派生类(详见第 5 章)中访问，但私有成员在类的派生类中不能访问。

本章只讨论关键字 public 和 private，protected 将在第 5 章中介绍。通常，成员函数的访问权限定义为 public，以提供对外的接口。数据成员的访问权限定义为 private，实现数据的封装特性。但是这种定义并不是绝对的，可根据具体需求设置成员的访问权限。例如，类的某个成员函数只希望在类中调用，不希望在类外通过对象调用，那就把该成员函数的访问权限设置为 private 属性；反之，为了提高数据成员的访问效率，希望在类外直接使用数据成员，那就把该数据成员的访问权限设置为 public。

3.2.2 数据的封装

前面提到一个术语“数据封装”。封装(Encapsulation)是面向对象程序设计非常重要的特征之一，它是指将数据和处理数据的函数封装成一个整体，以实现独立性很强的模块，避免外界直接访问对象属性而造成耦合度过高及过度依赖，同时也阻止了外界对对象内部数据的修改而可能引发的不可预知的错误。

例如，教室的日光灯是一个封装的对象，把日光灯内部的线路设计隐藏起来，墙壁上的开关能够控制日光灯的开启与关闭，开关就是日光灯为我们提供的外部接口，我们只能通过开关控制日光灯，而不能打开日光灯修改内部的线路。一盏开关只控制一盏日光灯是最理想的设计。如果一个开关可以控制三盏日光灯甚至更多，而且各盏日光灯之间又通过线路连接在一起，那么，这几盏日光灯之间的耦合度过高。其后果是，如果一盏日光灯出现问题，那么其他日光灯也不能正常使用。

在大型软件设计中，通常需要进行模块化设计，以提高程序的设计效率，提高程序的可维护性。理想的状况是各个模块之间毫无关系，或者有很小的关联。这种模块之间的关系是“低耦合”“松散”的，修改或者维护其中一个模块的功能不会影响其他模块的功能，提高了程序的可维护性。

3.2.3 成员函数的实现

如果在类的定义中只对成员函数进行声明而没有定义函数的功能，则该成员函数不能完成任何功能。成员函数的功能是通过程序代码实现的，即需要定义成员函数，编写代码实现相应的功能。我们把该过程称为成员函数的实现。成员函数的实现有两种方法，第一种方法是在类中实现；第二种方法是在类外实现。

1. 在类中实现成员函数

这种方法是把成员函数的声明和实现合为一体，例如：

```
class Student
{
public:
    int GetAge( ) const            //GetAge()方法获得学生的年龄
    {
        return nAge;
    }
    double AvgScore( );            //AvgScore()方法求学生的平均成绩
private:
```

```
    string strName;                 //描述学生的姓名
    int nAge;                       //描述学生的年龄
    double arrScore[4];             //四个元素的数组,分别表示四门课的考试成绩
};
```

常成员函数 GetAge()的实现在类内完成。通常,功能简单,代码较少的成员函数可以在类中实现。在类中实现的、代码简单的成员函数将自动作为内联函数。

2. 在类外实现成员函数

如果成员函数的功能复杂,代码较多,则强烈建议在类外实现。在类外实现成员函数时需要在函数名前加类名及作用域解析运算符"::",表示该函数属于哪个类。例如,成员函数 AvgScore()的实现如下:

```
double Student::AvgScore()
{
    double sumScore =0;
    for(int i =0; i <4; i++)
    {
        sumScore +=arrScore[i];
    }
    return sumScore / 4;
}
```

如果愿意,也可以把在类外实现的成员函数声明为内联函数,只需在函数首部的最前面加关键字 inline 即可。内联函数的特殊规则要求在每个使用它们的文件中都对其进行定义。确保内联定义对多文件程序中的所有文件都是可用的,最简便的方法是将内联函数的定义和类的定义放在同一个头文件中。

3.3 使 用 类

类是一种自定义数据类型,类一旦声明,就可以像使用内置数据类型一样使用它。

3.3.1 创建对象

类是对象的抽象,如果仅定义类而没有用类声明对象,则该类的定义没有任何意义,只有用它声明对象才能体现类的价值。当用类声明对象时,编译器将创建出一个对象的实例(Instance)。所以,声明对象也称创建对象或实例化对象。

声明对象的基本格式如下:

```
类名 对象列表;
```

例如,声明两个 Student 类型对象 s1、s2,代码如下:

```
Student s1, s2;                    //实例化对象 s1、s2
```

当实例化对象时，编译器需要为对象分配内存空间，存储对象的成员。当为对象分配内存空间时，每个对象都分配独立的内存空间存储数据成员值。但是，所有对象的成员函数的代码都存储在同一段内存空间中，所以不同的对象调用同名成员函数时，实际上调用的是同一段内存代码。

【例 3-1】

```
#include <iostream>
#include <string>
using namespace std;
class Student
{
public:
    int GetAge() const              //GetAge()方法获得学生的年龄
    {
        return nAge;
    }
    double AvgScore();              //AvgScore()方法求学生的平均成绩
    void PrintAdd();
    void PrintSizeofMem()
    {
        cout <<"Sizeof(strName): " <<sizeof(strName) <<", Sizeof(nAge): "
          <<sizeof(nAge) <<", Sizeof(arrScore): " <<sizeof(arrScore) <<
          endl;
    }
private:
    string strName;                 //描述学生的姓名
    int nAge;                       //描述学生的年龄
    double arrScore[4];             //四个元素的数组,分别表示四门课的考试成绩
};
double Student::AvgScore()
{
    double sumScore =0;
    for(int i =0; i <4; i++)
    {
        sumScore +=arrScore[i];
    }
    return sumScore / 4;
}
void Student::PrintAdd()
{
    cout <<"Address(strName): " <<&strName <<", Address(nAge): " <<&nAge
```

```
                <<", Address(arrScore): " <<arrScore <<endl;
Line 34     cout <<"Address(GetAge): " <<(void*)(&GetAge) <<", Address
                (AvgScore): " <<(void*)(&AvgScore) <<endl;
Line 35 }
Line 36 int main()
Line 37 {
Line 38     Student s1, s2;
Line 39     s1.PrintAdd();
Line 40     s2.PrintAdd();
Line 41     s1.PrintSizeofMem();
Line 42     s2.PrintSizeofMem();
Line 43     cout <<"sizeof(s1): " <<sizeof(s1) <<", sizeof(s2): " <<sizeof(s2) <
                <endl;
Line 44     return 0;
Line 45 }
```

程序运行结果如图 3-1 所示。

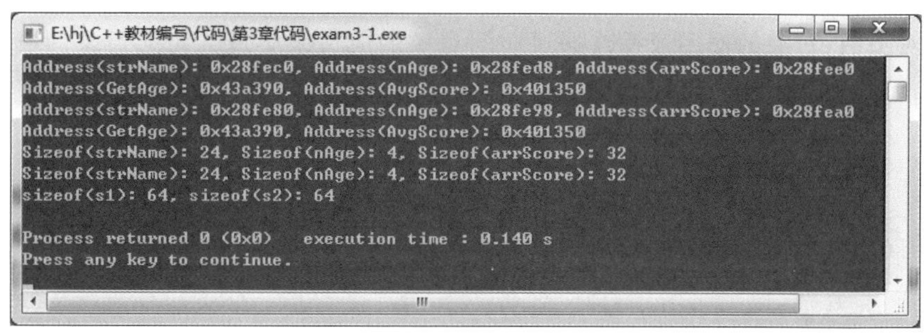

图 3-1 例 3-1 程序运行结果

首先需要说明的是，图 3-1 是例 3-1 程序在 Code::Blocks 环境中的运行结果。结合图 3-1，分析以下两个结论：①编译器为每个对象的数据成员分配内存空间，但是所有成员函数的代码在内存中只占据一份空间；②在计算对象占用的内存空间的大小时，其大小是所有数据成员占用的内存空间的和，不包括代码占用的内存空间。但是，为了实现字节对齐[①]，对象占用的内存空间大小与所有数据成员占用的内存空间的和稍有差别。

类 Student 的成员函数 PrintAdd()输出数据成员和成员函数在内存中的存储位置，PrintSizeofMem()函数输出数据成员占用的内存空间的大小。在 main()函数中声明了两个对象 s1 和 s2(Line 38)，Line 39 和 Line 40 分别由对象 s1 和 s2 调用其成员函数 PrintAdd()，分别输出 s1 和 s2 的数据成员及成员函数在内存中的存储位置。我们发现，s1 和 s2 的数据成员占用不同的内存空间，而成员函数存储在相同的内存空间中。例如，s1 的数据成员 strName 的存储位置是 0x28fec0，而 s2 的数据成员 strName 的存储位置是 0x28fe80；s1 和 s2 的成员函数 GetAge()都存储在首地址为 0x43a390 的内存空间中。

① 字节对齐是为了提高 CPU 的存储速度而进行的存储优化。这里不详细讨论字节对齐问题，它超出了本书的范围。感兴趣的读者请自行查阅相关资料。

接下来,我们查看对象在内存中存储所占用的空间大小。Line 41 和 Line 42 分别由对象 s1 和 s2 调用其成员函数 PrintSizeofMem()输出每个数据成员占用的内存空间的大小,strName 占用 24 个字节、nAge 占用 4 个字节、arrScore 占用 32 个字节。strName 是 string 类型,当用 string 类型声明对象并且没有指定对象的初始大小时,该对象所占用的内存空间取决于系统实现。这里姑且认为 string 类型就是占用 24 个字节。nAge 是 int 类型,存储 int 类型需要占用 4 个字节。arrScore 是由 4 个 double 类型的元素组成的一维数组,每个 double 类型数据占用 8 个字节的存储空间,所以 arrScore 占用 32 个字节的存储空间。所有数据成员占用的内存空间的和是 60(24+4+32)个字节。然而,Line 43 用 sizeof()运算符计算的对象占用的内存空间却是 64 个字节,相差 4 个字节。这 4 个字节去哪里了呢?重新分析程序的 Line 1 输出结果:strName 的存储位置(首地址)是 0x28fec0,strName 占用 24 个字节,用十六进制表示是 18,0x28fec0 加 18 正好是 0x28fed8,这与 nAge 在内存中的地址是一致的。虽然 nAge 只需 4 个字节的存储空间就够了,但是为了进行"字节对齐",编译器为 nAge 分配了 8 个字节的内存空间。所以,arrScore 的存储位置就是 0x28fee0(0x28fee0=0x28fed8+8)。

3.3.2 访问对象的成员

声明对象后,对象的使用及操作通过访问对象的成员来实现。访问对象的成员的语法格式如下:

```
对象名.数据成员名;
```

类似地,访问对象的成员函数的语法格式如下:

```
对象名.成员函数名();
```

例如,对象 s1 的年龄可表示为 s1. nAge,而调用成员函数 GetAge()的语法是 s1. GetAge()。

在类的定义中为每个成员指定了相应的访问权限(注意,如果没有指定访问权限,则默认访问控制符是 private),这些访问控制符限定了成员访问的"正确"位置。前面已经提到,public 限定的成员可以在类中类外访问,而 private 限定的成员只能在类中访问,即在类的成员函数内访问。所以,私有成员 nAge 必须出现在类的成员函数内(如例 3-1 所示 Line 9),而成员函数 GetAge()可以在类声明后的任意函数内调用。在主函数中直接访问私有成员 nAge 是错误的:

```
int main()
{
    Student s1, s2;
    cout <<s1.nAge <<endl;              //语法错误,私有数据成员不能在类外访问
    cout <<s1.GetAge() <<endl;          //正确,输出对象 s1 的年龄
    return 0;
}
```

以上程序无法通过编译，语法错误：

```
error: 'int Student::nAge' is private.
```

3.3.3 this 指针

如果在 main()函数中声明两个对象 s1 和 s2，s1 和 s2 都拥有成员函数 GetAge()，在 main()函数中可以用以下语句输出 s1 和 s2 的年龄：

```
cout<<s1.GetAge() <<endl;
cout<<s2.GetAge() <<endl;
```

我们知道，类的成员函数在内存中存储时只有一个副本，对象 s1 和 s2 共享 GetAge()函数的代码。那么，为什么 s1. GetAge()得到 s1 的年龄，而 s2. GetAge()得到的就是 s2 的年龄呢？不同的对象调用相同的函数却得到不同的结果，这是如何做到的呢？这要归功于 this 指针。

this 指针是一种特殊的指针，是 C++ 语言实现数据封装的一种机制，它将对象和对象所调用的成员函数联系在一起，使得从外部看来每个对象都拥有自己的成员函数。程序编译后，成员函数中包含 this 指针。例如，GetAge()函数编译后的形式如下：

```
int Student::GetAge() const
{
    return this ->nAge;
}
```

this 指针始终指向调用该成员函数的对象，即当 s1 调用 GetAge()函数时，this 指针指向 s1；当 s2 调用 GetAge()函数时，this 指针指向 s2。

this 指针是指向当前对象的指针，所以可以在函数中把 this 指针用作参数；或者从函数中返回，用作函数返回值。

【例 3-2】

```
#include <iostream>
#include <string>
using namespace std;
class Student
{
public:
    int GetAge() const{return nAge;}
    void SetAge(int n){nAge =n;}
    Student LargerAge(const Student&);          //返回年龄较大的对象
private:
```

```
Line 11      string strName;
Line 12      int nAge;
Line 13  };
Line 14  Student Student::LargerAge(const Student& s)
Line 15  {
Line 16      if(this->GetAge() >=s.GetAge())
Line 17          return * this;
Line 18      else
Line 19          return s;
Line 20  }
Line 21  int main()
Line 22  {
Line 23      Student s1, s2;
Line 24      s1.SetAge(19);
Line 25      s2.SetAge(20);
Line 26      Student s3 =s1.LargerAge(s2);
Line 27      cout <<"s1,s2 的最大年龄是:" <<s3.GetAge() <<endl;
Line 28      return 0;
Line 29  }
```

程序运行结果如图 3-2 所示。

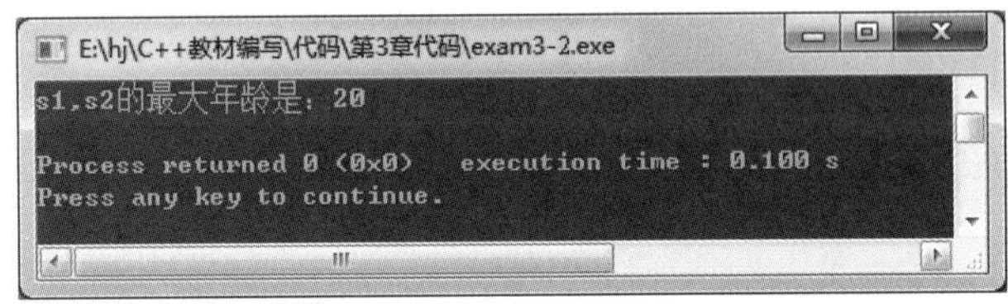

图 3-2　例 3-2 程序运行结果

该程序功能是比较两个学生的年龄，输出年龄较大的学生的年龄。类 Student 中定义了成员函数 LargerAge()，用于比较两个学生的年龄，返回年龄较大的学生对象。LargerAge()函数比较两个对象的大小，那如何把两个对象提供给成员函数 LargerAge()呢？因为成员函数需要通过对象来调用，而且成员函数中的 this 指针指向调用该成员函数的对象。所以，其中一个对象就是调用 LargerAge()函数的对象，而另一个对象必须作为参数传递给 LargerAge()函数，即为 LargerAge()函数设计一个 Student 类型的形参，接收 Student 类对象。在第 2 章中介绍的引用主要用于函数的形参，引用用于函数的形参可以提高程序的效率。另外，该函数的功能是返回年龄较大的学生对象，不希望在 LargerAge()函数中修改对象的值，所以把形参声明为常引用.

Line 16 显式地使用了 this 指针，如果当前对象的年龄不小于参数 s 的年龄，则返回当前对象的值(Line 17)。注意，this 是指针，如果希望使用 this 指针得到对象的值，则需要使用 * this。

3.4 构造函数

我们一直强调,变量在使用之前一定要赋值,使用未经赋值的变量是没有任何意义的。同样,用类声明对象后也要为对象赋初始值。例如,在例 3-2 中,Line 23 声明了两个 Student 类型对象 s1、s2,s1 的年龄设置为 19 岁是通过调用方法 SetAge()实现的(Line 24)。那么,我们能不能在创建对象时直接为对象进行初始化,正如 int x = 3(定义整型变量 x 同时初始化为 3)一样? 答案是肯定的。

构造函数(Constructor)可以完成声明对象时为对象进行初始化的任务。

构造函数是类的一种特殊成员函数,构造函数在对象创建时自动调用,以实例化一个对象。读者可能已经注意到,在例 3-2 中,用 Student 类声明了两个对象 s1、s2(Line 23),但是在类 Student 的声明中并没有看到构造函数。事实上,如果程序员没有为类显式地提供构造函数,编译器会自动提供一个默认构造函数(Default Constructor)。

3.4.1 默认构造函数

C++ 语言对构造函数的定义有特别严格的格式要求,具体要求如下。

(1) 构造函数名与类名相同。

(2) 构造函数没有返回值类型声明。

(3) 构造函数中没有 return 语句。

编译器提供的默认构造函数的定义形式如下:

```
类名::构造函数名()
{
}
```

例如,类 Student 的默认构造函数为

```
Student::Student()
{
}
```

该函数的函数体为空,不执行任何操作,没有为数据成员提供有效值。即使这样,当实例化一个对象时,构造函数仍然自动调用,以完成对象的实例化工作。为了演示这一过程,我们定义一个无参构造函数。

3.4.2 自定义无参构造函数

程序员可以显式地定义构造函数,以完成数据成员的初始化工作。如果创建对象时不需要为对象传递任何参数,可以定义一个无参构造函数。接下来通过一个示例查看定义无

参构造函数时，构造函数的调用过程。

【例 3-3】

```
Line 1   #include <iostream>
Line 2   #include <string>
Line 3   using namespace std;
Line 4   class Student
Line 5   {
Line 6   public:
Line 7       Student();                                  //声明构造函数
Line 8       int GetAge() const{return nAge;};
Line 9       void SetAge(int n){nAge =n;};
Line 10  private:
Line 11      string strName;
Line 12      int nAge;
Line 13  };
Line 14  Student::Student()                              //构造函数的实现
Line 15  {
Line 16      cout <<"Constructor is called..." <<endl;
Line 17  }
Line 18  int main()
Line 19  {
Line 20      Student s1, s2;
Line 21      cout <<"s1 的年龄:" <<s1.GetAge() <<endl;
Line 22      return 0;
Line 23  }
```

程序运行结果如图 3-3 所示。

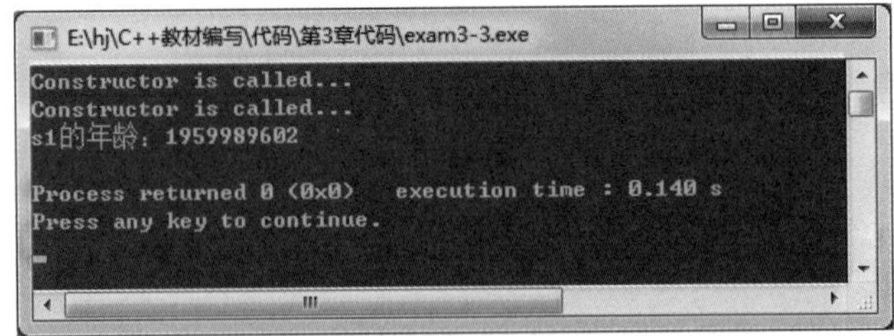

图 3-3　例 3-3 程序运行结果

从程序运行结果可以看出，Line 16 代码被执行了两次。因为 Line 20 声明了两个 Student 对象，每实例化一个对象都要调用一次构造函数。然而，我们没有为对象的数据成员赋初始值，所以 Line 21 输出对象 s1 的年龄显示了一串数字，这串数字并没有任何意义。

3.4.3 自定义带参数的构造函数

创建对象时可以为对象传递参数，为对象的数据成员赋值，完成对象的初始化工作。例如：

```
Student s("Jason", 18);
```

为此，需要为类 Student 定义带有两个参数的构造函数。构造函数声明如下：

```
Student(const string&, int);
```

相应地，构造函数的实现代码如下：

```
Student::Student(const string& name, int age)
{
    strName = name;
    nAge = age;
}
```

【例 3-4】

```
#include <iostream>
#include <string>
using namespace std;
class Student
{
public:
    Student(const string&, int);        //声明构造函数
    int GetAge() const{return nAge;};
    void SetAge(int n){nAge = n;};
private:
    string strName;
    int nAge;
};
Student::Student(const string& name, int age)
{
    strName = name;
    nAge = age;
}
int main()
{
    Student s1("Jason", 18);
    cout << "s1 的年龄:" << s1.GetAge() << endl;
```

```
Line 23      return 0;
Line 24  }
```

程序运行结果如图 3-4 所示。

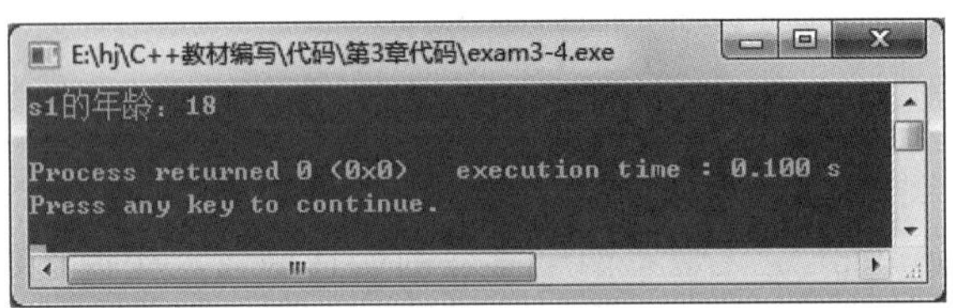

图 3-4　例 3-4 程序运行结果

Line 16 和 Line 17 分别完成数据成员 strName 和 nAge 的初始化。事实上，对于带参数的构造函数，除了像 Line 16 和 Line 17 在函数体内对数据成员进行赋值外，还可以用参数初始化表的形式初始化数据成员。

通过初始化表实现数据成员初始化的基本格式如下：

```
类名::构造函数名(参数 1, 参数 2, ..., 参数 n) : 数据成员 1(参数 1), 数据成员 2(参数 2),
  ..., 数据成员 n(参数 n)
{
    函数体;
}
```

例如，类 Student 的带参数的构造函数也可以用以下代码实现：

```
Student::Student(const string& name, int age) : strName(name), nAge(age)
{
}
```

用这种方法完成数据成员的初始化时，数据成员的赋值在函数首部，函数体通常为空。

值得注意的是，一旦为类定义了构造函数，编译器将不再为类提供默认构造函数。所以，像例 3-4 那样为类定义了带参数的构造函数后，以下对象的声明是错误的：

```
Student s;      //语法错误:error: no matching function for call to 'Student::Student()'
```

上述语法错误提示的意思是没有可调用的构造函数 Student::Student()。原因是，声明对象 s 时没有为对象提供任何参数，编译器将调用不带参数的构造函数实例化对象 s。然而，编译器并未发现不带参数的构造函数。所以，如果没有为类定义不带参数的构造函数，编译器会提示语法错误。

解决上述问题的方法是再为类显式地定义不带参数的构造函数，例如：

```
Student::Student()
{
}
```

这样，类 Student 中就有了两个构造函数，它们实现了构造函数的重载。事实上，可以根据需要定义多个重载的构造函数。

例如，以下语句声明三个 Student 对象：

```
Student s1("Jason", 18), s2("Jason"), s3;
```

想要保证这条语句通过编译，就需要定义三个构造函数，它们的函数原型如下：

```
Student::Student(const string&, int);
Student::Student(const string&);
Student::Student();
```

3.4.4 委托构造函数

如果创建对象时为对象提供的参数列表不同，那么需要定义多个构造函数，它们所需要的参数不同。例如：

```
Student s1("Jason", 18);
Student s2("Kevin");
```

要想成功地创建对象 s1 和 s2，必须为 Student 定义两个不同的构造函数，即

```
Student::Student(const string&, int);
Student::Student(const string&);
```

定义以上两个构造函数时有两种方法。

1. 定义多个构造函数

```
Student::Student(const string& name, int age):strName(name), nAge(age)
{
}
Student::Student(const string& name):strName(name), nAge(19)
{
}
```

这种方法是定义两个参数不同的构造函数，通过重载构造函数实现。其中，第二个构造函数定义一个参数 name，为姓名(strName)赋值，而年龄(nAge)用常量 19 初始化。这种方法中的代码有少许冗余，如果类中有多个数据成员，重载多个构造函数时代码冗余量会很大。

2. 使用委托构造函数

为了简化操作，C++ 11 标准引入了委托构造函数(Delegating Constructor)，有时也称为转发构造函数(Forwarding Constructor)，扩展了构造函数初始化数据成员的功能。一个

委托构造函数使用它所属类的其他构造函数执行它自己的初始化过程，或者说它把自己的一些(或全部)职责委托给了其他构造函数。

针对上述示例，具体做法如下。首先定义一个接收两个参数的构造函数，例如：

```
Student::Student(const string& name, int age):strName(name), nAge(age)
{
}
```

然后，定义另一个构造函数时，通过初始化表的形式调用已经定义的构造函数，即把数据成员初始化的工作“委托”给另一个构造函数，例如：

```
Student::Student(const string& name):Student(name, 19)
{
}
```

其中，被委托的构造函数称为目标构造函数。

使用委托构造函数时要注意以下两点。

(1) 不能同时用委托方式和显式初始化的方式为同一个数据成员赋值。例如，

```
class X
{
public:
    X(int a):data1(a){}
    X():X(1){}                //正确，委托构造函数 X(int)为 data1 赋值为 1
    X():data1(2){}            //正确，使用显式初始化的方式为 data1 赋值为 2
    X():X(1),data1(2){}       //错误，同时使用委托方式为 data1 赋值为 1、显式初始化的方式为
                              //data1 赋值为 2
private:
    int data1;
};
```

上述错误提示：

```
mem-initializer for 'X::data1' follows constructor delegation
```

(2) 委托构造函数不能在函数体中调用目标构造函数。例如，

```
class X
{
public:
    X(int a):data1(a){}
    X(){X(1);}              //数据成员 data1 的值不能初始化为 1
private:
    int data1;
};
```

事实上，构造函数 X(){X(1);}不是委托构造函数。如果程序员的本意是希望调用构造函数 X(int)为 data1 初始化，那么这个构造函数不能实现相应的功能。这里，函数体中的语句“X(1);”创建了一个临时无名对象，该临时无名对象的 data1 成员值为 1。

3.4.5 含有对象成员的构造函数

数据成员的类型可以是内置基本数据类型，如 int、double 等，还可以是构造数据类型，如数组、指针、自定义类。如果类中的数据成员是另外一个类的对象，则称这种成员为对象成员(Object Member)。

例如，类 Date 声明如下：

```
class Date
{
public:
    Date(int y, int m, int d):nYear(y), nMonth(m), nDay(d){    }
private:
    int nYear, nMonth, nDay;
};
```

类 Student 中有一个 Date 类型的数据成员 iBirthday，类 Student 声明如下：

```
class Student
{
public:
    Student(string, int, int, int);                        //构造函数声明
private:
    string strName;                                         //描述学生的姓名
    Date iBirthday;                                         //描述学生的出生日期
};
```

类 Student 的构造函数代码如下：

```
Student::Student(const string& name, int year, int month, int day):strName(name),
  iBirthday(year, month, day)
{
}
```

其中，类 Student 的对象成员 iBirthday 必须通过初始化表的形式进行初始化。当实例化 Student 类型的对象时，编译器先执行类 Date 的构造函数完成对象成员 iBirthday 的实例化，然后执行类 Student 的构造函数初始化其他非对象成员。

【例 3-5】

```
#include <iostream>
#include <string>
```

```
using namespace std;
class Date
{
public:
    Date(int y, int m, int d):nYear(y), nMonth(m), nDay(d)
    {
        cout <<"Date constructor is called..." <<endl;
    }
    void PrintBirthday();
private:
    int nYear, nMonth, nDay;
};
void Date::PrintBirthday()
{
    cout <<"出生日期:" <<nYear <<"年" <<nMonth <<"月" <<nDay <<"日" <<
      endl;
}
class Student
{
public:
    Student(const string&, int, int, int);   //声明构造函数
    void PrintInfo();                         //输出学生的信息
private:
    string strName;                           //描述学生的姓名
    Date iBirthday;                           //描述学生的出生日期
};
Student:: Student (const string& name, int year, int month, int day) :
    strName(name), iBirthday(year, month, day)
{
    cout <<"Student constructor is called..." <<endl;
}
void Student::PrintInfo()
{
    cout <<"姓名:" <<strName <<endl;
    iBirthday.PrintBirthday();
}
int main()
{
    Student s1("Jason", 2008, 11, 26);
    s1.PrintInfo();
    return 0;
}
```

程序运行结果如图 3-5 所示。

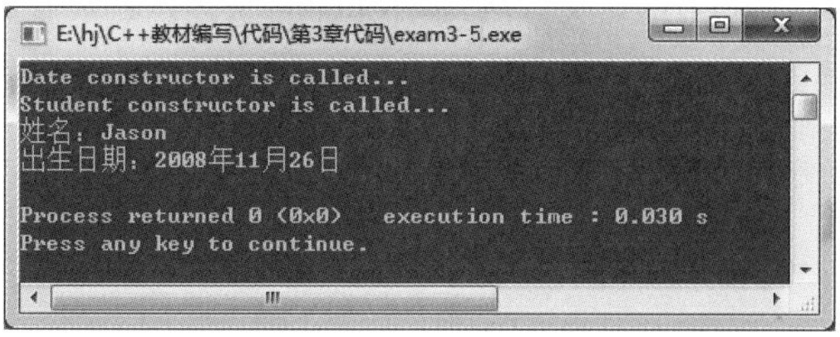

```
E:\hj\C++教材编写\代码\第3章代码\exam3-5.exe
Date constructor is called...
Student constructor is called...
姓名: Jason
出生日期: 2008年11月26日

Process returned 0 (0x0)   execution time : 0.030 s
Press any key to continue.
```

图 3-5　例 3-5 程序运行结果

类 Student 的数据成员 iBirthday 是 Date 类型的对象，类 Student 构造函数的实现有特殊的要求：用初始化表的形式调用类 Date 的构造函数为 iBirthday 赋值(Line 28)。而且，构造函数的调用顺序是类 Date 的构造函数优先于类 Student 的构造函数。访问对象成员的数据成员的方法如下：

```
对象名.对象成员名.数据成员名;
```

例如：

```
s1.iBirthday.nYear;
```

如果对象成员的数据成员(如 nYear)是私有成员，那么只能在它们的类中访问。例如，Line 35 的代码换成 cout << iBirthday. nYear << iBirthday. nMonth << iBirthday. nDay << endl;是非法的。nYear 是类 Date 的私有成员，只能在类 Date 的成员函数中访问；而函数 PrintInfo()是类 Student 的成员函数，不能在其函数体中直接访问类 Date 的私有成员。

3.4.6　默认参数的构造函数

需要特别注意的是，当且仅当没有为类定义构造函数时编译器才会提供默认的构造函数。所以，一旦自定义带参数的构造函数，声明对象时就需要为对象提供参数。例如，如果程序员为类 Student 定义了带参数的构造函数，那么以下代码是错误的：

```
Student s1;                          //语法错误，没有提供参数
```

编译时的语法错误提示：

```
no matching function for call to 'Student::Student()'
```

这样做的原因可能是想禁止创建未被初始化的对象。那么，如果想创建对象而不显式地初始化，则必须再定义不接收任何参数的构造函数。通常，调用构造函数时不需要接收任何参数的构造函数称为默认构造函数。

默认构造函数的定义包含两种方式：不带参数的构造函数和为参数提供默认值。3.4.2

小节已经讨论了无参构造函数的定义方法，本小节不再赘述。默认参数的构造函数的实现形式如下：

```
类名::构造函数名(参数 1 =默认值 1, 参数 2 =默认值 2, ..., 参数 n =默认值 n)
{
    函数体;
}
```

例如，类 Student 有两个数据成员，分别是 string strName 和 int nAge。为 Student 定义默认构造函数，当实例化 Student 类型对象时，strName 初始化为空字符串，nAge 初始化为 19 岁，则默认构造函数的声明及实现如下：

```
Student(const string& ="", int =19);                                    //构造函数声明
Student::Student(const string& name, int age):strName(name), nAge(age)
                                                                        //构造函数实现
{
}
```

使用默认参数的构造函数时要注意以下几个问题。

(1) 默认参数值在函数声明时指定，如果只有函数定义没有函数声明，则可以在定义函数时为参数指定默认值。

(2) 一旦为一个形参指定了默认值，那么该参数右侧所有形参都必须指定默认值。

(3) 当重载了多个构造函数时，要避免调用的二义性。

例如，当类 Student 中既定义了不带参数的构造函数，也定义了默认参数的构造函数时，

```
Student s1;                    //语法错误,调用构造函数时有歧义
```

语法错误提示：

```
call of overloaded 'Student()' is ambiguous
```

【例 3-6】

```
#include <iostream>
#include <string>
using namespace std;
class Student
{
public:
    Student(const string& ="", int =19);          //为参数提供默认值
    int GetAge() const{return nAge;};             //返回学生的年龄
private:
```

```
Line 10     string strName;                         //描述学生的姓名
Line 11     int nAge;                               //描述学生的年龄
Line 12 };
Line 13 Student::Student(const string& stuName, int stuAge):strName(stuName),
          nAge(stuAge)
Line 14 {
Line 15 }
Line 16 int main()
Line 17 {
Line 18     Student s1("Jason", 18);
Line 19     Student s2("Amanda");        //年龄使用默认值 19
Line 20     Student s3;                  //姓名使用默认值空字符串,年龄使用默认值 19
Line 21     cout <<"s1:" <<s1.GetAge() <<"岁" <<endl;
Line 22     cout <<"s2:" <<s2.GetAge() <<"岁" <<endl;
Line 23     return 0;
Line 24 }
```

程序运行结果如图 3-6 所示。

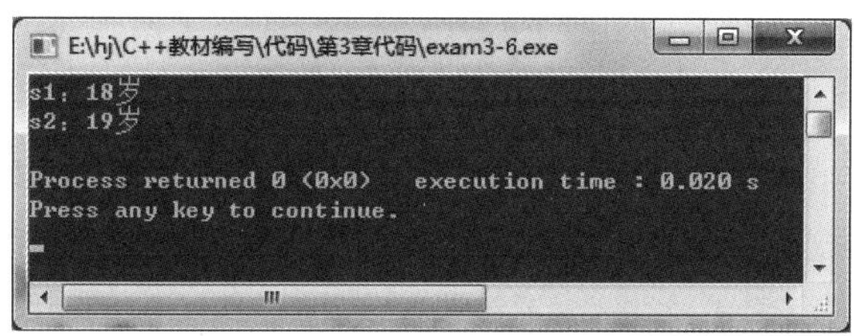

图 3-6　例 3-6 程序运行结果

Line 18 声明对象 s1 时为对象提供了参数"Jason"和 18,用这两个值作为实参传递给构造函数,对象 s1 的年龄初始化为 18 岁;Line 19 声明对象 s2 时只提供一个参数,把这个参数传递给构造函数的第一个形参,而第二个参数使用默认值 19;Line 20 声明对象 s3 没有提供任何参数,这时编译器用默认参数初始化 s3 的数据成员。

注意

不要被默认构造函数的隐式形式所误导。例如:

```
Student s1("Jason", 18);   //正确,提供了实参值,声明对象 s1
Student s2;                //正确,使用默认参数,声明对象 s2
Student s3{};              //正确,使用默认参数,声明对象 s3
Student s4();              //注意:该语句没有任何语法错误,但该语句是函数声明,声
                           //明返回值是 Student 类型的函数 s4,不是声明对象 s4
```

隐式调用默认构造函数时不能使用圆括号"()",但可以使用"{}",用列表初始化方式声明对象。

可以根据需要只为构造函数的部分参数提供默认值,例如:

```
Student(const string&, int =19);                      //构造函数声明
Student::Student(const string& name, int age):strName(name), nAge(age)
                                                      //构造函数实现
{
}
```

构造函数只为第二个参数指定了默认值，在声明对象时必须为对象传递第一个参数，可以缺省第二个参数。例如：

```
Student s1("Jason");            //正确
Student s2;                     //错误
```

当实例化一个对象时，编译器隐式地调用构造函数实例化该对象。事实上，构造函数也可以显式地调用，尤其是用 new 运算符生成一个对象时需要显式地调用构造函数。

例如，例 3-6 中 Line 18 代码可以改为

```
Student s1 =Student("Jason", 18);,
```

此时，显式调用构造函数 Student()。

注意

C++ 语言标准允许编译器用另外一种解释方法处理上述语句，即先调用构造函数创建一个临时对象，然后把该对象复制给 s1，并丢弃该临时对象。如果编译器使用这种方式，则临时对象消亡时会调用析构函数(参考 3.5 节)。

使用 new 运算符可以申请内存空间，存储类对象并为对象初始化。例如：

```
Student* pStu =new Student("Ailsa", 20);
```

申请一块内存空间存储 Student 类型的对象，将申请到的内存空间的首地址赋值给指针变量 pStu，即 pStu 指向该内存空间。此时，编译器调用构造函数实例化对象，分别用"Alisa"、20 作为实参初始化对象的数据成员。

使用 new 运算符申请自定义类型的存储空间时，编译器一定要调用构造函数创建一个对象。例如：

```
Student* pStu =new Student;
```

编译器要调用 Student 的默认构造函数实例化一个对象，初始化申请的内存空间。

实例化对象时可以使用列表初始化方式为对象的数据成员赋初始值。例如：

```
Student s1{"Jason", 18};
Student s2 ={"Jason", 18};
Student* pStu =new Student{"Jason", 18};
```

事实上，这是 C++ 11 标准推荐的为变量(或对象)初始化的统一写法。

3.5　析构函数

当声明一个对象时，编译器自动调用构造函数实例化该对象；当对象的生命周期结束时，编译器会自动调用析构函数(Destructor)撤销该对象。析构函数也是类的一个特殊的成员函数，析构函数的定义格式要求如下。

(1) 析构函数名很特殊，即在构造函数名前加"~"。

(2) 析构函数没有返回值类型声明，也没有 return 语句。

(3) 析构函数没有参数，不能重载。

例如，类 Student 的析构函数原型如下：

```
~Student();
```

如果没有为类定义析构函数，则编译器自动为类提供一个默认析构函数，这种默认析构函数不执行任何操作。如果在对象消亡之前希望程序做一些事情，如清理资源、计算当前活跃对象的数目等，程序员需要显式地定义析构函数，以完成相关操作。如果创建对象时用 new 运算符为对象的数据成员申请了内存空间，那么当对象消亡时一定要用 delete 运算符回收相应的内存空间，否则将造成内存泄漏。那么，用 delete 运算符回收内存的命令写到哪里合适呢？答案是编写析构函数，在析构函数中用 delete 运算符回收内存资源。

【例 3-7】

```
#include <iostream>
#include <string>
using namespace std;
class Student
{
public:
    Student(const string&); //声明构造函数
    ~Student();             //声明析构函数
    double AvgScore();                  //声明 avgScore()方法
    string GetName(){return strName;}
private:
    string strName;                     //描述学生的姓名
    double*  pScore;                    //指向学生的成绩
    int cntScore;                       //考试成绩的数目
};
Student::Student(const string& name)
{
    strName =name;
```

```
Line 19     cout <<"请输入" <<strName <<"同学的成绩数目:";
Line 20     cin >>cntScore;
Line 21     pScore =new double[cntScore];     //申请 cnt 个 double 类型的存储空间
Line 22     cout <<"请输入" <<cntScore <<"个 double 数字:";
Line 23     for(int i =0; i <cntScore; i++)
Line 24         cin >>pScore[i];
Line 25 }
Line 26 Student::~Student()
Line 27 {
Line 28     cout <<"Student destructor is called." <<endl;
Line 29     delete[] pScore;                  //释放 pScore 指向的内存空间
Line 30     cout <<"Student destructor is finished, return..." <<endl;
Line 31 }
Line 32 double Student::AvgScore()            //求平均成绩
Line 33 {
Line 34     double totScore =0;
Line 35     for(int i =0; i <cntScore; i++)
Line 36         totScore +=pScore[i];
Line 37     return totScore / cntScore;
Line 38 }
Line 39 int main()
Line 40 {
Line 41     Student s1("Jason");
Line 42     cout <<s1.GetName() <<"的平均成绩:" <<s1.AvgScore() <<endl;
Line 43     Student s2(s1);
Line 44     cout <<s2.GetName() <<"的平均成绩:" <<s2.AvgScore() <<endl;
Line 45     return 0;
Line 46 }
```

程序运行结果如图 3-7 所示。

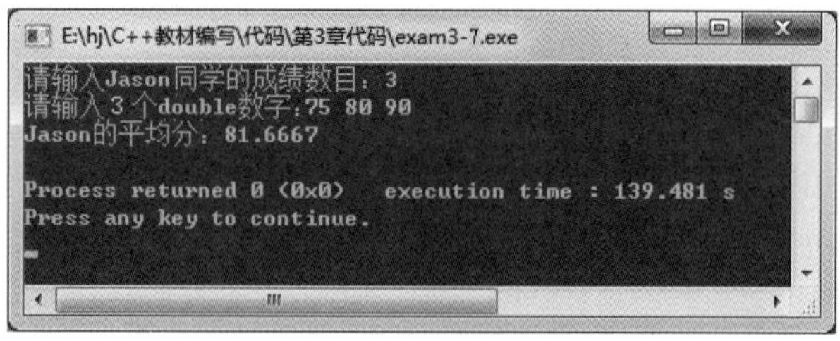

图 3-7　例 3-7 程序运行结果

Line 43 声明对象 s1，调用构造函数实例化对象 s1，构造函数中的 Line 21 使用 new 运算符为对象 s1 申请内存空间，存储考试成绩。当 s1 对象消亡时，应该使用 delete 运算符回收相应的内存，而在析构函数中回收内存(Line 30)无疑是最合适的！

如果用 new 运算符创建了一个对象，那么当对象不再使用时，必须通过 delete 运算符撤销对象，回收对象占用的内存，否则也会造成内存泄漏。例如：

```
Student * pStu =new Student;
...;
delete pStu;
```

当用 delete 运算符回收内存时，存储在该内存中的对象自然也就消亡了。此时，编译器将调用析构函数撤销该对象。

3.6 拷贝构造函数

当声明一个对象时，可以用已经存在的对象为其初始化，正如“int b = 3; int a{b};”声明变量 a 时用 b 为 a 初始化。同样，如果已经声明了 Student 类型的对象 s1，当声明 Student 类型的对象 s2 时可以用 s1 为 s2 初始化：

```
Student s1;
Student s2{s1};                          //或者写成"Student s2(s1);""Student s2 =s1;"
```

当用一个对象为另一个对象赋值时，编译器将调用拷贝构造函数(Copy Constructor)完成对象的初始化工作。如果没有为类自定义拷贝构造函数，编译器将为类提供默认的拷贝构造函数完成对象的赋值。默认拷贝构造函数仅实现对象的数据成员的一一复制。例如：

```
Student s1("Jason", 18);          //创建对象 s1,s1.strName="Jason", s1.nAge=18
Student s2(s1);                   //调用拷贝构造函数
```

此时，默认拷贝构造函数将执行 s2. strName=s1. strName，s2. nAge=s1. nAge 操作。

有时，默认拷贝构造函数并不能完全胜任对象的复制工作，如用 new 运算符为对象的数据成员申请内存资源时，默认拷贝构造函数往往会导致一些错误发生(稍后详细讨论深浅拷贝)。这时，需要程序员自定义拷贝构造函数，以实现复杂的数据成员的复制。

拷贝构造函数本质上依然是构造函数，对构造函数的语法要求同样适用于拷贝构造函数。另外，拷贝构造函数还有一个特殊的要求：拷贝构造函数的形参必须是类对象的引用，最好是常引用。例如，类 Student 的拷贝构造函数声明如下：

```
Student::Student(const Student& s);
```

使用常引用主要考虑两点好处：一是可以保证在拷贝构造函数中不改变实参对象；二是可以用临时对象或常对象为对象赋值。

3.6.1 拷贝构造函数的触发时机

以下三种情况会触发拷贝构造函数的调用。

(1) 使用一个对象初始化另一个对象时。例如：

```
Student s1;                    //声明对象 s1
Student s2(s1);                //声明对象 s2,用 s1 初始化 s2
```

(2) 函数调用时，用对象作为实参传递给函数形参时。例如：

```
Student s1;
AvgScore(s1);
```

其中，AvgScore()函数原型如下：

```
double AvgScore(Student);
```

(3) 函数返回值是类对象，创建临时对象作为返回值时。例如，有如下函数声明：

```
Student LargerAge(Student s);    //参数是 Student 类对象,函数返回值是 Student 类对象
```

对象 s1 调用 LargerAge()函数时的语句：

```
s3 =s1.LargerAge(s2);
```

编译器调用拷贝构造函数把实参 s2 传递给形参，函数的返回值赋值给 s3 时会调用拷贝构造函数创建临时对象，把临时对象赋值给 s3。

【例 3-8】

```
#include <iostream>
#include <string>
using namespace std;
class Student
{
public:
    Student(const string& ="", int =19);          //声明构造函数
    Student(const Student&);                      //声明拷贝构造函数
    ~Student();                                   //声明析构函数
    Student LargerAge(Student);
private:
    string strName;
    int nAge;
};
Student::Student(const string& name, int age)
{                                                 //实现构造函数
    cout <<name <<" constructor is called..." <<endl;
    strName =name;
```

```
Line 19      nAge = age;
Line 20  }
Line 21  Student::Student(const Student& s)
Line 22  {//实现拷贝构造函数
Line 23      cout << "copy constructor is called..." << endl;
Line 24      strName = s.strName;
Line 25      nAge = s.nAge;
Line 26  }
Line 27  Student::~Student()
Line 28  {
Line 29      cout << strName << " destructor is called..." << endl;
Line 30  }
Line 31  Student Student::LargerAge(Student s)
Line 32  {
Line 33      if(this->nAge >= s.nAge) return * this;
Line 34      else return s;
Line 35  }
Line 36  int main()
Line 37  {
Line 38      cout << "1:" << endl;
Line 39      Student s1("Jason", 19);               //调用构造函数创建对象 s1
Line 40      cout << "2:" << endl;
Line 41      Student s2(s1);                        //调用拷贝构造函数实例化 s2
Line 42      cout << "3:" << endl;
Line 43      s2 = Student("Kevin", 20);             //调用构造函数创建临时对象
Line 44      cout << "4:" << endl;
Line 45      Student s3;                            //调用构造函数创建对象 s3
Line 46      cout << "5:" << endl;
Line 47      s3 = s1.LargerAge(s2);
Line 48      cout << "6:" << endl;
Line 49      return 0;
Line 50  }
```

程序运行结果如图 3-8 所示。

main()函数中输出“1:”～“6:”的目的是跟踪构造函数、拷贝构造函数及析构函数的调用过程及顺序。

首先调用构造函数创建对象 s1(姓名是 Jason,年龄 19 岁,Line 39),创建对象 s2 时用 s1 初始化 s2,调用拷贝构造函数用 s1 为 s2 赋值。Line 43 执行过程如下:首先调用构造函数创建临时对象(姓名是 Kevin),把临时对象的值赋值给 s2(此时 s2 的姓名是 Kevin,年龄 20 岁);其次临时对象生命周期结束,临时对象消亡,触发析构函数;最后调用构造函数创建对象 s3,s3 的姓名是空字符串。Line 47 代码的执行过程比较复杂:s1 调用成员函数 LargerAge(),实参是对象 s2,而形参是 Student 对象,编译器将调用拷贝构造函数把实参 s2 传递给形参 s。函数 LargerAge()的返回值是 * this 或形参对象 s

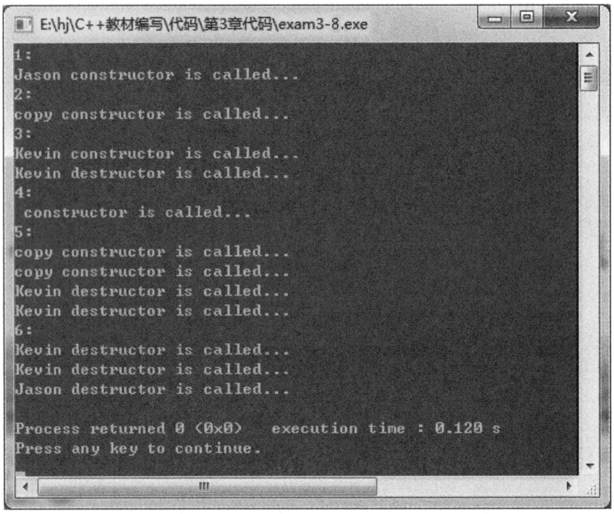

```
E:\hj\C++教材编写\代码\第3章代码\exam3-8.exe
1:
Jason constructor is called...
2:
copy constructor is called...
3:
Kevin constructor is called...
Kevin destructor is called...
4:
 constructor is called...
5:
copy constructor is called...
copy constructor is called...
Kevin destructor is called...
Kevin destructor is called...
6:
Kevin destructor is called...
Kevin destructor is called...
Jason destructor is called...

Process returned 0 (0x0)   execution time : 0.120 s
Press any key to continue.
```

图 3-8　例 3-8 程序运行结果

(本例返回 s),编译器调用拷贝构造函数生成临时对象并把临时对象作为函数返回值赋值给 s3。LargerAge()函数执行结束后,函数中的形参对象 s(姓名是 Kevin)生命周期结束,触发析构函数撤销 s。另外,函数的返回值作为临时对象(姓名是 Kevin)也随即消亡,触发析构函数。当程序结束时,程序中用到的局部对象全部消亡,调用析构函数撤销对象,对象 s3(姓名是 Kevin)、对象 s2(姓名是 Kevin)、对象 s1(姓名是 Jason)依次撤销。

注意

给已经存在的对象赋值不会调用拷贝构造函数。例如:

```
Student s1, s2;
s1 =s2;
```

对象 s1 赋值为 s2,调用赋值运算符“=”为对象 s1 赋值,把 s2 的数据成员一一复制给 s1 的相应数据成员。这样,s1 原来的内容将被覆盖。

下面修改 LargerAge()函数的参数及返回值类型,看看会发生什么。

LargerAge()函数声明改为

```
const Student& LargerAge(const Student&);
```

即函数返回 Student 类型对象的引用,参数也是 Student 类型对象的引用(或常引用),相应的函数实现改为

```
const Student& Student::LargerAge(const Student& s)
{
    if(this->nAge >=s.nAge) return * this;
```

```
    else return s;
}
```

其他代码没有变化。程序运行结果如图 3-9 所示。

```
1:
Jason constructor is called...
2:
copy constructor is called...
3:
Kevin constructor is called...
Kevin destructor is called...
4:
 constructor is called...
5:
6:
Kevin destructor is called...
Kevin destructor is called...
Jason destructor is called...

Process returned 0 (0x0)   execution time : 0.030 s
Press any key to continue.
```

图 3-9　使用引用参数及返回引用对象后的程序运行结果

对比图 3-9 与图 3-8 发现，s1 调用函数 LargerAge()时处理过程非常简单，参数传递时编译器没有调用拷贝构造函数，返回函数值时也没有调用拷贝构造函数。因为形参和返回值的类型都是类 Student 的引用，参数传递的是引用，返回值也是引用，这时编译器不会为形参分配存储空间，也不存在对象的复制操作。所以，使用引用作为参数或者函数返回值是引用，既节省内存空间，又减少 CPU 的复制操作，极大地提高了程序的执行效率。这正是我们在编写函数设计形参时尽量使用对象引用而不直接使用对象的原因。

3.6.2　深拷贝与浅拷贝

在详细讨论深拷贝(Deep Copy)与浅拷贝(Shallow Copy)之前，让我们先看一个程序，看看该程序到底发生了什么，导致这样的结果的原因是什么，如何解决这个问题。弄清楚了这些问题，也就明白深拷贝与浅拷贝的区别，以及为什么要进行深拷贝了。

【例 3-9】

```
#include <iostream>
#include <string>
using namespace std;
class Student
{
public:
    Student(const string&);                 //声明构造函数
    ~Student();                             //声明析构函数
    double AvgScore();                      //声明 avgScore()方法
    string GetName(){return strName;}
private:
```

```
Line 12        string strName;                          //描述学生的姓名
Line 13        double* pScore;                          //指向学生的成绩
Line 14        int cntScore;                            //考试成绩的数目
Line 15    };
Line 16    Student::Student(const string& name)
Line 17    {
Line 18        strName =name;
Line 19        cout <<"请输入" <<strName <<"同学的成绩数目:";
Line 20        cin >>cntScore;
Line 21        pScore =new double[cntScore];         //申请 cnt 个 double 类型的存储空间
Line 22        cout <<"请输入" <<cntScore <<"个 double 数字:";
Line 23        for(int i =0; i <cntScore; i++)
Line 24            cin >>pScore[i];
Line 25    }
Line 26    Student::~Student()
Line 27    {
Line 28        cout <<"Student destructor is called." <<endl;
Line 29        delete[] pScore;                         //释放 pScore 指向的内存空间
Line 30        cout <<"Student destructor is finished, return..." <<endl;
Line 31    }
Line 32    double Student::AvgScore()                   //求平均成绩
Line 33    {
Line 34        double totScore =0;
Line 35        for(int i =0; i <cntScore; i++)
Line 36            totScore +=pScore[i];
Line 37        return totScore / cntScore;
Line 38    }
Line 39    int main()
Line 40    {
Line 41        Student s1("Jason");
Line 42        cout <<s1.GetName() <<"的平均成绩:" <<s1.AvgScore() <<endl;
Line 43        Student s2(s1);
Line 44        cout <<s2.GetName() <<"的平均成绩:" <<s2.AvgScore() <<endl;
Line 45        return 0;
Line 46    }
```

例 3-9 在 Code::Blocks 中运行结果如图 3-10 所示，在 Visual Studio 2013 中的运行结果如图 3-11 所示。

这说明我们设计的程序是有问题的，而且出现了严重的问题。那么，问题出在哪里呢？接下来，我们追踪程序的执行过程，看看到底在哪里出现了问题。

Line 41，调用构造函数创建对象 s1。我们分析构造函数，发现 Line 21 使用 new 运算符申请了 cntScroe 个 double 型数据类型的存储空间，并用 pScore 指针指向该内存空间。Line 42 调用 s1 的成员函数 AvgScore()计算平均成绩，并输出 s1 的平均成绩。Line 43 创建对象 s2 时用已有对象 s1 为其初始化。此时，程序调用拷贝构造函数（系统提供的默认拷贝构造函数）实例化对象 s2，在拷贝构造函数内部执行以下三条赋值语句：

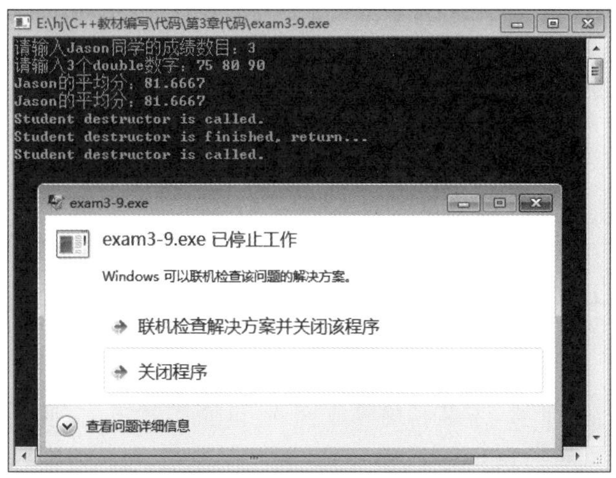

图 3-10　例 3-9 在 Code::Blocks 中的程序运行结果

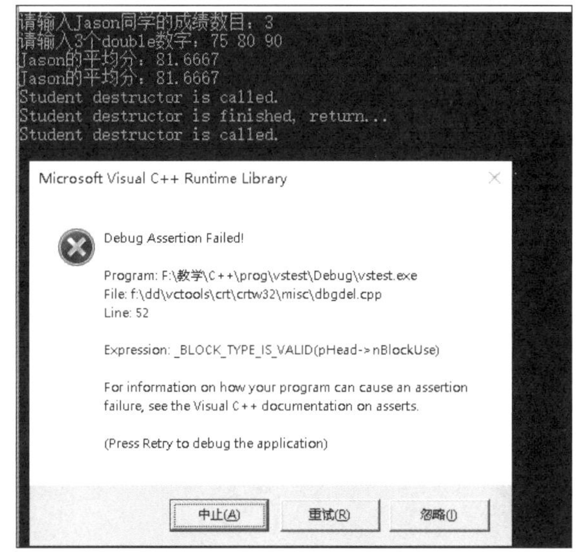

图 3-11　例 3-9 在 Visual Studio 2013 中的程序运行结果

```
s2.strName = s1.strName;
s2.pScore = s1.pScore;
s2.cntScore = s1.cntScore;
```

第二条语句表明，指针 s2.pScore 与 s1.pScore 指向同一个内存空间，如图 3-12 所示。接着，Line 44 调用 s2 的成员函数 AvgScore()计算平均成绩，并输出 s2 的平均成绩。当程序结束时，对象 s2 和 s1 也会随之消亡。编译器先调用析构函数，撤销对象 s2。分析析构函数发现，Line 29 使用 delete 运算符释放 s2.pScore 指针指向的内存空间，对象 s2 成功撤销。然后，编译器调用析构函数撤销对象 s1，Line 29 使用 delete 运算符释放 s1.pScore 指针指向的内存空间。回想一下前面的重点，指针 s2.pScore 与 s1.pScore 指向同一个内存空间，这就意味着释放 s1.pScore 指针指向的内存空间就相当于释放 s2.pScore 指针指向的内存空间。也就是说，

s1. pScore 指针指向的内存空间已经被释放过了。这时,再次使用 delete 运算符释放已经被释放过的内存空间就会出错,如图 3-13 所示。至此,程序出现了崩溃性的错误。

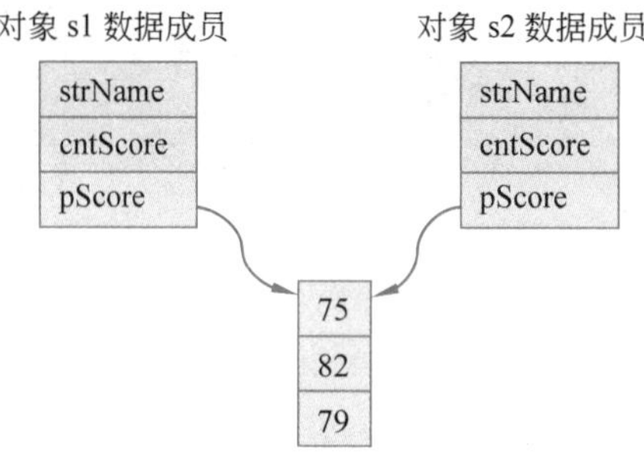

图 3-12 对象 s1 和 s2 的 pScore 指向同一个内存空间

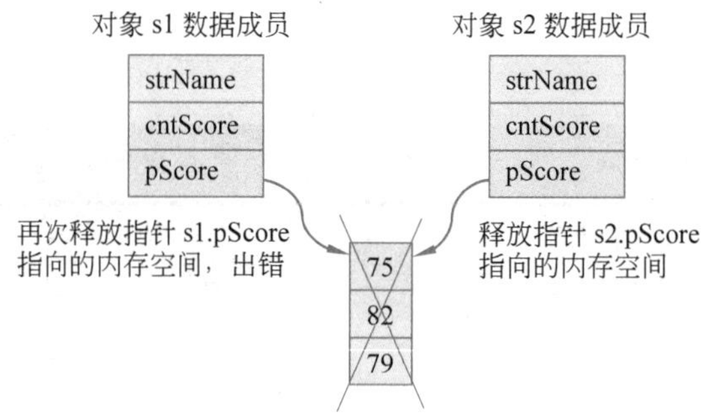

图 3-13 两次释放同一个内存空间

所以,程序出错是因为 delete 运算符重复释放已经被释放过的内存空间。这是因为拷贝构造函数中为指针变量赋值使得两个指针指向了同一个内存空间。因此,修改这个错误的方法就是使 s1. pScore 和 s2. PScore 指针指向不同的内存空间,保证它们在释放内存空间时互不影响。解决这个问题的方法就是重新定义拷贝构造函数,实现指针的深度复制。

【例 3-10】

```
# include <iostream>
# include <string>
using namespace std;
class Student
{
public:
    Student(const string&);                //声明构造函数
    Student(const Student&);               //声明拷贝构造函数
    ~Student();                            //声明析构函数
    double AvgScore();                     //声明 avgScore()方法
    string GetName(){return strName;}
private:
    string strName;                        //描述学生的姓名
```

```
    double * pScore;                    //指向学生的成绩
    int cntScore;                       //考试成绩的数目
};
Student::Student(const string& name)
{
    strName =name;
    cout <<"请输入" <<strName <<"同学的成绩数目:";
    cin >>cntScore;
    pScore =new double[cntScore];      //申请 cnt 个 double 类型的存储空间
    cout <<"请输入" <<cntScore <<"个 double 数字:";
    for(int i =0; i <cntScore; i++)
        cin >>pScore[i];
}
Student::Student(const Student& s)     //实现拷贝构造函数
{
    strName =s.strName;
    cntScore =s.cntScore;
    pScore =new double[cntScore];
    for(int i =0; i <cntScore; i++)
        pScore[i] =s.pScore[i];
}
Student::~Student()
{
    cout <<"Student destructor is called." <<endl;
    delete[] pScore;                    //释放 pScore 指向的内存空间
    cout <<"Student destructor is finished, return..." <<endl;
}
double Student::AvgScore()              //求平均成绩
{
    double totScore =0;
    for(int i =0; i <cntScore; i++)
        totScore +=pScore[i];
    return totScore / cntScore;
}
int main()
{
    Student s1("Jason");
    cout <<s1.GetName() <<"的平均分:" <<s1.AvgScore() <<endl;
    Student s2(s1);
    cout <<s2.GetName() <<"的平均分:" <<s2.AvgScore() <<endl;
    return 0;
}
```

例 3-10 的运行结果如图 3-14 所示。

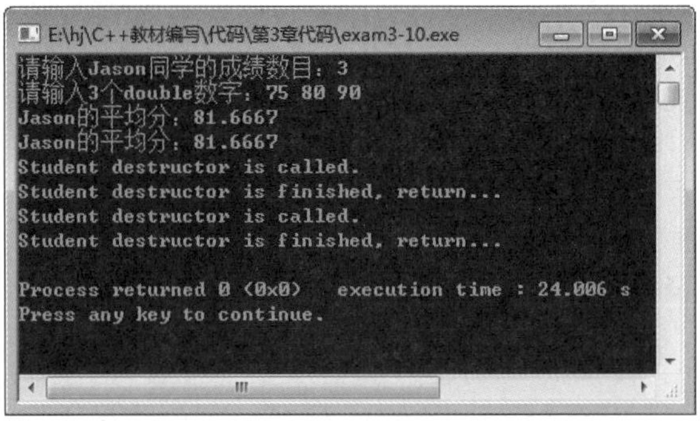

```
E:\hj\C++教材编写\代码\第3章代码\exam3-10.exe
请输入Jason同学的成绩数目：3
请输入3个double数字：75 80 90
Jason的平均分：81.6667
Jason的平均分：81.6667
Student destructor is called.
Student destructor is finished, return...
Student destructor is called.
Student destructor is finished, return...

Process returned 0 (0x0)   execution time : 24.006 s
Press any key to continue.
```

图 3-14　例 3-10 的程序运行结果

自定义拷贝构造函数(Line 27)，重新为新对象的指针成员(s2. pScore)分配内存空间(Line 31)，然后把 s1. pScore 指针指向的内存空间中的数据一一复制到 s2. pScore 指针指向的内存空间中。这样，s1. pScore 和 s2. pScore 指针就指向不同的内存空间，用 delete 运算符回收它们的内存空间就不会出现错误了。

下面进行总结，以深刻理解深拷贝和浅拷贝。

深拷贝：如果创建类对象时，相应的构造函数内用运算符 new 为对象的数据成员申请内存空间，那么在析构函数中应该用运算符 delete 释放相应的内存空间。当创建对象并用已经存在的对象进行初始化时，必须自定义拷贝构造函数。在拷贝构造函数内使用 new 运算符为新对象申请内存空间，把已经存在的对象的内存空间中的数据一一拷贝到新对象申请的内存空间中，这种拷贝过程即称为深拷贝。

浅拷贝：与深拷贝的概念相对应，不采用上述深拷贝方法实现对象的拷贝即称为浅拷贝。通常情况下，如果类的构造函数内没有用 new 运算符为对象的数据成员申请内存空间，析构函数中也不用 delete 运算符释放内存空间，则不需要自定义拷贝构造函数，使用编译器提供的默认拷贝构造函数即可。

3.7　对象数组

处理多个相同类型的对象的最佳方法是使用对象数组，对象数组是存储一组同类对象的集合。声明对象数组的基本语法格式如下：

```
类名 数组名[常量表达式];
```

例如：

```
Student arrStu[10];  //声明具有 10 个 Student 类型的对象数组 arrStu
```

每个数组元素都是一个对象。创建未被显式初始化的对象数组时，编译器会调用默认构造函数实例化这些对象。此时，要么没有为类定义任何构造函数，编译器调用默认构造函数实例化数组元素对象；要么显式地定义了默认构造函数(不需要提供参数的构造函数)，编译器调用自定义的默认构造函数实例化数组元素对象。

如果声明数组时为数组元素赋初始值，需要调用构造函数初始化数组元素。例如：

```
Student arrStu[5] ={{"Jason", 18}, {"Kevin", 19}, {"Cora", 18}, {"Alisa", 20},
{"Eva", 18}};
```

这五个数组元素可以调用同一个构造函数完成初始化。这种列表初始化方式是 C++ 11 新增加的语法标准。数组 arrStu 的声明也可以写成如下形式：

```
Student arrStu[5] ={
    Student("Jason", 18),  Student("Kevin", 19),  Student("Cora", 18),
    Student("Alisa", 20), Student("Eva", 18)
};
```

也可以只对部分元素初始化，例如：

```
Student arrStu[5] ={Student("Jason", 18),  Student("Kevin", 19)};
```

剩余的未初始化的元素将调用默认构造函数初始化。

【例 3-11】

```
#include <iostream>
#include <string>
#include <iomanip>
using namespace std;
class Student
{
public:
    Student(const string& ="", int =19);
    int GetAge(){return nAge;};
    string GetName(){return strName;};
private:
    string strName;
    int nAge;
};
Student::Student(const string& name, int age)
{
    strName =name;
    nAge =age;
}
void SortArrStu(Student * arrStu, int n)
{//用冒泡排序法对 arrStu 数组元素进行排序
    for(int i =1; i <n; i++)
        for(int j =0; j <n-i; j++)
```

```
Line 24             if(arrStu[j].GetAge() >arrStu[j+1].GetAge())
Line 25                 swap(arrStu[j], arrStu[j+1]);    //调用函数 swap()
Line 26 }
Line 27 int main()
Line 28 {
Line 29     Student arrStu[5] ={Student("Jason", 18),Student("Kevin", 19),Student
              ("Cora", 17), Student("Alisa", 20), Student("Eva", 21)};
Line 30     SortArrStu(arrStu, 5);
Line 31     cout <<"姓名" <<"    " <<"年龄" <<endl;
Line 32     cout.setf(ios::left);                        //设置域内左对齐
Line 33     for(int i =0; i <5; i++)
Line 34     {
Line 35         cout <<setw(8) <<arrStu[i].GetName() <<arrStu[i].GetAge() <<endl;
Line 36     }
Line 37     return 0;
Line 38 }
```

程序运行结果如图 3-15 所示。

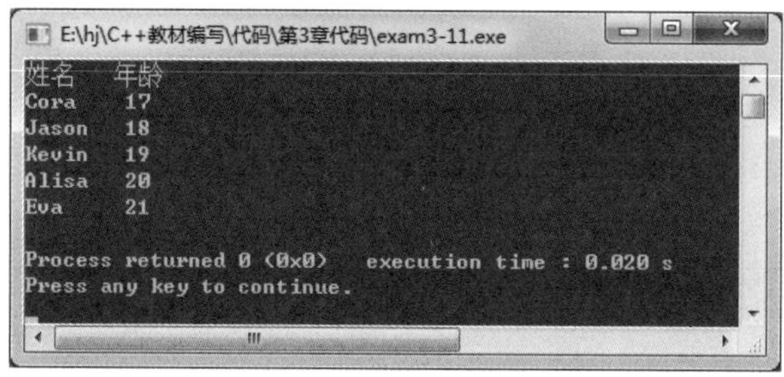

图 3-15　例 3-11 程序运行结果

本程序的功能是创建五个 Student 类型对象，并按照年龄从小到大排序，输出排序后的结果。使用数组 arrStu 存储五个 Student 类型对象(Line 29)，函数 SortArrStu()使用冒泡法进行数据排序，交换两个 Student 类型对象时直接调用了库函数 swap()(Line 25)。swap()函数是函数模板(函数模板的定义详见第 7 章)，它可以交换任意两个类型的对象(或变量)。

3.8　数 据 共 享

3.8.1　静态数据成员

思考以下应用场景：类 Student 描述某个班级的学生信息，假设类中存在一个数据成员 string teacherName，用于表示教授该班 C++ 语言课程的教师姓名。显然，用 Student 类创建的对象的 teacherName 属性值应该相同(假设该班的 C++ 语言只由一位教师授课)。如果学期开始时由 Kevin 教师授课，则所有对象的 teacherName 成员值是 Kevin；假设

Kevin 老师因故离开，C++ 语言改由 Ailsa 老师授课，则所有对象的 teacherName 成员值均改为 Ailsa。也就是说，teacherName 属性值由类 Student 创建的所有对象所共享。如果像以前一样，string teacherName 声明为类的普通数据成员，则 Student 类型对象都各自拥有一个 teacherName 数据成员，它们的值可以互不相同，要保证所有对象的 teacherName 值相同是一件非常困难的事情。如何实现 Student 类型的所有对象共享 teacherName 成员值呢？

用 static 关键字声明的数据成员可以被类的所有对象共享。

用 static 关键字声明的数据成员称为静态数据成员(Static Data Member)。静态数据成员是描述类的所有对象共同特征的数据成员。即，不同对象的静态数据成员的值是相同的。不同对象的非静态数据成员独立存储，其值可以互不相同。但是静态数据成员在内存中只有一个副本，所有对象共享该静态数据成员。

1. 静态数据成员的声明

静态数据成员的声明格式如下：

```
static 类型说明符 对象名;
```

例如：

```
static string teacherName;
```

静态数据成员可以声明为 public 访问类型，也可以声明为 private 访问类型。

2. 静态数据成员的初始化

在类中对静态数据成员进行声明，在使用静态数据成员之前仍需要对它进行定义并初始化。此时，不需要再使用关键字 static。静态数据成员的初始化工作必须在类外完成，其基本格式如下：

```
类型说明符 类名::静态数据成员 =初始值;
```

例如，类 Student 中的静态数据成员 teacherName 的初始化语句如下：

```
string Student::teacherName = "Kevin";
```

3. 静态数据成员的访问

静态数据成员可以通过对象进行访问，例如：

```
s.teacherName;
```

注意

静态数据成员不属于任何对象，因此通常用类名对它进行访问，而不用对象对它进行访问。

用类名访问静态数据成员的基本格式如下：

```
类名::静态数据成员名;
```

例如：

```
cout <<Student::teacherName <<endl;
```

注意

在多线程程序中，需要为静态数据成员添加某种锁或设置访问规则，以避免出现资源竞争(Race Condition)。

3.8.2 静态成员函数

可以用static关键字声明类的成员函数，这样的成员函数称为静态成员函数。其基本格式如下：

```
static 类型说明符 函数名(参数列表);
```

例如：

```
static int GetStuCnt();
```

在类外实现静态成员函数时不需要添加static关键字。同静态数据成员一样，静态成员函数也属于整个类，由类的所有对象共享，通常用类名和域限定符"::"对静态成员函数进行调用。值得注意的是，虽然静态成员函数和静态数据成员可以用对象来调用，但一般不这么做，因为即使用对象来调用静态成员，该静态成员仍然属于类，而与调用它的对象无关。

【例 3-12】

```
#include <iostream>
#include <string>
using namespace std;
class Student
{
public:
    Student(const string& name ="", int age =19):strName(name), nAge(age){
      stuCnt++;}                              //为参数提供默认值
    Student(const Student& s){strName=s.strName;nAge=s.nAge;stuCnt++;}
                                              //定义拷贝构造函数
    static int GetStuCnt(){return stuCnt;}    //返回对象的个数
    ~Student(){stuCnt--;}                     //每次执行析构函数,变量 stuCnt 减 1
private:
    string strName;                           //描述学生的姓名
    int nAge;                                 //描述学生的年龄
    static int stuCnt;                        //静态变量,记录学生对象的个数
```

```
Line 15 };
Line 16 int Student::stuCnt =0;                 //初始化静态数据成员 stuCnt
Line 17 int main()
Line 18 {
Line 19     Student s1("Jason", 18), s2("Kevin"), s3(s1);
Line 20     cout <<"1.当前创建的学生对象个数:" <<Student::GetStuCnt() <<endl;
Line 21     Student * pStu =new Student;
Line 22     cout <<"2.当前创建的学生对象个数:" <<Student::GetStuCnt() <<endl;
Line 23     delete pStu;
Line 24     cout <<"3.当前创建的学生对象个数:" <<Student::GetStuCnt() <<endl;
Line 25     return 0;
Line 26 }
```

程序运行结果如图 3-16 所示。

图 3-16 例 3-12 程序运行结果

程序的主要功能是使用静态数据成员统计 Student 类型的对象个数。stuCnt 是类 Student 的私有静态数据成员(Line 14),静态数据成员必须在类外初始化(Line 16)。创建对象时,编译器调用类 Student 的构造函数,执行其中的代码,stuCnt 的值增加 1。所以,Line 19 声明了三个对象,stuCnt 的值是 3(Line 20 输出 3)。Line 21 使用 new 运算符创建了一个对象,stuCnt 的值变成 4(Line 22 输出 4)。Line 23 用 delete 运算符撤销一个对象,编译器调用类 Student 的析构函数,stuCnt 的值变为 3(Line 24 输出 3)。

设计静态成员函数不是为了在对象之间传递消息,仅仅是为了处理静态数据成员。在静态成员函数中通常只访问静态数据成员或其他静态成员函数。那么,可以在静态成员函数中访问非静态数据成员吗?答案是肯定的,但会非常麻烦!

静态成员函数没有 this 指针,因此不能在静态成员函数中对非静态数据成员进行默认访问,必须显式地通过对象访问其非静态数据成员。

3.9 数据保护

关键字 const 的意思是常数,用关键字 const 可以声明一个常变量。例如:

```
const int a =1;                         //等价于 int const a =1;
```

那么,a 是常变量,简称常量。常量必须在声明的同时进行初始化,而且常量的值不允许更新。

关键字 const 也用于声明类中数据成员或成员函数,其目的是保护类中的数据不被更新。

3.9.1 常数据成员

在类中,用关键字 const 声明的数据成员称为常数据成员,常数据成员的值不允许更新。例如,某个学生的学号,一旦为该学生分配一个学号,该学号就是固定的,不允许对学号做任何修改,那么可以用关键字 const 声明学号为常数据成员。用关键字 const 声明常数据成员的格式如下:

```
const 类型说明符 数据成员;          //或者"类型说明符 const 数据成员;"
```

常数据成员必须进行初始化并且不能被更新。普通数据成员的初始化可以在构造函数的函数体内用赋值语句赋值,也可以通过参数列表初始化方式初始化;常数据成员必须通过构造函数的参数列表初始化方式进行初始化,不能在构造函数的函数体内用赋值语句初始化。

例如,圆周率是常数,下面定义一个 Circle 类,用常数据成员 PI 表示圆周率。

【例 3-13】

```
#include <iostream>
using namespace std;
class Circle
{
public:
    Circle(double r);
    double Area(){return PI * dRadius * dRadius;}
    double GetRadius(){return dRadius;}
private:
    double dRadius;                         //表示圆的半径
    const double PI;                        //表示圆周率
};
Circle::Circle(double r):PI(3.14)
{
    dRadius =r;
}
int main()
{
    Circle c(3);
    cout <<"半径为" <<c.GetRadius() <<"的圆的面积:" <<c.Area() <<endl;
    return 0;
}
```

程序运行结果如图 3-17 所示。

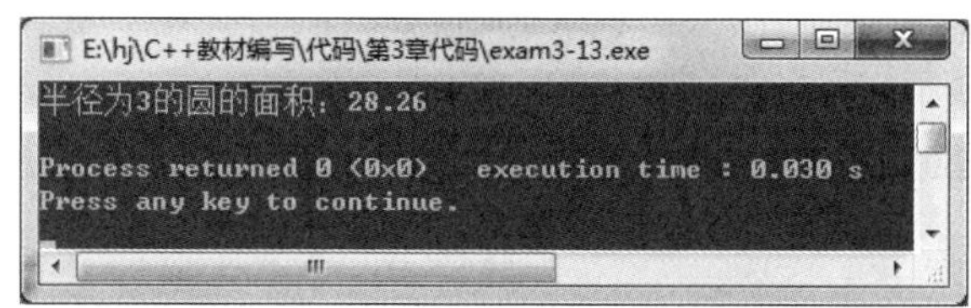

图 3-17　例 3-13 程序运行结果

类 Circle 的数据成员 PI 用关键字 const 声明为常数据成员(Line 11)，以参数列表初始化方式在构造函数中为常数据成员初始化(Line 13)，不能在函数体中为 PI 赋值。例如：

```
Circle::Circle(double r)
{
    PI =3.14;                          //语法错误
    dRadius =r;
}
```

这种赋值方法是错误的，因为 PI 是常量，不允许在任何位置通过赋值语句修改 PI 的值。

当声明对象 c 时(Line 19)，c 的数据成员 PI 的值是常数 3.14，此后不允许修改 PI 的值。本例中 PI 的值使用常数 3.14 为其初始化，所以 Circle 声明的所有对象的 PI 值都是相同的。还有一种与之等价的做法，就是在类中初始化常数据成员。例如：

```
class Circle
{
public:
    ...;
private:
    ...;
    const double PI =3.14;             //直接在类中为数据成员赋初始值
};
```

这样，在构造函数中可以省略 PI 的初始化工作。

事实上，不仅可以用常数初始化常数据成员，还可以用变量初始化常数据成员。数据成员的 const 属性是指该数据成员一旦赋值不再允许更新，在初始化常数据成员时可以用变量为其赋值。例如：

```
class Circle
{
public:
    Circle(double, double);        //声明构造函数
    ...;
private:
```

```
    ...;
    const double PI;                //表示圆周率
};
Circle::Circle(double r, double pi) : PI(pi)
{
    ...;
}
```

则

```
Circle c1(2, 3.14), c2(2.5, 3.14159);
```

以上对 c1 和 c2 的声明都是正确的。c1 的数据成员 PI 的值是 3.14，而 c2 的数据成员 PI 的值是 3.14159。

3.9.2 静态常数据成员

如果类的所有对象共享某个数据成员，且该数据成员的值不允许变化，则可以把它声明为静态常数据成员。例如，类 Circle 中的数据成员 PI 表示圆周率，显然，PI 对于所有对象来说是相同的常量。声明类 Circle 时可以把 PI 声明为静态常数据成员，静态常数据成员仍需要在类外定义并初始化。例如：

```
class Circle
{
public:
    Circle();
private:
    static const double PI;        //PI 是静态常数据成员
};
const double Circle::PI =3.14;    //静态常数据成员必须在类外初始化
```

C++ 语言规定，如果类的静态常数据成员是整型或枚举型，则可以直接在类中定义为其指定初始值。例如：

```
class A
{
private:
    static const int x =1;          //直接在类中初始化静态常数据成员
};
```

3.9.3 常成员函数

成员函数可以用 const 关键字声明为常成员函数，其声明格式如下：

```
类型说明符 函数名(参数列表) const;
```

常成员函数用于保护对象的数据成员不被修改。如果不希望在函数内部改变数据成员的值,最好把该函数定义为常成员函数,这是一个好习惯,能够提高程序的质量。

提示

使用常成员函数时要注意以下几点问题。

(1) const 关键字是常成员函数类型的组成部分,在类中声明和类外实现常成员函数时都需要用 const 关键字修饰。

(2) 在常成员函数内部不能调用非常成员函数。

(3) 常对象只能调用常成员函数。

(4) const 关键字可以区分函数的重载,如类 Student 中声明了如下两个成员函数:

```
int getAge();
int getAge() const;
```

这是对 getAge()函数有效的重载。此时,如果用常对象调用 getAge()函数,则只能调用常成员函数 getAge();如果用非常对象调用 getAge()函数,这两个函数都可以与之匹配,但编译器优先调用不带 const 关键字的非常成员函数。

(5) 常成员函数只保证不修改类的数据成员的值,但是可以修改其他与当前类无关的数据。

3.9.4 常对象

const 关键字也可以说明类对象,例如:

```
const Student s;
```

对象 s 称为常对象,不允许修改常对象的任何数据成员。常对象必须在定义时初始化,不能被更新。例如:

```
const Student s("Jason", 18);     //s 是常对象,s 的数据成员值不能变化
```

常对象只能调用常成员函数。我们已经知道,常对象的数据成员不允许被修改,但是几乎无法预料哪个成员函数会修改常对象的数据成员值。对此,C++ 语言规定常对象只能调用常成员函数,因为常成员函数不能修改数据成员的值。即使成员函数没有修改任何数据成员的值,编译器也不允许常对象调用它们,这是编译器的一种“懒政”行为。事实上,这的确是一种有效的处理手段,否则编译器要分析常对象调用的成员函数内部是否有更新数据成员的操作,这显然是一项非常麻烦的工作。

【例 3-14】

```
#include <iostream>
using namespace std;
class Circle
{
public:
    Circle(double r);
    double Area()const{return PI * dRadius * dRadius;}
    double GetRadius()const{return dRadius;}          //常成员函数
    void SetRadius(double r){dRadius =r;}             //设置圆的半径
private:
    double dRadius;                                   //表示圆的半径
    const double PI;                                  //表示圆周率,常数据成员
};
Circle::Circle(double r):PI(3.14)
{
    dRadius =r;
}
int main()
{
    const Circle unit(1);
    cout <<"单位圆的面积:" <<unit.Area() <<endl;
    Circle c(3);
    cout <<"半径为" <<c.GetRadius() <<"的圆的面积:" <<c.Area() <<endl;
    c.SetRadius(3.5);
    cout <<"半径为" <<c.GetRadius() <<"的圆的面积:" <<c.Area() <<endl;
    //unit.SetRadius(2);                              //语法错误
    return 0;
}
```

程序运行结果如图 3-18 所示。

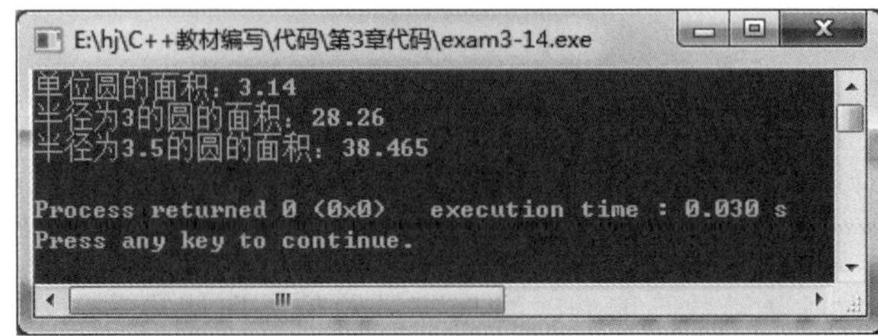

图 3-18 例 3-14 程序运行结果

本例综合使用了常数据成员(Line 12)、常成员函数(Line 7 和 Line 8)和常对象(Line 20)。常数据成员的初始化必须通过参数列表初始化方式完成(Line 14);常成员函数中不能修改本类中数据成员的值,因为常成员函数中的 this 指针是常指针,不能通过常指针修改指针指向的对象的值。常成员函数可以用常对象调用(Line 21),也可以用非常对象调用(Line 23 和 Line 25)。但是,常对象只能调用常成员函数,如 Line 26,unit 试图调用非常成员函数 SetRadius(),语法错误:

```
error: passing 'const Circle' as 'this' argument discards qualifiers
[-fpermissive]
```

同样,如果修改函数 Area()和 GetRadius()的函数属性为非常对象(删除关键字 const),那么 Line 21 的 unit. Area()也是错误的。

3.10 类的友元

类的封装与数据隐藏是面向对象程序设计中一个重要的编程思想,使用关键字 private 声明私有数据成员,这种数据成员只能在类的成员函数中才能访问,这样可以更好地保护数据,提高数据的安全性。如果想在类外访问对象的私有成员,只能通过类提供的接口(成员函数)间接地进行。这固然能够很好地保护数据,有利于程序的扩充,但也会增加程序书写的麻烦。在现实生活中,朋友是值得信任的,所以可以对他们公开一些自己的隐私。类似地,C++ 语言为类提供了一种“友元(Friends)”机制,可以使非类的成员函数访问类的私有成员,方便了代码的编写,提高了私有成员的访问效率。

类的友元可以是一个函数,该函数称为类的友元函数;也可以是一个类,该类称为类的友元类。

3.10.1 友元函数

把全局函数或其他类的成员函数声明为类的“友元”,这样的函数就称为该类的友元函数(Friend Function),在友元函数内部可以访问该类对象的私有成员。

把全局函数声明为类的友元函数的声明格式如下:

```
friend 类型说明符 友元函数名(参数列表);
```

其他类(为了区别,记为 A)的成员声明为类(记为 B)的友元函数的声明格式如下:

```
friend 类型说明符 A::函数名(参数列表);
```

其中,friend 是关键字,friend 只在函数声明时使用,在函数定义中不使用 friend。

接下来通过一个示例说明友元函数的使用方法。有五名学生的考试成绩(英语和数学考试成绩),按照总分大小降序排序,总分相同的按照英语成绩降序排序。

【例 3-15】

```
#include <iostream>
#include <array>
#include <string>
#include <iomanip>
using namespace std;
class Student
{
public:
    Student(const string& ="", double =0, double =0);
    friend void ShowInfo(array<Student, 5>&);   //显示学生的姓名及考试成绩
    friend void SortStu(array<Student, 5>&);
private:
    string strName;
    double dEng, dMath;
    double dTot;
};
Student::Student(const string& name, double eng, double math)
{
    strName =name;
    dEng =eng;
    dMath =math;
    dTot =dEng +dMath;
}
void ShowInfo(array<Student, 5>& stu)
{
    cout <<"姓名    英语 数学 总分" <<endl;
    for(auto x : stu)
    {
        cout <<setw(8) <<left <<x.strName;
        cout <<setw(5) <<x.dEng <<setw(4) <<x.dMath <<x.dTot <<endl;
    }
}
void SortStu(array<Student, 5>& stu)
{           //冒泡排序,先比较总成绩,若总成绩相同则比较英语成绩
    for(int i =1; i <5; i++)
        for(int j =0; j <5-i; j++)
            if ((stu[j].dTot <stu[j+1].dTot) || (stu[j].dTot ==stu[j+1].
              dTot && stu[j].dEng <stu[j+1].dEng))
                swap(stu[j], stu[j+1]);          //交换 stu[j]和 stu[j+1]
}
int main()
{
    array<Student, 5>arrStu{Student{"Jason", 75, 82}, Student{"Kevin",
```

```
          78, 80},Student{"Ailsa", 70, 81},Student{"Amanda", 81, 77},Student
          {"Cora", 85, 81}};
Line 43      ShowInfo(arrStu);
Line 44      SortStu(arrStu);
Line 45      ShowInfo(arrStu);
Line 46      return 0;
Line 47   }
```

程序运行结果如图 3-19 所示。

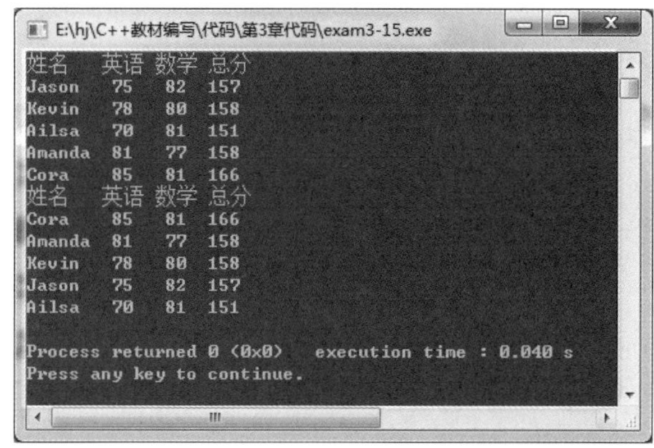

图 3-19　例 3-15 程序运行结果

本程序有两个函数 ShowInfo()和 SortStu()声明为类 Student 的友元函数，这两个函数可以直接使用类 Student 的私有成员。但是，它们不是类的成员函数，不能使用类或对象调用它们，在友元函数中必须显式地使用"对象名.数据成员"的形式访问数据成员。本例使用 array 类模板存储五个 Student 类型对象(Line 42)，使用冒泡算法进行排序。

一个类的成员函数也可以声明为另一个类的友元函数，直接使用类的私有数据成员。例如，一位教师(Teacher 类型对象)需要统计一个班级的所有学生(Student 类型对象)的考试成绩信息。类 Teacher 的成员函数 StaMax()统计各科的最高分及总分最高分。为了在 StaMax()函数中方便地访问类 Student 的私有成员，不妨把 StaMax()函数声明为类 Student 的友元。在现实生活中，教师通常可以直接看到学生的分数，而其他人不能直接看到学生的分数，分数是学生的隐私。

例如，一位教师统计学生的考试成绩：有五位学生(包括姓名、英语成绩、数学成绩及总成绩)，编写函数，分别统计英语、数学及总成绩的最高分并输出相关结果。

【例 3-16】

```
Line 1   #include <iostream>
Line 2   #include <array>
Line 3   #include <string>
Line 4   #include <iomanip>
Line 5   using namespace std;
```

```
class Student;                                          //提前声明类 Student
class Teacher
{
public:
    void StaMax(array<Student, 5>&, Student&, Student&, Student&);
private:
    string strName;                                     //教师的姓名
};
class Student
{
public:
    Student(const string& ="", double =0, double =0);
                                                        //声明类 Student 构造函数
    friend void ShowInfo(array<Student, 5>&);           //显示学生姓名及考试成绩
     friend void Teacher::StaMax(array<Student, 5>&, Student&, Student&,
       Student&);                                       //声明友元函数
    void PrintStu();
private:
    string strName;
    double dEng, dMath;
    double dTot;
};
Student::Student(const string& name, double eng, double math)
{
    strName =name;
    dEng =eng;
    dMath =math;
    dTot =dEng +dMath;
}
void ShowInfo(array<Student, 5>& arr)
{
    cout <<"姓名    英语 数学 总分" <<endl;
    for(auto x : arr)
    {
        cout <<setw(8) <<left <<x.strName;
        cout <<setw(5) <<x.dEng <<setw(5) <<x.dMath <<x.dTot <<endl;
    }
}
void Student::PrintStu()                                //输出成绩最高的学生的信息
{
    cout <<setw(6) <<left <<strName <<" " <<dEng <<" " <<dMath <<" " <<
      dTot <<endl;
}
void Teacher::StaMax(array<Student, 5>& stu, Student& maxEng, Student&
  maxMath, Student& maxTot)
```

```
{
    maxEng = stu[0];
    maxMath = stu[0];
    maxTot = stu[0];
    for(auto x : stu)
    {
        maxEng = (x.dEng > maxEng.dEng) ? x : maxEng;
        maxMath = (x.dMath > maxMath.dMath) ? x : maxMath;
        maxTot = (x.dTot > maxTot.dTot) ? x : maxTot;
    }
}
int main()
{
    array< Student, 5> arrStu{Student{"Jason", 75, 82}, Student{"Kevin",
      78, 80},Student{"Ailsa", 70, 81},Student{"Amanda", 81, 77},Student
      {"Cora", 85, 81}};
    ShowInfo(arrStu);                           //显示所有学生的信息
    Student maxEng, maxMath, maxTot;            //分别存储英语、数学、总分
                                                //最高的学生的信息
    Teacher t;
    t.StaMax(arrStu, maxEng, maxMath, maxTot);
    cout << "英语最高分:";
    maxEng.PrintStu();
    cout << "数学最高分:";
    maxMath.PrintStu();
    cout << "总分最高分:";
    maxTot.PrintStu();
    return 0;
}
```

程序运行结果如图 3-20 所示。

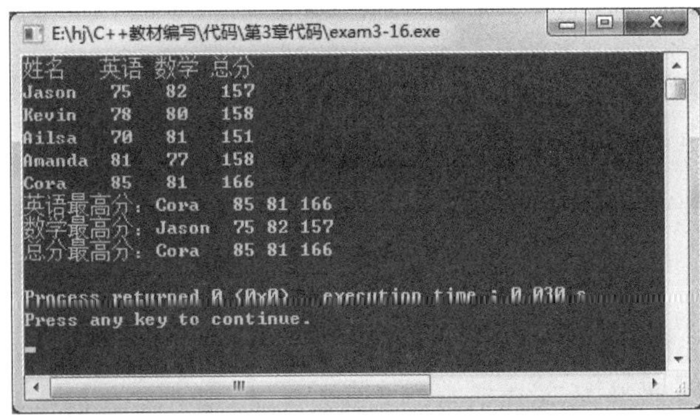

图 3-20 例 3-16 程序运行结果

为了方便地在类 Teacher 的成员函数 StaMax()中使用类 Student 中声明的私有成员，

把 StaMax()函数声明为类 Student 的友元函数(Line 19)。在 Teacher 类中声明成员函数 StaMax()时,需要使用 Student 类型,然而此时还没有对 Student 类进行声明。为了让编译器知道类 Student 是一个自定义类型,需要在 Teacher 类的声明之前对 Student 类进行声明(Line 6)。Line 6 仅仅是声明了 Student 类,编译器"知道"后续会有 Student 类的定义,但是 Student 类的具体内容编译器是"看不见"的。所以,在完成类 Student 的定义之前不能实现 Teacher 类的成员函数 StaMax(),即 Line 46～Line 57 的代码不能移到 Student 类定义之前,否则会有语法错误。那么,能不能把 Teacher 类定义和 Student 类定义交换顺序呢? Student 类先于 Teacher 类完成,Student 类声明部分代码如下:

```
class Teacher;                                                      //提前声明类 Teacher
class Student
{
public:
    Student(const string& ="", double =0, double =0);               //声明类 Student 构造函数
    friend void ShowInfo(array<Student, 5>&);                       //显示学生姓名及考试成绩
    friend void Teacher::StaMax(array<Student, 5>&, Student&, Student&, Student&);
                                                                    //声明友元函数
    void PrintStu();
private:
    string strName;
    double dEng, dMath;
    double dTot;
};
```

这样做也不正确,因为在类 Student 中声明友元函数 StaMax()时需要使用类 Teacher,即使已经为类 Teacher 做了提前声明,编译器仍然"看不见"类 Teacher 中的成员函数 StaMax(),所以编译器不能完成友元函数的声明。编译后的语法错误提示主要如下:

```
error: invalid use of incomplete type 'class Teacher'
In member function 'void Teacher::StaMax(std::array<Student, 5u>&, Student&,
   Student&, Student&)'
```

注意

C++语言中不允许将构造函数、析构函数和虚函数声明为友元函数。

3.10.2 友元类

除了可以把函数声明为类的友元函数之外,还可以把一个类声明为另外一个类的友元类(Friend Class)。例如,把类 A 声明为类 B 的友元类,那么类 A 的所有成员函数都自动成为类 B 的友元函数。类 A 声明为类 B 的友元类的形式如下:

```
class B
{
    ...;                                        //类 B 的成员声明
    friend class A;                             //声明类 A 为类 B 的友元类
    ...;
};
```

注意

如果类 A 的定义在类 B 之后，则需要对类 A 进行提前声明。另外，友元关系是单向的，即类 A 是类 B 的友元类，类 A 的成员函数自动成为类 B 的友元函数。这种关系是单向的，类 B 不是类 A 的友元类。友元关系不具有传递性，即如果类 A 是类 B 的友元类、类 B 是类 C 的友元类，类 A 不是类 C 的友元类。

友元可以实现数据共享，但也在一定程度上破坏了类的封装性。所以，除非使用友元能够极大地提高效率，一般情况下不提倡使用友元。为了更好地使用友元，需要在数据封装与数据共享之间找到一个平衡点。

友元函数更多地用于运算符重载中，第 4 章将重点介绍运算符重载。

小　　结

类与对象是面向对象程序设计的最基本概念，也是开启面向对象程序设计这扇大门的金钥匙。

封装性是面向对象程序设计的三大特性之一，它很好地保护了数据。程序员为类的成员指定访问权限，通常用私有数据成员存储数据，而公有成员函数是访问数据的唯一途径。类是用户自定义的数据类型，用类声明对象就是用自定义类型声明变量。变量初始化通过构造函数实现。对象消亡时要记得回收对象占用的资源，这是析构函数的任务。构造函数及析构函数通常定义为 public 属性，当然也可以定义为 private 属性。这样做有特定的应用场景，但也非常复杂。友元中可以更方便地访问类的私有成员，但这也破坏了类的数据封装性。除非不得已，否则尽量不使用友元。

第4章 运算符重载

相信读者对"重载"这个词并不陌生，如函数重载。所谓函数重载，是指用同名函数实现相似但不同的函数功能。类似地，运算符重载是指对已有的运算符定义多重功能，即用相同的运算符实现相似但不同的功能。事实上，虽然我们第一次接触运算符重载的概念，但是我们已经多次使用了运算符重载。例如，加法运算符"＋"可以对两个整数相加，也可以连接两个 string 对象；运算符" * "可用于指针进行解引用运算，还可以用于两个整数进行乘法运算。本章介绍运算符重载。

4.1 运算符重载的概念

以前，我们使用运算符时，运算符的操作对象仅限于基本数据类型，而无法直接操作用户自定义的数据类型，如类。然而，在实际编程中，有时也需要直接对自定义数据类型执行某些运算操作。例如，有两个 Student 类型对象 s1 和 s2，我们希望比较这两个对象的大小，比较的规则是：如果 s1 的期末考试成绩(用变量 nScore 表示)大于 s2 的期末考试成绩，则 s1 大于 s2；如果 s1 的期末考试成绩小于 s2 的期末考试成绩，则 s1 小于 s2；否则 s1 与 s2 相等。显然，无法直接使用运算符"＞""＜""＝＝"对两个对象 s1 和 s2 进行大小比较。例如：

```
Student s1, s2;
if(s1 >s2){ ...; }  //语法错误:error: no match for 'operator>' (operand types are
                    //'Student' and 'Student')
```

只有在类 Student 中为运算符"＞""＜""＝＝"赋予新的含义，才能使用它们对 s1 和 s2 进行大小比较。

在类中为已有运算符赋予新含义的过程即称为运算符重载。

首先看一个简单的示例：比较两个学生对象的总成绩，输出成绩较高的学生对象的信息。

【例 4-1】

```
#include <iostream>
#include <string>
using namespace std;
class Student
{
```

```
Line 6   public:
Line 7       Student(const string& ="", double =0);
Line 8       bool GeqScore(const Student&) const;
Line 9       string GetName()const {return strName;};
Line 10      double GetScore()const {return dScore;};
Line 11  private:
Line 12      string strName;
Line 13      double dScore;
Line 14  };
Line 15  Student::Student(const string& name, double score):strName(name), dScore
           (score)
Line 16  {
Line 17  }
Line 18  bool Student::GeqScore(const Student& stu) const
Line 19  {//常成员函数,功能:比较两个对象的数据成员 dScore 大小
Line 20      return this->dScore >=stu.dScore;
Line 21  }
Line 22  int main()
Line 23  {
Line 24      Student s1("Jason", 78), s2("Ailsa", 85);
Line 25      cout <<"成绩较高的学生的姓名、成绩:";
Line 26      if(s1.GeqScore(s2))
Line 27          cout <<s1.GetName() <<" " <<s1.GetScore() <<endl;
Line 28      else
Line 29          cout <<s2.GetName() <<" " <<s2.GetScore() <<endl;
Line 30      return 0;
Line 31  }
```

程序运行结果如图 4-1 所示。

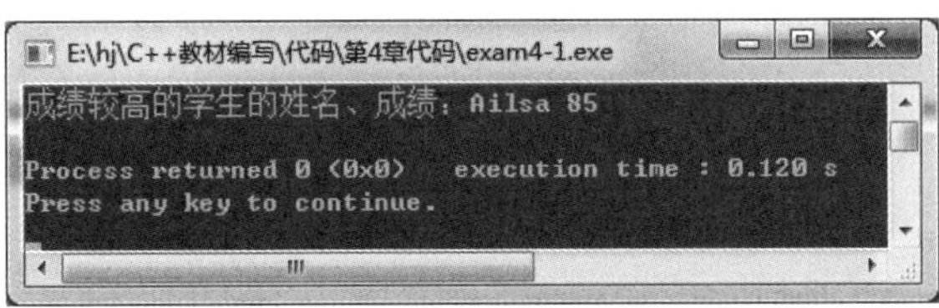

图 4-1 例 4-1 程序运行结果

本例中,比较两个对象 s1 与 s2 的大小(按成绩高低比较)是通过函数 GeqScore()实现的。显然,调用函数比较对象的大小(Line 26)代码的可读性较差,也比较复杂。

那么,能否直接使用关系比较运算符“>=”实现对象的比较呢? 即把 Line 26 代码改为

```
if(s1 >=s2)
```

这种写法更符合我们的阅读习惯，代码写法简单，可读性高。很遗憾，编译时出现语法错误。

```
error: no match for 'operator>=' (operand types are 'Student' and 'Student')
```

接下来，我们"稍微"修改程序的代码，就可以做到上述要求。

【例 4-2】

```
#include <iostream>
#include <string>
using namespace std;
class Student
{
public:
    Student(const string& ="", double =0);
    bool operator>=(const Student&) const;
    string GetName()const {return strName;};
    double GetScore()const {return dScore;};
private:
    string strName;
    double dScore;
};
Student::Student(const string& name, double score):strName(name), dScore(score)
{
}
bool Student:: operator>=(const Student& stu) const
{//常成员函数,功能:比较两个对象的数据成员 dScore 大小
    return this->dScore >=stu.dScore;
}
int main()
{
    Student s1("Jason", 78), s2("Ailsa", 85);
    cout <<"成绩较高的学生的姓名、成绩:";
    if(s1 >=s2)
        cout <<s1.GetName() <<" " <<s1.GetScore() <<endl;
    else
        cout <<s2.GetName() <<" " <<s2.GetScore() <<endl;
    return 0;
}
```

程序运行结果如图 4-2 所示。

例 4-2 与例 4-1 得到完全相同的结果。仔细对比例 4-2 与例 4-1 的代码就会发现，只需

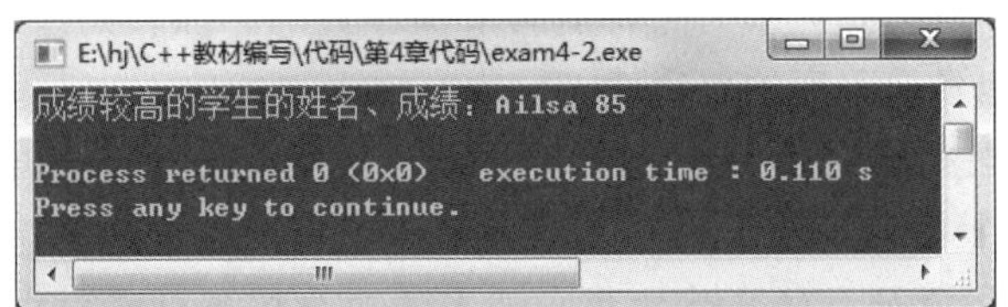

图 4-2 例 4-2 程序运行结果

把“GeqScore”换成“operator>=”(Line 8 和 Line 18)即可直接使用“>=”(Line 26)运算符，其他代码没有任何改变。

在例 4-2 中，我们为类 Student 重载了运算符“>=”，扩展了它的功能，使它可以直接操作两个类 Student 对象。

4.1.1 运算符重载的基本格式

运算符重载的本质就是函数重载，在类中定义一个重载运算符的函数，使用被重载的运算符实际上就是调用该函数。

运算符重载的一般格式如下：

```
类型说明符 operator 运算符 (参数列表)
{
    函数体;                          //实现运算符功能的代码
}
```

如果把“operator 运算符”看作一个整体，把它看成函数名，上述定义不就是函数的定义吗？其中，operator 是关键字，函数的名字就是用 operator 和其后的运算符共同组成的标识符。例如，例 4-2 Line 8 对“>=”运算符重载函数进行声明，Line 8～Line 21 是对“>=”运算符重载函数的实现。

4.1.2 运算符重载的基本规则

运算符重载时要遵循一定的规则，具体规则如下。

(1) 只能重载 C++ 语言中已有的运算符，不能虚构新的运算符。

(2) 运算符重载后不改变运算符的优先级顺序。例如，算术运算符“*”和“/”的优先级高于“+”和“-”，那么，在类中重载这些运算符后，“*”和“/”的优先级仍然高于“+”和“-”。只有括号能改变运算符的运算顺序。

(3) 运算符重载后不改变运算符的结合性。例如，赋值运算符“=”是右结合的，那么运算符“=”被重载后仍然是右结合的。

(4) 运算符重载后不改变操作数的个数。例如，关系运算符“>=”是双目运算符，那么“>=”被重载后仍然是双目运算符；而“+”既可以是单目运算符，也可以是双目运算符，那么“+”既可以被重载为单目运算符，也可以被重载为双目运算符。

(5) 运算符重载后不改变运算符原有的语义。例如，双目运算符“+”在算术运算中表示两数相加,那么"+"重载到类中仍然表示两个操作数的相加。如果改变了"+"的语义会显得莫名其妙,极大地降低程序的可读性。

(6) 运算符重载时操作对象至少应该有一个是自定义的类对象(或类对象的引用),即不能为基本数据类型重载运算符。

(7) 有五个常用运算符不允许被重载。并不是所有运算符都可以重载,以下五个运算符不允许被重载:成员访问运算符"."、成员指针运算符".*"、域运算符"::"、条件运算符"?:"和 sizeof 运算符。另外,强制类型转换运算符(static_cast、const_cast、dynamic_cast 和 reinterpret_cast)、alignof 和 typeid 也不能被重载。

4.2 运算符重载方式

运算符重载函数相对于类来说有两种存在方式:①重载为类的成员函数;②重载为类的友元函数。

4.2.1 重载为类的成员函数

例 4-2 中,运算符">="重载为类的成员函数。如果把运算符重载为类的成员函数,则该函数必须通过对象调用,该对象就是运算符的其中一个操作数,在运算符重载函数中通过 this 指针隐含(或显式)地访问对象的成员。

如果把双目运算符重载为类的成员函数,则该运算符有两个操作数,左操作数是调用运算符重载函数的对象,而右操作数作为运算符重载函数的实参传递到运算符重载函数中。双目运算符重载为类的成员函数时,其调用的一般格式如下:

```
左操作数 运算符 右操作数;
```

编译器把它解释为

```
左操作数.operator 运算符(右操作数);
```

即左操作数是调用运算符重载函数的对象,右操作数作为函数的参数。

例如,例 4-2 中 Line 26,表达式"s1 >= s2"相当于"s1.operator>=(s2)"。

如果把单目运算符重载为类的成员函数,则该运算符只有一个操作数,即调用运算符重载函数的对象本身。单目运算符重载为类的成员函数时,要区分前置运算符与后置运算符。如果是前置运算符,则运算符重载函数没有参数。其调用格式如下:

```
运算符 操作数;
```

编译器把它解释为

```
操作数.operator 运算符();
```

如果是后置运算符，运算符重载函数需要带一个整型参数，但该参数不起任何作用，仅用来标识该运算符是后置运算符。其调用格式如下：

```
操作数 运算符;
```

编译器把它解释为

```
操作数.operator 运算符(int);
```

下面通过一个示例演示重载自增运算符的方法，实现自定义 Time 类对象 t 的自增运算，运算规则是把当前对象 t 的秒数加 1。

【例 4-3】

```
#include <iostream>
using namespace std;
class Time
{
public:
    Time(int h =0, int m =0, int s =0):nHour(h), nMinute(m), nSecond(s){};
    Time operator++();                    //前置自增
    Time operator++(int);                 //后置自增
    void ShowTime();
private:
    int nHour, nMinute, nSecond;
};
Time Time::operator++()                   //实现前置自增
{
    nSecond++;
    if(nSecond ==60) {nMinute++; nSecond =0;}
    if(nMinute ==60) {nHour++; nMinute =0;}
    nHour %=24;
    return *this;
}
Time Time::operator++(int)                //实现后置自增
{
    Time t = *this;
    ++(*this);
    return t;
}
void Time::ShowTime()
{
    cout <<nHour <<":" <<nMinute <<":" <<nSecond <<endl;
}
int main()
```

```
Line 32 {
Line 33     Time t(10, 12, 14);
Line 34     cout <<"当前时间:";
Line 35     t.ShowTime();
Line 36     Time t1;
Line 37     t1 =t++;                          //后置自增
Line 38     cout <<"t1: ";
Line 39     t1.ShowTime();
Line 40     cout <<"t: ";
Line 41     t.ShowTime();
Line 42     t1 =++t;
Line 43     cout <<"t1: ";
Line 44     t1.ShowTime();
Line 45     cout <<"t: ";
Line 46     t.ShowTime();
Line 47     return 0;
Line 48 }
```

程序运行结果如图 4-3 所示。

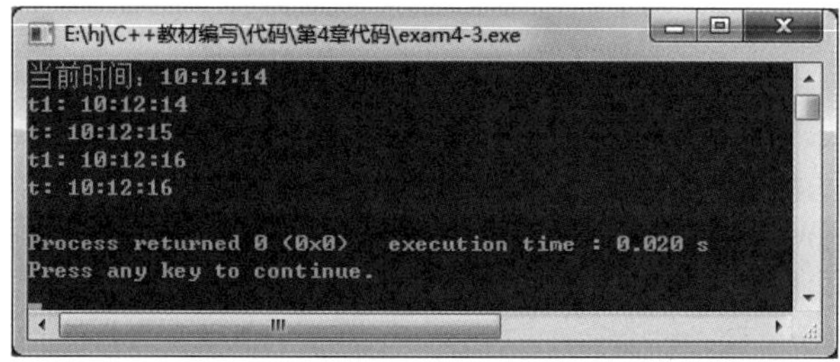

图 4-3　例 4-3 程序运行结果

本例实现前置自增及后置自增运算,前置自增函数不带参数(Line 13),后置自增函数带一个 int 类型的参数(Line 21),这里的 int 仅用于区别前置自增,在函数调用时不带参数(Line 37)。本程序值得读者借鉴的地方是在实现后置自增时直接调用了已经实现的前置自增运算符(Line 24)。从结果来看,后置自增运算表达式(Line 37)保留了对象自增之前的值,并且对象实现了自增;前置自增运算(Line 42)实现了对象的自增,并且表达式的值是对象自增之后的值。这与算术运算中自增运算符的功能是吻合的。

4.2.2 重载为类的友元函数

运算符重载函数可以实现为类的成员函数,也可以实现为类的友元函数。运算符的左操作数如果不是当前类的对象,那么该运算符就不能声明为类的成员函数,只能声明为类的友元函数。在类中对运算符重载函数进行友元函数的声明格式如下:

```
friend 类型说明符 operator 运算符 (参数列表);
```

类的友元函数不能通过对象进行调用，所以运算符的操作数全部作为运算符重载函数的实参传递到运算符重载函数中。双目运算符重载函数重载为类的友元函数时的调用格式如下：

```
左操作数 运算符 右操作数;
```

编译器把它解释为

```
operator 运算符(左操作数, 右操作数);
```

单目运算符通常重载为类的成员函数，在此不做过多的解释。接下来，我们改写例 4-2，把运算符"＞＝"重载为类的友元函数。

【例 4-4】

```
#include <iostream>
#include <string>
using namespace std;
class Student
{
public:
    Student(const string& ="", double =0);
    friend bool operator>=(const Student&, const Student&);
    string GetName()const {return strName;};
    double GetScore()const {return dScore;};
private:
    string strName;
    double dScore;
};
Student::Student(const string& name, double score):strName(name), dScore(score)
{
}
bool operator>=(const Student& stu1, const Student& stu2)
{                              //函数功能:根据数据成员 dScore 的大小比较两个对象
    return stu1.dScore >=stu2.dScore;
}
int main()
{
    Student s1("Jason", 78), s2("Ailsa", 85);
    cout <<"成绩较高的学生的姓名、成绩:";
    if(s1 >=s2)
        cout <<s1.GetName() <<" " <<s1.GetScore() <<endl;
    else
        cout <<s2.GetName() <<" " <<s2.GetScore() <<endl;
```

```
Line 30      return 0;
Line 31  }
```

程序运行结果如图 4-4 所示。

图 4-4　例 4-4 程序运行结果

仔细对比例 4-4 与例 4-2 发现，例 4-4 把函数“operator>=”声明为类的友元函数(Line 8)，函数有两个形参。另外，普通全局函数不能声明和定义为常函数，所以与例 4-2 相比，函数“operator>=”的声明及定义中没有关键字 const。

4.2.3　重载为成员函数与友元函数的探讨

多数情况下，将运算符重载为类的成员函数或者类的友元函数都是可以的，在使用时可根据实际情况灵活选择，但是在使用中也要注意它们各自的特点和要求。

(1) 双目运算符通常重载为类的友元函数。

如果双目运算符的左操作数是类对象，则运算符重载函数作为类的成员函数或者友元函数都可以；如果双目运算符的左操作数不是类对象，则运算符重载函数只能作为类的友元函数。另外，笔者认为，双目运算符重载为类的友元函数在函数编写、代码可读性等方面更容易理解(可参考例 4-2 和例 4-4 中的“operator>=”函数代码)。

编写程序实现如下功能：Time 类型(Time 声明参考例 4-3)对象 t 可以与整数 n 相加(假设 n≥0)，表示与 t 相隔 n 秒后的时间。编写程序，重载“+”运算符，计算时间 t 经过 n 秒后的时间。希望使用如下表达式计算时间 t：

```
t =t +n;
t =n +t;
```

① “+”运算符重载为类的成员函数。“+”是二元运算符，“+”运算符重载为类 Time 的成员函数时，左操作数必须是 Time 类型的对象，因为只有对象才能调用成员函数，右操作数作为函数的参数。“+”运算符重载函数声明如下：

```
Time operator+ (int);
```

函数定义如下：

```
Time Time::operator+ (int sec)
{
    if(sec ==0) return * this;
```

```
    Time temp = * this;
    temp.nSecond =nSecond +sec;
    int x =temp.nSecond / 60;                    //分钟的进位
    temp.nSecond %=60;
    temp.nMinute =nMinute +x;
    x =temp.nMinute / 60;                        //小时的进位
    temp.nMinute %=60;
    temp.nHour =nHour +x;
    temp.nHour %=24;
    return temp;
}
```

② "+"运算符重载为类的友元函数。"+"运算符重载为类 Time 的友元函数时，左操作数不要求必须是 Time 类型的对象，左操作数和右操作数均作为函数的参数。"+"运算符重载函数声明如下：

```
friend Time operator+ (Time&, int);
```

或

```
friend Time operator+ (int, Time&);
```

函数定义如下：

```
Time operator+ (Time& t, int sec)
{
    if(sec ==0) return t;
    Time temp =t;
    temp.nSecond =t.nSecond +sec;
    int x =temp.nSecond / 60;                    //分钟的进位
    temp.nSecond %=60;
    temp.nMinute =t.nMinute +x;
    x =temp.nMinute / 60;                        //小时的进位
    temp.nMinute %=60;
    temp.nHour =t.nHour +x;
    temp.nHour %=24;
    return temp;
}
```

或

```
Time operator+ (int sec, Time& t)
{
    if(sec ==0) return t;
    Time temp =t;
```

```
    temp.nSecond =t.nSecond +sec;
    int x =temp.nSecond / 60;                       //分钟的进位
    temp.nSecond %=60;
    temp.nMinute =t.nMinute +x;
    x =temp.nMinute / 60;                           //小时的进位
    temp.nMinute %=60;
    temp.nHour =t.nHour +x;
    temp.nHour %=24;
    return temp;
}
```

如果需要同时实现 t=t+n 和 t=n+t 的功能(事实上,重载具有交换律的运算符时通常需要这样做),那么应该使用函数重载的方法重载"+"运算符,即需要定义两个"+"运算符重载函数:

```
friend Time operator+ (int, Time&);
friend Time operator+ (Time&, int);
```

另外,在定义函数时无须定义两个函数代码几乎相同的函数,其中一个函数的功能可以通过调用另外一个函数实现。例如,假设已经实现了函数 Time operator+(int, Time&),则

```
friend Time operator+ (Time&, int);         //函数声明
Time operator+ (Time& t, int sec)           //函数定义
{
    Time temp =sec +t;                      //直接调用已经实现的函数
    return temp;
}
```

(2) 单目运算符通常重载为类的成员函数。为类重载单目运算符后,运算符的操作数一定是该类的对象,用对象调用运算符重载函数既顺理成章又不需要额外设置参数。

(3) 以下运算符必须重载为类的成员函数:赋值运算符"="、下标运算符"[]"、函数调用运算符"()"、成员访问运算符"->"。

(4) 以下运算符必须重载为类的友元函数:流插入运算符"<<"、流提取运算符">>"、类型转换运算符。

4.3 常用运算符的重载

4.3.1 输入/输出运算符的重载

输入/输出(I/O)标准库使用流提取运算符">>"和流插入运算符"<<"实现数据的

输入/输出。遗憾的是，它们只能对 C++ 语言内置数据类型进行操作，不能直接对用户自定义数据类型进行输入/输出。如果需要使用运算符“>>”和“<<”实现自定义类型数据的输入/输出，必须在自定义类中重载运算符“>>”和“<<”。

如果 x 是类 X 的对象，对象 x 的输入形式通常是“cin >> x”，而输出形式通常是“cout << x”。运算符“>>”和“<<”是双目运算符，而且左操作数分别是 cin 和 cout，它们都不是类 X 的对象，因此运算符“>>”和“<<”必须重载为类 X 的友元函数。

运算符“>>”和“<<”重载的函数声明如下：

```
istream& operator>>(istream&, 自定义类 &);
ostream& operator<<(ostream&, 自定义类 &);
```

接下来，我们通过一个示例了解运算符“>>”和“<<”的重载方法。

【例 4-5】

```
#include <iostream>
#include <string>
using namespace std;
class Student
{
public:                                          //公有访问权限
    Student(const string& ="", int =19);         //为参数提供默认值
    friend istream& operator>>(istream&, Student&);
    friend ostream& operator<<(ostream&, Student&);
private:                                         //私有访问权限
    string strName;                              //描述学生的姓名
    int nAge;                                    //描述学生的年龄
};
Student::Student(const string& stuName, int stuAge) : strName(stuName),
  nAge(stuAge)
{
}
istream& operator>>(istream& is, Student& s)
{
    is >>s.strName >>s.nAge;
    return is;
}
ostream& operator<<(ostream& os, Student& s)
{
    os <<s.strName <<" " <<s.nAge;
    return os;
}
int main()
{
```

```
Line 29     Student s1;
Line 30     cout <<"请输入学生的姓名、年龄:" <<endl;
Line 31     cin >>s1;
Line 32     cout <<"姓名   年龄" <<endl;
Line 33     cout <<s1;
Line 34     return 0;
Line 35  }
```

程序运行结果如图 4-5 所示。

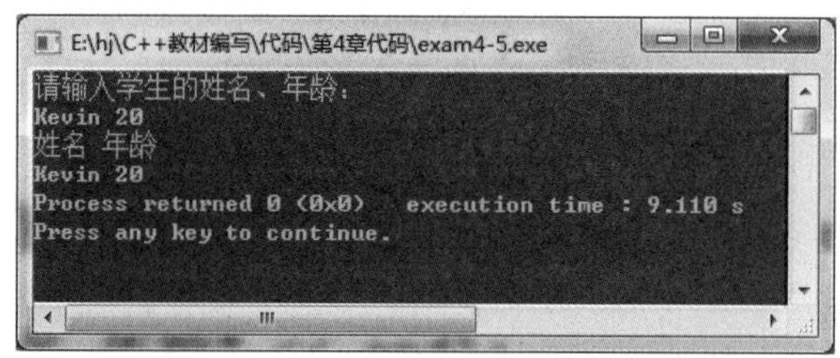

图 4-5　例 4-5 程序运行结果

读者是否对运算符“>>”和“<<”的重载函数存在两个疑问：函数返回值为什么是 istream& 和 ostream&？函数的第一个参数为什么使用 istream& is 和 ostream& os 而不是直接使用 cin 和 cout？接下来我们讨论这两个问题，以运算符“>>”的重载为例。

直观上，运算符“>>”重载函数好像不需要任何返回值，Line 31 调用运算符“>>”没有使用任何返回值，那么为什么不把运算符“>>”重载函数返回值声明为 void 呢？首先，运算符“>>”重载为类的友元函数，那么 cin 必须作为函数的第一个参数，而 cin 是 istream 类预定义的对象，所以第一个参数是 istream 类引用是合理的。另外，运算符“>>”是可以连用的，如“cin >> a >> b >> c;”是合法的，“>>”运算符是左结合的，只有表达式“cin >> a”的结果仍然是输入流对象 cin 才能实现运算符“>>”连用的效果，这样“cin >> a >> b >> c”才是正确的。同样，运算符“>>”重载后应该也是可以连用的，即可以实现“cin >> s1 >> s2”这样的输入，其中 s1 和 s2 是 Student 类对象。因此，把运算符“>>”重载函数的返回值声明为 istream&，并且函数返回 istream 类对象才能够实现运算符“>>”的连续输入功能。

第二个问题，Line 19 为什么不直接使用 cin 而是用 istream 的引用 is 呢？目前我们所知的数据的输入都是使用“cin >>”实现的。事实上，除了通过标准输入流对象 cin 输入数据之外，还可以通过输入文件流对象输入数据。如果定义了输入文件流对象 fin，则 Line 31 可以改为“fin >> s1;”而不需要修改运算符“>>”重载函数。但是，如果 Line 19 的 is 改为 cin 则“fin >> s1;”无法从文件流对象为 s1 输入数据。因此，用 istream 的引用 is 既可以通过标准输入流对象 cin 输入数据，也可以使用输入文件流对象输入数据。

同理，为了实现运算符“<<”的连续输出，运算符“<<”重载函数返回值声明为 ostream 类引用并在函数中返回 ostream 类对象。另外，使用 ostream 的引用 os 而不直接使用 cout，可以保证在不修改运算符“<<”重载函数的前提下直接使用 cerr 或者文件输出流对象输出数据。

注意

重载运算符“<<”时，在函数体中尽量不要控制输出格式，如 endl。否则，如果把 endl 写到输出语句的最后，用户想在同一行输出其他信息时就无法做到了。因此，在重载运算符“<<”时，应尽量少一些格式化操作，让用户控制更多输出细节。

4.3.2 赋值运算符的重载

可以用一个对象为另一个同类对象赋值，如 s1＝s2。这时，编译器会调用赋值运算符把对象 s2 的数据成员的值一一对应复制给 s1 的数据成员。如果没有重载赋值运算符“＝”，编译器会为类提供一个默认的赋值运算符，但是它只能实现浅赋值。在 3.6.2 小节介绍拷贝构造函数时着重讨论了深拷贝与浅拷贝。同样，对象间进行赋值时也需要讨论深赋值与浅赋值的问题。类的数据成员中如果有指针，并且在创建对象时用 new 运算符为对象的指针申请了内存空间，那么编译器提供的默认赋值运算符就不能满足要求了，否则可能出现内存泄漏或者出现多次 delete 同一块内存空间的错误操作。这时需要重载赋值运算符，以实现深赋值。接下来，通过一个示例演示重载赋值运算符的方法。

【例 4-6】

```
#include <iostream>
#include <string>
using namespace std;
class Student
{
public:
    Student(const string&);                  //声明构造函数
    Student(const Student&);                 //声明拷贝构造函数
    ~Student();                              //声明析构函数
    Student& operator=(const Student&);      //声明重载赋值运算符函数
    double AvgScore();                       //声明 avgScore()方法
    string GetName(){return strName;}
private:
    string strName;                          //描述学生的姓名
    double* pScore;                          //指向学生的成绩
    int cntScore;                            //考试成绩的数目
};
Student::Student(const string& name)
{
    strName = name;
    cout << "请输入" << strName << "同学的成绩数目:";
    cin >> cntScore;
    pScore = new double[cntScore];           //申请 cnt 个 double 类型的存储空间
    cout << "请输入" << cntScore << "个 double 数字:";
    for(int i = 0; i < cntScore; i++)
        cin >> pScore[i];
}
```

```
Line 28 Student::Student(const Student& s)        //实现拷贝构造函数
Line 29 {
Line 30     strName =s.strName;
Line 31     cntScore =s.cntScore;
Line 32     pScore =new double[cntScore];
Line 33     for(int i =0; i <cntScore; i++)
Line 34         pScore[i] =s.pScore[i];
Line 35 }
Line 36 Student::~Student()
Line 37 {
Line 38     cout <<"Student destructor is called." <<endl;
Line 39     delete[] pScore;                      //释放 pScore 指向的内存空间
Line 40     cout <<"Student destructor is finished, return..." <<endl;
Line 41 }
Line 42 Student& Student::operator=(const Student& s)
Line 43 {                                         //实现重载赋值运算符函数
Line 44     if(this ==&s) return * this;
Line 45     strName =s.strName;
Line 46     cntScore =s.cntScore;
Line 47     delete[] pScore;
Line 48     pScore =new double[cntScore];
Line 49     for(int i =0; i <cntScore; i++)
Line 50         pScore[i] =s.pScore[i];
Line 51     return * this;
Line 52 }
Line 53 double Student::AvgScore()               //求平均成绩
Line 54 {
Line 55     double totScore =0;
Line 56     for(int i =0; i <cntScore; i++)
Line 57         totScore +=pScore[i];
Line 58     return totScore / cntScore;
Line 59 }
Line 60 int main()
Line 61 {
Line 62     Student s1("Jason"), s2("Ailsa");
Line 63     cout <<s1.GetName() <<"的平均成绩:" <<s1.AvgScore() <<endl;
Line 64     cout <<s2.GetName() <<"的平均成绩:" <<s2.AvgScore() <<endl;
Line 65     s2 =s1;
Line 66     cout <<s2.GetName() <<"的平均成绩:" <<s2.AvgScore() <<endl;
Line 67     return 0;
Line 68 }
```

程序运行结果如图 4-6 所示。

Line 65 用 s1 为 s2 赋值时调用赋值运算符重载函数,实现了深赋值(Line 42～Line 52)。其中,形参对象 s 对应的是 s1,this 是指 s2。深赋值的关键是为对象分配新的内存空间,使得两个对象使用不同的内存空间。首先,删除 s2 的指针 pScore 指向的内存空间(Line 47),因为这块内存空间以后不再使用;其次,重新为指针 pScore 申请内存空间(Line 48);最后,把 s1 的指针 pScore 指向的内存空间的数据一一复制到 s2 的指针 pScore 新申请的内存

```
E:\hj\C++教材编写\代码\第4章代码\exam4-6.exe
请输入Jason同学的成绩数目: 3
请输入3个double数字: 75 80 90
请输入Ailsa同学的成绩数目: 4
请输入4个double数字: 75 80 85 95
Jason的平均成绩: 81.6667
Ailsa的平均成绩: 83.75
Jason的平均成绩: 81.6667
Student destructor is called.
Student destructor is finished, return...
Student destructor is called.
Student destructor is finished, return...

Process returned 0 (0x0)   execution time : 65.103 s
Press any key to continue.
```

图 4-6　例 4-6 程序运行结果

空间中。

这里为什么需要先删除 s2 的指针 pScore 指向的内存空间，然后重新为指针 pScore 申请内存空间呢？直接使用原来的内存空间不可以吗？通常情况下是不可以的。因为赋值后的内容与原来的内容不同，相应的内存空间大小可能也不同。例如，假设 p1 和 p2 是两个指向字符的指针：

```
char * p1 =new char[6]{"Hello"};
char * p2 =new char[13]{"Good morning"};
```

如果把 p2 的内容赋值给 p1，显然 p1 的内存空间不够用。这时就需要先删除 p1 原来的内存空间，再重新为 p1 分配足够大的内存空间，把 p2 的内容复制到 p1 中。

如果不重载赋值运算符，仅使用编译器提供的默认赋值运算符，则只能实现浅赋值，即 s2.pScore = s1.pScore，使得 s2 的 pScore 指针与 s1 的 pScore 指针指向同一块内存空间。当对象 s1 和 s2 消亡时，在析构函数中的 delete 运算符两次释放同一块内存空间，导致程序运行时出错。使用编译器提供的默认赋值运算符时，在 Code::Blocks 与 Visual Studio 2013 中的程序运行结果分别如图 4-7 和图 4-8 所示。

图 4-7　在 Code::Blocks 中的程序运行结果

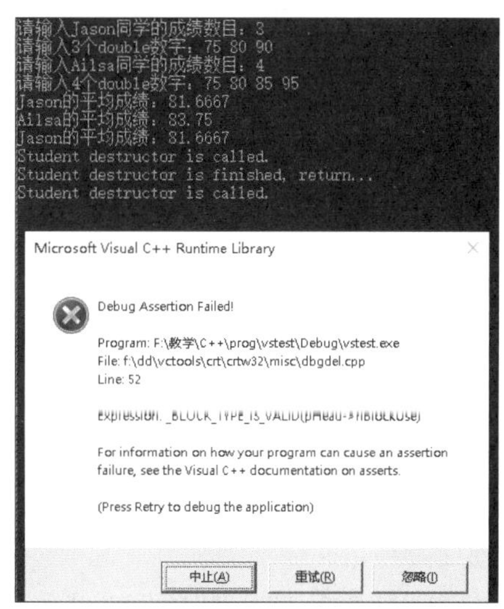

图 4-8　在 Visual Studio 2013 中的程序运行结果

4.3.3 关系运算符的重载

关系运算符用于比较两个数据的大小，关系运算的结果是布尔值。C++ 语言中有六个关系运算符：>、>=、<、<=、==、!=，这六个关系运算符都可以进行重载。

例 4-2 和例 4-4 都对关系运算符“>=”进行了重载，例 4-2 把“>=”运算符重载为类的成员函数，而例 4-4 把“>=”运算符重载为类的友元函数。

在具体应用中，关系运算符都要成对重载。例如，重载“>=”运算符，同时应该重载“<=”运算符。试想一下，能够比较“a >= b”却不能比较“b <= a”看上去很奇怪。通常，当成对重载关系运算符时，可以把一个运算符的比较工作委托给另外一个已经实现的运算符。例如，已经重载了“>=”运算符，那么在重载“<=”运算符时直接调用“>=”运算符重载函数即可。

【例 4-7】

```
#include <iostream>
#include <string>
using namespace std;
class Student
{
public:
    Student(const string& ="", double =0);
    friend bool operator> (const Student&, const Student&);
    friend bool operator< (const Student&, const Student&);
    void ShowInfo();
private:
    string strName;
    double dScore;
};
Student::Student(const string& name, double score) : strName(name), dScore(score)
{
}
void Student::ShowInfo()
{
    cout <<strName <<" " <<dScore <<endl;
}
bool operator> (const Student& stu1, const Student& stu2)
{
    return stu1.dScore >stu2.dScore;
}
bool operator< ( const Student& stu1, const Student& stu2)
{
```

```
Line 28      return stu2 >stu1;                    //直接调用">"运算符重载函数
Line 29  }
Line 30  int main()
Line 31  {
Line 32      Student s1("Jason", 75), s2("Ailsa", 85);
Line 33      if(s1 <s2) swap(s1, s2);
Line 34      cout <<"成绩较高的学生的姓名、成绩:";
Line 35      s1.ShowInfo();
Line 36      cout <<"成绩较低的学生的姓名、成绩:";
Line 37      s2.ShowInfo();
Line 38      return 0;
Line 39  }
```

本例重载关系运算符“>”和“<”，比较两个 Student 类对象的大小，比较规则是成绩较高的对象较大。程序运行结果如图 4-9 所示。

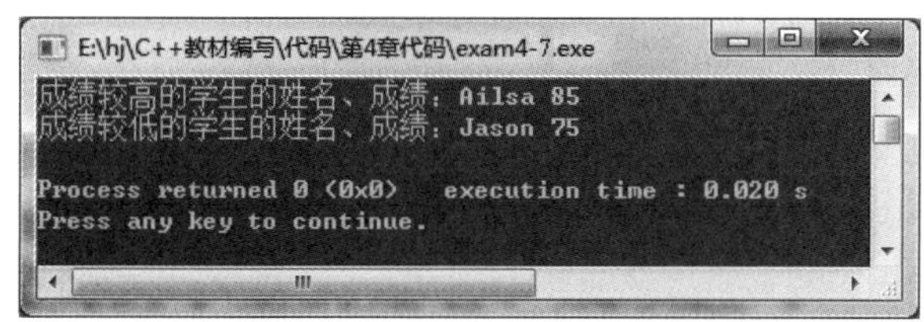

图 4-9 例 4-7 程序运行结果

本例重载了两个关系运算符“>”和“<”，把这两个关系运算符重载为友元函数。先定义了“>”运算符重载函数(Line 22)，“<”运算符重载函数是通过调用“>”运算符重载函数实现的(Line 26)。由于“>”运算符重载函数功能简单(只有一条语句)，没有充分体现出“<”运算符重载函数调用“>”运算符重载函数的优势，但是这种编程思想是值得读者借鉴的。

4.3.4 下标运算符的重载

通常使用下标法访问数组的元素，基本格式是“数组名[下标]”，而“[]”称为下标运算符。在自定义类中也可以重载“[]”运算符，其目的主要有两个：一是“对象[下标]”使用方法更加符合习惯；二是在“[]”使用中增加下标的越界检查，可使“[]”运算符的使用更安全。

“[]”运算符重载的一般格式如下：

```
类型说明符 & operator[](参数);
```

“[]”运算符只能重载为类的成员函数，“[]”运算符只有一个操作数，是当前类的对象。“[]”运算符重载函数的调用者即为当前对象。参数有且只有一个，通常是整型变量，表示下标值。为了使“[]”运算符作为左值，函数返回值一般是左值引用。

类 string 是 C++ 语言为我们提供的一个字符串类模板，类 string 重载了下标运算符，基本格式如下：

```
s[index];
```

其功能是返回下标为 index 的元素的引用。例如：

```
string s{"china"};
cout <<s[0] <<endl;        //输出 c
```

但是,类 string 中下标运算符重载函数没有对下标越界进行检查。

下面我们定义类 String,模拟类 string,在类 String 中重载“[]”运算符,并对下标越界进行检查。

【例 4-8】

```
#include <iostream>
#include <cstring>
using namespace std;
class String
{
public:
    String(const char * );                    //用字符串常量构造一个类 String 对象
    char& operator[](int);
    ~String(){delete[] str;}
    friend ostream& operator<< (ostream&, const String&);
    int length(){return strlength;}
private:
    char* str;
    int strlength;
};
String::String(const char * s)
{
    int len =strlen(s);                       //求字符串 s 的长度
    str =new char[len];                       //为 str 分配内存
    strcpy(str, s);
    strlength =len;
}
char& String::operator[](int index)
{
    static char temp;
    temp ='\0';
    if(index >=strlength || index <0)  //下标越界判断
    {
        cout <<"数组下标越界!请检查下标值。" <<endl;
        return temp;                          //下标越界,返回空字符
    }
```

```
Line 32      return * (str +index);
Line 33  }
Line 34  ostream& operator<< (ostream& os, const String& s)
Line 35  {
Line 36      os <<s.str;
Line 37      return os;
Line 38  }
Line 39  int main()
Line 40  {
Line 41      String s("china");
Line 42      cout <<"字符串长度:" <<s.length() <<endl;
Line 43      s[0] ='C';
Line 44      cout <<s <<endl;
Line 45      s[5] ='b';                              //下标越界
Line 46      cout <<s[5] <<endl;
Line 47      return 0;
Line 48  }
```

程序运行结果如图 4-10 所示。

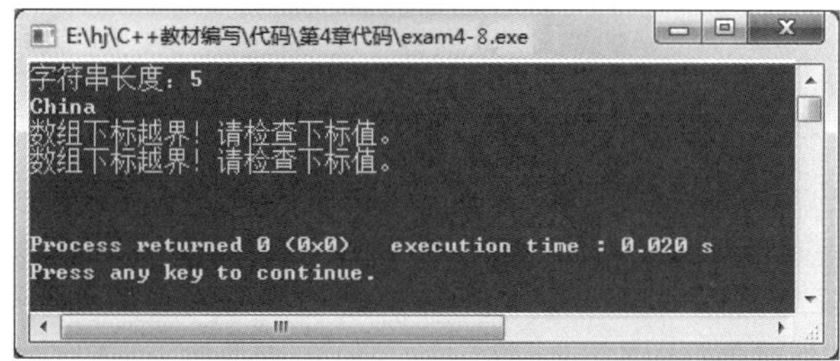

图 4-10　例 4-8 程序运行结果

运算符"[]"重载函数的功能是返回 String 类型对象的一个字符。例如，s[1]返回对象 s 中下标为 1 的字符。为了使"[]"重载函数作为左值，"[]"重载函数返回一个左值引用(Line 8)。例如，Line 43 的"s[0] = 'C';"是正确的。但是，如果"[]"重载函数声明如下：

```
char operator[](int);
```

那么"s[0] = 'C';"是错误的，语法错误提示：

```
error: lvalue required as left operand of assignment
```

Line 25 声明的静态局部变量 temp 有什么作用呢？由于"[]"重载函数返回左值引用，因此声明一个局部变量 temp，当下标越界时返回一个空字符串(用变量 temp 表示)。如果不用关键字 static 声明为静态变量，那么 temp 是一个动态局部变量。当函数调用结束后，函数内的动态局部变量也随之消失，这会导致函数返回值引用一个已经不存在的变量。这是函数返回值为左值引用时尤其需要注意的问题。如果省略关键字 static(Line

25)，编译器将给出警告：

```
warning: reference to local variable 'temp' returned [-Wreturn-local-addr]
```

大意是：引用一个局部变量 temp 作为返回值。如果忽略警告继续运行程序，将导致程序崩溃，如图 4-11 所示。

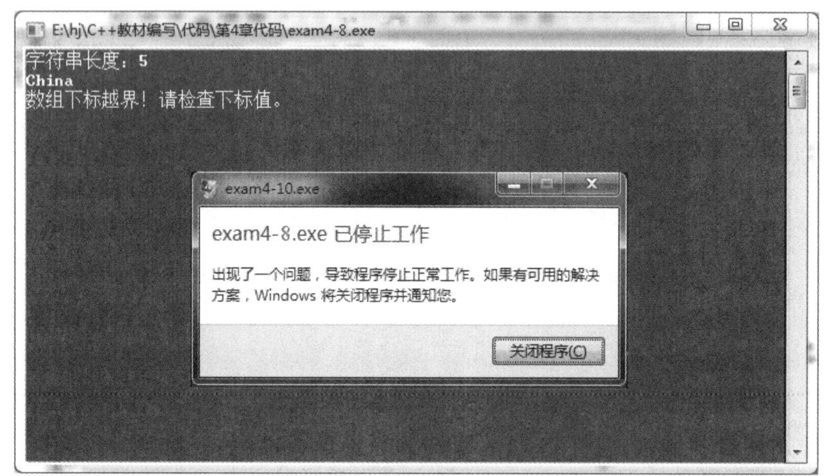

图 4-11　返回一个不存在的局部变量导致程序崩溃

Line 26 将 temp 赋值为空字符串又是什么作用呢？去掉 Line 26，直接在 Line 25 声明 temp 时赋初始值为空字符串不可以吗？首先明确两个问题：一是静态局部变量即使不赋初始值，编译器仍然为其赋值，字符型的默认值为 0，即空字符串；二是从第二次调用函数开始，编译器不重新为静态局部变量分配空间及初始化，而是使用上次函数调用后的值。所以，如果不为 temp 重新赋值(省略 Line 26)，将导致程序出错，如图 4-12 所示。

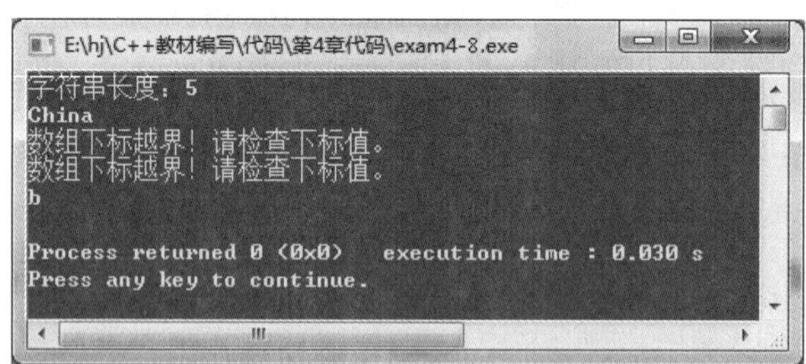

图 4-12　省略 Line 26 代码后的程序运行结果

接下来，我们分析程序最后输出的字母 b 是怎么来的。字符串 s 的初始值是"china"(Line 41)，Line 42 输出字符串长度为 5。Line 43 第一次调用“[]”运算符重载函数为 s 的第一个字符重新赋值为 C，编译器为静态变量 temp 分配空间并初始化为空字符。紧接着调用运算符“<<”重载函数输出字符串的值 China(Line 44)。Line 45 第二次调用“[]”运算符重载函数，形参接收实参的值，index=5，Line 27 条件成立(index >= strlength)，输出“数组下标越界！请检查下标值。”(Line 29)，然后返回 temp。因为 Line 45 的代码是“s[5] = 'b';”，而 s[5]返回的是 temp 的引用，所以 Line 45 相当于 temp = 'b'，即 temp 变量的值被赋值为'b'。然后执行 Line 46，输出 s[5]，第三次调用“[]”运算符重载函数，参数 index=5，Line 27 条件成立，返回 temp，此时 temp 的值仍然使用以前的值'b'。所以，输出的结果是'b'。

4.3.5 函数调用运算符的重载

可以把运算符“()”重载到自定义类，使得类对象可以像调用函数一样使用运算符“()”。“()”称为函数调用运算符，而相应类对象可以称为函数对象(Function Object)，有时也称为函数符(Functor)。运算符“()”必须重载为类的成员函数。例 4-9 定义了一个线性函数族 y＝ax＋b，参数 a、b 唯一确定一个线性函数。

【例 4-9】

```
#include <iostream>
using namespace std;
class Linear
{
public:
    Linear(double a, double b):dA(a), dB(b){}
    double operator()(double x)
    {
        return dA * x +dB;
    }
private:
    double dA;
    double dB;
};
int main()
{
    Linear f(2, 3);                          //定义线性函数 f(x) =2x +3
    double x =2;
    cout <<"f(" <<x <<")=" <<f(2) <<endl;
    return 0;
}
```

程序运行结果如图 4-13 所示。

图 4-13 例 4-9 程序运行结果

Line 17 声明了 Linear 类型的对象 f，Linear 的构造函数接收两个 double 类型的参数，初始化数据成员 dA 和 dB。在 Line 19 中，f(2)的本质是对象 f 调用“()”运算符重载函数(Line 7)，而实参 2 传递给形参变量 x。f(2)很“像”是函数的调用：函数名是 f，参数是 2。我们把这种具有函数行为的对象称为函数对象，函数对象在 STL 中有着广泛的应用。

4.4 类的转换

在使用内置数据类型时，如果数据类型不一致但兼容，编译器可以进行自动类型转换。例如：

```
float x =3;                //整数 3 自动转换为 float 类型，x 的值是 3.0
int y =3.14;               //浮点型 3.14 自动转换为 int 类型，y 的值是 3
```

编译器能够为标准数据类型完成数据类型的转换。那么，如果是自定义数据类型，又该如何实现数据类型的转换呢？接下来我们考虑两个问题：其他数据类型的数据能否转换成当前类对象？当前类对象能否转换成其他数据类型的数据？

4.4.1 类型转换构造函数

构造函数的功能是初始化类对象，为对象的数据成员赋初始值。如果构造函数只需一个参数，而且不是当前类类型的参数，则该构造函数称为类型转换构造函数(Converting Constructor)，因为它形式上完成了从一种其他类型的数据转换成当前类对象的操作。但是，需要为编译器指定转换的规则，定义类型转换构造函数。下面编写程序，把整数 n(int n)转换为 Time 类型的对象 t，t 是从 0:0:0 开始第 n 秒所对应的时间。

【例 4-10】

```
#include <iostream>
using namespace std;
class Time
{
public:
    Time(int=0);
    void showTime();
private:
    int nHour;
    int nMinute;
    int nSecond;
};
Time::Time(int sec)
```

```
Line 14  {
Line 15      sec = sec % (24 * 3600);          //以一天为一个循环单位
Line 16      nHour = sec / 3600;
Line 17      sec %= 3600;
Line 18      nMinute = sec / 60;
Line 19      nSecond = sec % 60;
Line 20  }
Line 21  void Time::showTime()
Line 22  {
Line 23      cout << nHour << ":" << nMinute << ":" << nSecond << endl;
Line 24  }
Line 25  int main()
Line 26  {
Line 27      int n = 150;
Line 28      Time t = Time(n);
Line 29      cout << "从 0:0:0 起,第" << n << "秒的时间:" << endl;
Line 30      t.showTime();
Line 31      return 0;
Line 32  }
```

程序运行结果如图 4-14 所示。

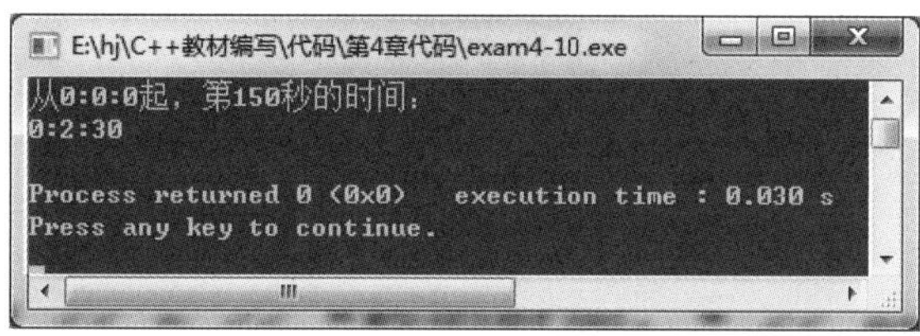

图 4-14 例 4-10 程序运行结果

Line 28 代码从形式上看是一种强制类型转换：把整数 n 强制转换成 Time 类型。事实上，这是显式调用类 Time 的构造函数(Line 13)实例化对象。也可以采用自动类型转换(或隐式类型转换)的形式把一个整数转换成 Time 类型，Line 28 代码可以改为"Time t = n;"。

编译器在什么时候将调用 Time(int)函数呢？归纳起来有以下几种情况。

(1) 用 int 类型值初始化 Time 类型对象时，如"Time t = 100;"。

(2) 用 int 类型值为 Time 类型对象赋值时，如"Time t; t = 100;"。

(3) 将 int 类型值传递给接收 Time 类型参数的函数时。

(4) 返回值声明为 Time 类型，但函数返回 int 类型值时。

(5) 在上述任意一种情况下，使用与 int 类型兼容可自动转换为 int 类型的内置类型时，如"Time t = 100.5;"。

类型转换构造函数的参数可以是其他任意类型，实现从参数类型到自定义类型的转换，只要程序员定义转换规则且有意义即可。

4.4.2 类型转换函数

转换构造函数可以实现从参数类型到自定义类型的转换；反之，如何把一个自定义类型转换成其他类型呢？C++ 语言提供的类型转换函数(Type Conversion Functions)可以实现这样的要求。

类型转换函数也称类型转换运算符重载函数，其语法格式如下：

```
operator 类型说明符();
```

例如，定义 Time 类型到 int 类型的转换，类型转换函数声明如下：

```
operator int();
```

在 operator 前面没有任何类型说明符，函数没有任何参数。事实上，函数返回值的类型已经确定，就是 operator 后面的类型说明符。类型转换函数转换的主体是类对象，且类型转换函数只能作为类的成员函数，所以类型转换函数不需要任何参数。

编写程序，把 Time 类型的对象 t 转换成整数 n，n 表示 t 与 0:0:0 相差的秒数。

【例 4-11】

```
#include <iostream>
using namespace std;
class Time
{
public:
    Time(int =0, int =0, int =0);
    operator int();
    void ShowTime();
private:
    int nHour;
    int nMinute;
    int nSecond;
};
Time::Time(int h, int m, int s):nHour(h), nMinute(m), nSecond(s)
{
}
Time::operator int()
{
    return nHour * 3600 +nMinute * 60 +nSecond;
}
void Time::showTime()
{
```

```
Line 23      cout <<nHour <<":" <<nMinute <<":" <<nSecond;
Line 24  }
Line 25  int main()
Line 26  {
Line 27      Time t(1, 3, 5);
Line 28      int n =int(t);
Line 29      t.ShowTime();
Line 30      cout <<"与 0:0:0 相隔" <<n <<"秒" <<endl;
Line 31      return 0;
Line 32  }
```

程序运行结果如图 4-15 所示。

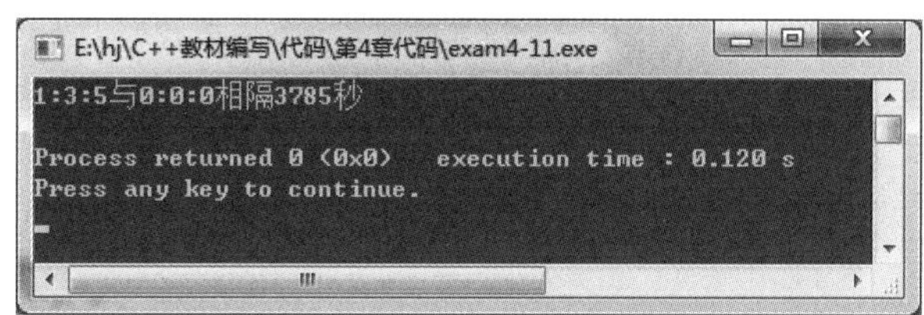

图 4-15　例 4-11 程序运行结果

Line 28 从形式上看是一种强制类型转换：把 Time 类型强制转换成 int 类型。Line 28 代码也可以改为“int n = t;”，这是一种隐式类型转换，调用 operator int()函数实现 Time 类型到 int 类型的转换。

下面看一条很有意思的语句，如果将 Line 30 代码改为“cout << "与 0：0：0 相隔" << t << "秒" << endl;”也是正确的。原本我们并未在 Time 类中重载运算符“<<”，这条语句居然通过了编译并且好像输出了我们预想的结果。这是因为 cout 可以输出标准数据类型 int 型数据，当用 cout 输出 Time 类型数据时，由于 Time 中没有重载运算符“<<”，但是编译器发现有类型转换函数，通过类型转换函数可以把 Time 类型转换成 int 类型，因此编译器就“好心”地帮我们进行了类型转换。

用类型转换构造函数实现自动类型的转换看上去是一项不错的特性。然而，这种自动类型转换并非总是合乎需要的，有时会导致意外的类型转换。如果程序员不希望这种类型转换隐式地发生，只要在类型转换构造函数前加上关键字 explicit 即可。这时，只允许进行强制类型转换而不能进行自动类型转换。

例如，例 4-10 的 Line 6 代码最前面加上关键字 explicit，即

```
explicit Time(int=0);
```

则

```
Time t =n;                 //n 是一个整数，如 n =100
```

是语法错误，必须改为“Time t = Time(n);”才是正确的。

同样,对于类型转换函数也能够实现自动类型转换。如果不希望程序进行这种自动类型转换,可以使用如下两种方法解决。

方法一:在类型转换函数前面加关键字 explicit。例如,在例 4-11 的 Line 7 代码最前面加关键字 explicit,则 Line 28 代码就不能写成“int n = t;”,同样,“cout << "与 0:0:0 相隔" << t << "秒" << endl;”也是错误的。语法错误提示如下:

```
error: cannot convert 'Time' to 'int' in initialization
```

方法二:设计一个与类型转换函数功能相同的成员函数(不是类型转换函数),只有当该成员函数被显式调用时才能完成类型转换。例如,为 Time 类定义成员函数 toInt(),把 Time 类型对象转换为整数:

```
int toInt();                          //自定义函数,Time 类型转换为 int 类型
int Time::toInt()                     //Time 类型转换为 int 类型
{
    return nHour * 3600 +nMinute * 60 +nSecond;
}
```

小　　结

“一国两制”是中国特色社会主义的伟大创举,是香港、澳门回归后保持长期繁荣稳定的最佳制度安排,必须长期坚持。运算符重载可类比于“一国两制”的精神,使用统一的运算符,执行了两种不同的功能。恰如在一个中国的前提下,香港、澳门等行政区域采取与大陆不同的制度。习惯成自然。好习惯可以成就一个人,同样,坏习惯也能毁掉一个人。运算符重载的本质是函数重载。例如,虽然 add(a, b)能够实现 a 与 b 相加的运算,但我们还是习惯使用 a+b 计算 a 与 b 的和。

运算符重载的基本格式及规则要求我们在重载运算符时也要保持平时的习惯,不要随便改变运算符的意义。运算符重载为类的成员函数还是友元函数,这是“仁者见仁,智者见智”的问题,同样也是习惯的问题。例如,多数人把关系运算符重载为友元函数,如果非要特立独行也并非不可,只是不符合大众习惯。当然,有些运算符必须重载为成员函数或者重载为友元函数,这种规则必须遵守,即使“不习惯”。

第5章 类继承

开发大型项目时使用已有的代码可以节省开发时间，提高开发效率。更重要的是，使用经过测试的代码远比重新编写代码要安全得多，程序员只需专注于程序的整体策略而无须考虑过多的实现细节。使用已有代码开发程序的过程称为代码重用，而C++语言中的继承(Inheritance)机制为代码重用提供了技术支持。

假设我们已经设计了Student类，包含学号、姓名、年龄、考试成绩等属性，实现了Student类的常用功能，包括统计学生的平均年龄、按考试成绩进行排序等。现在，程序员需要设计一个大学生类Undergraduate，有两种途径可选。

一是从头开始设计类Undergraduate，包含学号、姓名、年龄、学院、专业、考试成绩等属性，设计函数统计学生的平均年龄、按考试成绩进行排序、计算绩点成绩等功能。

二是借助C++语言中的类继承机制，以现有类Student为基础，扩展新属性及新功能，形成新类Undergraduate。

毫无疑问，第二种方法更为高效、简洁。

5.1 继承的概念

C++语言中"继承"机制是实现代码重用的一种手段。继承就是在现有类的基础上建立新类，即新类从已有类中得到属性和行为，并且允许在新类中添加新的属性及行为，扩展新类的功能。其中，已有类称为父类或基类，新创建的类称为子类或派生类。

派生类的定义格式如下：

```
class 派生类名称 : 继承方式 基类1, 继承方式 基类2, ..., 继承方式 基类n
{
    派生类成员声明;
};
```

如果只有一个基类，则这种继承方式称为单继承；如果有多个基类，则相应的继承方式称为多重继承。

例如，类Student声明如下：

```
class Student
{
public:                                    //公有访问权限
    Student(const string& ="", double* =nullptr);
```

```
    void ShowInfo();
private:                              //私有访问权限
    string strName;                   //描述学生的姓名
    double* pScore;                   //描述学生的成绩
};
```

下面定义类 Undergraduate，描述大学生类。通过公有继承的方式用类 Student 派生出类 Undergraduate，为新类添加院系和专业属性，例如：

```
class Undergraduate : public Student
{
public:
    double GradePoint();              //新增成员函数,计算学分绩点
private:
    string strDepartment;             //新增属性,院系
    string strMajor;                  //新增属性,专业
};
```

新类 Undergraduate 称为子类，由父类 Student 派生，类 Undergraduate 继承了父类的除构造函数和析构函数之外的所有成员。此时，类 Undergraduate 有六个成员，其中三个成员继承自父类(成员函数 ShowInfo()，数据成员 strName、pScore)，新添加了三个成员。子类只有添加新的成员才能体现出子类的新特性，体现了对父类功能的扩展。

在使用类的继承时要注意以下几个问题。

(1) 基类的构造函数、析构函数、赋值运算符重载函数不能被子类继承。

在默认情况下，基类的构造函数不能被子类继承，但是 C++ 11 新增了一种能够继承构造函数的机制，稍后的 5.3.2 小节再讨论该问题。在上述示例中，类 Undergraduate 不能继承类 Student 的构造函数。创建派生类对象时，先调用基类的构造函数完成对从基类继承的数据成员的初始化，然后调用派生类的构造函数完成对新增数据成员的初始化。在释放派生类对象时，首先调用派生类的析构函数，然后调用基类的析构函数。

父类的赋值运算符不能被子类继承的原因是赋值运算符的形参是父类类型，它与子类赋值运算符的形参不同，而且被赋值的数据成员也不完全相同。

(2) 子类继承基类中除了构造函数、析构函数和赋值运算符重载函数之外的所有成员，子类不能选择性地继承父类的某些成员而舍弃其他成员。

该特性要求我们在设计基类时要慎重，应选择小而精的类作为基类。试想一下，如果基类有很多数据成员，是一个庞大臃肿的类，子类在继承父类的成员时不能选择性继承，即使父类的某些成员对子类来说是无用的，派生类对象也必须为它们分配存储空间、传递参数。事实上，有些类是专门作为基类而设计的，在设计时已充分考虑到派生类的要求。

(3) 派生类中可以添加新成员，实现新的功能，保证了派生类的功能在基类基础上的扩展。

在添加新成员时，新成员名通常与基类中继承的成员名不同。但是，这种不同并不是强

制性的要求，即派生类中新增成员的名字可以与基类中的成员名字相同。这时，我们称派生类的新增成员“隐藏(Hide)”了基类的同名成员。

(4) 多个派生类可以继承自同一个基类。

如图 5-1 所示[①]，派生类 B 和 C 均由基类 A 派生，对于派生类 B 和 C 来说，它们都是单继承自基类 A。

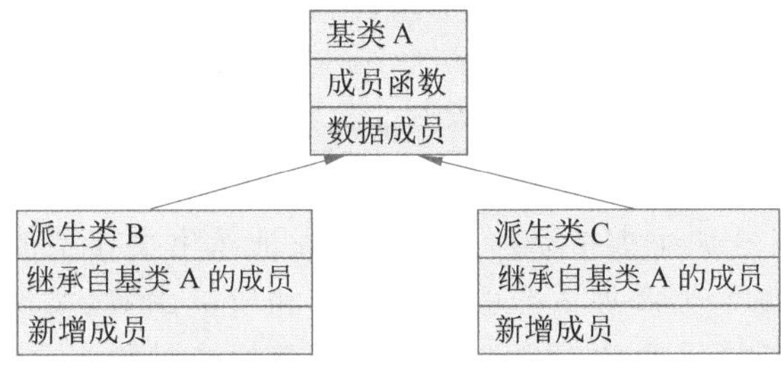

图 5-1　派生类 B 和 C 单继承自基类 A

(5) 多重继承是指派生类继承自两个以上的基类。如图 5-2 所示，派生类 C 由基类 A 和 B 共同派生。

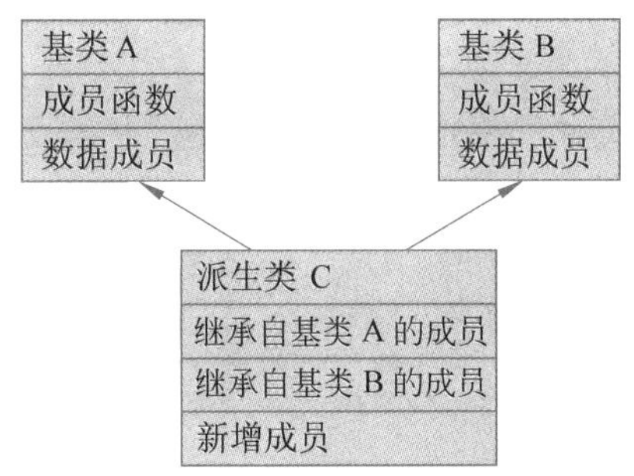

图 5-2　派生类 C 由基类 A 和 B 共同派生

(6) 派生类可以继续作为基类派生出新的类，形成类的层次结构。如图 5-3 所示，A 是基类，A 派生出类 B，B 再作为基类派生出类 C。A 称为 B 的直接基类，B 称为 C 的直接基类，A 称为 C 的间接基类。相应地，B 称为 A 的直接派生类，C 称为 B 的直接派生类，C 称为 A 的间接派生类。

图 5-3　由继承形成的层次结构

派生类的设计通常包括以下二个步骤。

(1) 吸收基类成员。继承是为了实现代码重用，除了基类的构造函数、析构函数和赋值运算符重载函数外，派生类全盘继承了基类的其他成员。

① 本书用有方向的箭头表示继承关系，由派生类指向基类。

(2) 改造基类成员。派生类对基类成员的继承是没有选择权的,只能全盘接收基类成员,即使基类成员不适用于派生类。但是,C++ 语言给了派生类“改正”的机会,允许对基类成员进行“改造”。对基类成员的改造包括两种途径:一是通过继承方式改变基类成员在派生类中的访问权限,如基类的公有成员通过私有继承后在派生类中成为私有成员;二是在派生类中定义与基类成员同名的新成员,隐藏基类的同名成员,“改写”新成员的意义和功能。例如,基类 Shape 中有成员函数 Perimeter()计算图形的周长,定义为图形的各条边之和。派生类 Circle 继承了基类 Shape 的成员函数 Perimeter(),但是它不适用于计算圆的周长。这时就需要在类 Circle 中重新定义 Perimeter()函数,改写 Perimeter()函数的功能。

(3) 添加新成员。在派生类中添加新成员是保证派生类在功能上有所发展的关键,应该根据实际情况为派生类添加适当的数据成员和成员函数,实现新功能。例如,定义派生类的构造函数与析构函数为对象的数据成员赋值或对象生命周期结束前完成必要的清理工作。

5.2 继承方式

派生类对基类的继承方式有三种,分别用三个关键字表示:public(公有继承)、private(私有继承)和 protected(保护继承)。不同的继承方式规定了基类中的成员在派生类中的访问权限。

首先明确以下两个问题:一是基类对象不能访问派生类中的新增成员;二是派生类对象对派生类中新增成员的访问方式、基类对象对基类中成员的访问方式,这些内容在第 4 章已经详细讨论过了,这里不再赘述。

接下来我们详细讨论以下两个问题。

(1) 派生类新增成员函数对从基类继承来的成员的访问权限。

(2) 派生类对象对从基类继承来的成员的访问权限。

5.2.1 公有继承

公有继承是指用关键字 public 声明的继承方式。公有继承的派生类定义格式如下:

```
class 派生类名 : public 基类名
{
    派生类新增成员;
};
```

按照访问权限把基类成员划分为四类:public 成员、protected 成员、private 成员和不可访问成员。其中,不可访问成员是指无论在类的成员函数中还是在类外均不可访问的成员。不可访问成员与 private 成员的区别是,private 成员可在类的成员函数内部访问,但在类外不可访问。不可访问成员是在类的派生过程中形成的,在非派生类中不存在不可访问成员。公有继承对基类成员访问权限的控制如表 5-1 所示。

表 5-1 公有继承对基类成员访问权限的控制

基 类 成 员	派生类成员	基 类 成 员	派生类成员
public 成员	public 成员	private 成员	不可访问成员
protected 成员	protected 成员	不可访问成员	不可访问成员

【例 5-1】

```
#include <iostream>
#include <string>
using namespace std;
class BaseA
{
public:
    BaseA(){nProtected =1; strName ="BaseA";}
    void PrintStar()
    {
        cout <<"**********" <<endl;
    }
protected:
    int nProtected;                      //受保护数据成员
    string GetName()                     //受保护成员函数
    {
        return strName;
    }
private:
    string strName;                      //私有数据成员
};
class DerivedB : public BaseA            //公有继承
{
public:
    void PrintInfo()                     //新增成员函数
    {
        //cout <<strName <<endl;  //错误,基类的私有成员在派生类中不可访问
        cout <<"strName: " <<GetName() <<endl;
            //正确,基类的 protected 成员在派生类中仍然是 protected 成员
        cout <<"nProtected: " <<nProtected <<endl;
            //正确,protected 成员可以在类的成员函数中访问
    }
private:
    bool bFlag;
};
```

```
Line 33  int main()
Line 34  {
Line 35      BaseA objA;              //声明基类对象 objA
Line 36      objA.PrintStar();        //正确,基类对象调用基类的 public 成员函数
Line 37      //objA.PrintInfo();
                     //错误,基类对象不可调用派生类中的新增成员,即使是 public 成员函数
Line 38      DerivedB objB;           //声明派生类对象 objB
Line 39      objB.PrintStar();        //正确,派生类对象调用继承自基类的函数 PrintStar()
Line 40      objB.PrintInfo();        //正确,派生类对象调用派生类新增成员
Line 41      return 0;
Line 42  }
```

程序运行结果如图 5-4 所示。

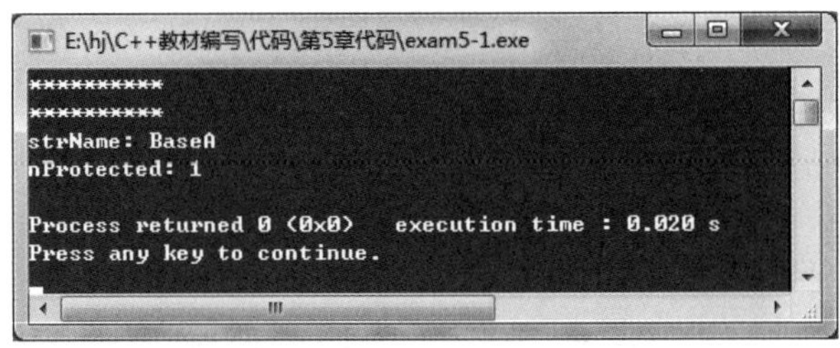

图 5-4　例 5-1 程序运行结果

基类 BaseA 中有三个成员函数(public 成员函数 BaseA()和 PrintStar()、protected 成员函数 GetName())、两个数据成员(protected 数据成员 nProtected 和 private 数据成员 strName),派生类 DerivedB 中有三个成员函数,其中两个成员函数(public 成员函数 PrintStar()和 protected 成员函数 GetName())继承自基类 BaseA,还有一个新增成员函数(public 成员函数 PrintInfo())。派生类 DerivedB 中还有三个数据成员,其中两个数据成员(nProtected 和 strName)继承自基类 BaseA,另一个是新增数据成员(bFlag)。派生类和基类成员之间的继承关系如图 5-5 所示。

基类对象对派生类新增成员是不可访问的,即使是派生类的 public 属性的新增成员(Line 37)。派生类对象可以在派生类外访问基类的 public 成员(Line 36),可以在派生类内访问基类的 public 成员和 protected 成员(Line 27 和 Line 28)。基类中的 private 成员在派生类中是不可访问的,不管是派生类内还是类外都不可访问(Line 26)。其中,Line 37 的语法错误提示如下:

```
error: 'class BaseA' has no member named 'PrintInfo'
```

大意是:BaseA 基类中没有名字是 PrintInfo 的成员。

Line 26 的语法错误提示如下:

```
error: 'std::__cxx11::string BaseA::strName' is private
```

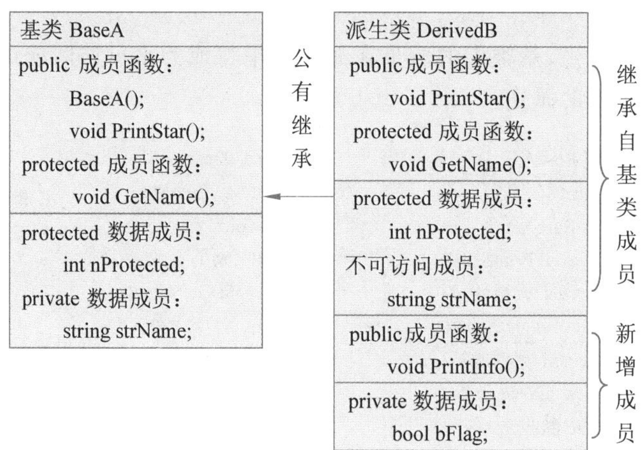

图 5-5 公有继承的派生类和基类成员之间的继承关系

大意是：基类 BaseA 的成员 strName 是私有的。

基类中的保护成员 nProtected 和私有成员 strName 在基类中的访问方式是一样的，都只能在类内访问；在公有派生类中的访问方式是有区别的：保护成员 nProtected 可在派生类的成员函数中访问，而私有成员 strName 在派生类中是不可访问成员。所以，如果一个类中存在 protected 成员，那么几乎可以肯定的是，这个类将会作为基类。

5.2.2 私有继承

私有继承是指用关键字 private 声明的继承方式。私有继承的派生类定义格式如下：

```
class 派生类名 : private 基类名
{
    派生类新增成员;
};
```

基类中 public 成员和 protected 成员私有继承到派生类中都成为 private 成员，而基类中的 private 成员和不可访问成员在派生类中是不可访问成员。私有继承对基类成员访问权限的控制如表 5-2 所示。

表 5-2 私有继承对基类成员访问权限的控制

基 类 成 员	派生类成员	基 类 成 员	派生类成员
public 成员	private 成员	private 成员	不可访问成员
protected 成员	private 成员	不可访问成员	不可访问成员

例如，如果修改例 5-1 的 Line 21，把 public 改为 private，则 Line 39 代码是错误的。因为 PrintStar()函数通过私有继承之后在派生类中的访问属性变为 private，成为私有成员，而私有成员不能在类外直接访问。

通过私有继承，基类的 public 成员和 protected 成员在派生类中都成为 private 成员（见

图 5-6)。在类的多层次继承中,私有继承的派生类通常不会再作为基类继续派生出新的派生类。即使再进一步派生,基类中的成员在派生类中将成为不可访问成员,实际上相当于终止了基类功能在子类中的派生。

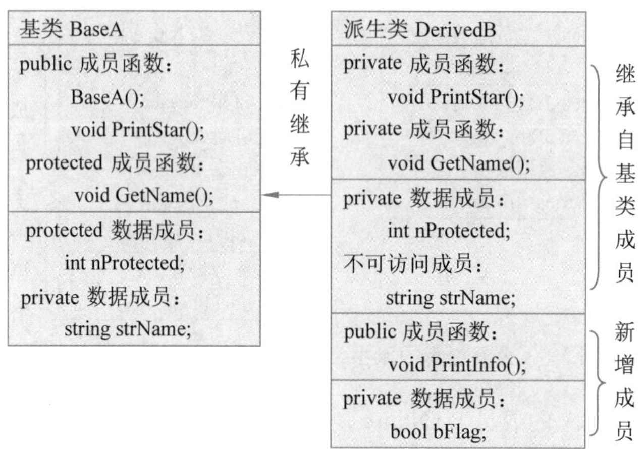

图 5-6 私有继承的派生类和基类成员之间的继承关系

5.2.3 保护继承

保护继承是指用关键字 protected 声明的继承方式。保护继承的派生类定义格式如下:

```
class 派生类名 : protected 基类名
{
    派生类新增成员;
};
```

基类中 public 成员和 protected 成员保护继承到派生类中都成为 protected 成员,而基类中的 private 成员和不可访问成员在派生类中是不可访问成员。保护继承对基类成员访问权限的控制如表 5-3 所示。

表 5-3 保护继承对基类成员访问权限的控制

基类成员	派生类成员	基类成员	派生类成员
public 成员	protected 成员	private 成员	不可访问成员
protected 成员	protected 成员	不可访问成员	不可访问成员

如果修改例 5-1 的 Line 21,把 public 改为 protected,则 Line 39 代码是错误的。因为 PrintStar()函数通过保护继承之后在派生类中的访问属性变为 protected,成为受保护成员,这种成员不能在类外直接访问。

综上所述,C++ 语言中关于类的继承方式对基类成员访问权限的控制如表 5-4 所示。

表 5-4　类的继承方式对基类成员访问权限的控制

基类成员	公有继承后	私有继承后	保护继承后
public 成员	public 成员	private 成员	protected 成员
protected 成员	protected 成员	private 成员	protected 成员
private 成员	不可访问成员	不可访问成员	不可访问成员
不可访问成员	不可访问成员	不可访问成员	不可访问成员

从表 5-4 可以看出，基类中的 private 成员及不可访问成员到派生类中之后永远成为不可访问成员，这恰恰反映了类的封装与数据隐藏特性。如果不希望在类外访问数据成员，但希望在派生类中访问，那么把这种数据成员声明为 protected 即可。这三种继承方式中，public 公有继承使用最频繁，因为它保持了基类成员的原有访问属性。

5.3　改造派生类

程序员可以根据需要对派生类加以改造，添加新成员或修改从基类继承的成员，包括定义派生类构造函数及析构函数、隐藏基类的同名成员等。

5.3.1　派生类构造函数

构造函数的功能是初始化类中的数据成员。在默认情况下，派生类不能继承基类的构造函数，所以程序员需要自定义派生类的构造函数，完成派生类中数据成员的初始化。派生类中的数据成员包括两部分：一部分是从基类继承来的；另一部分是派生类新增加的。基类中的数据成员通常是具有 private 属性的私有成员，而私有成员在派生类中成为不可访问成员，不能在派生类中直接访问。所以，从基类继承来的数据成员的初始化工作必须由基类的构造函数完成，派生类中新增加的数据成员在派生类的构造函数中完成初始化。综上所述，派生类的构造函数有两个任务：一是调用基类的构造函数完成基类数据成员的初始化；二是初始化新增数据成员。

通常，派生类构造函数的定义格式如下：

```
派生类名::派生类构造函数名(参数列表) : 基类构造函数名(参数列表)
{
    派生类中新增数据成员初始化语句;
}
```

需要对派生类构造函数做以下几点说明。

(1) 基类构造函数必须以参数列表初始化方式调用，即必须在上述定义格式的指定位置调用。

(2) 派生类中新增数据成员初始化的位置可以变化，既可以在函数体中初始化，也可以通过参数列表初始化方式初始化。

(3) 如果基类的构造函数都是默认构造函数,不需要参数,那么派生类的构造函数可以不调用基类构造函数。在这种情况下,如果派生类也不需要初始化新增数据成员,那么不用定义派生类的构造函数。

(4) 如果基类定义了带参数的构造函数,那么必须为派生类定义构造函数,即使派生类不需要初始化新增数据成员。

(5) 构造函数的形参列表中包含两部分参数,一是传递给基类构造函数的参数;二是为新增数据成员初始化的参数。

(6) 即使在派生类构造函数中可以访问基类的数据成员(如公有继承基类的 public 数据成员或 protected 数据成员),也不推荐在派生类的构造函数中直接为它们初始化,仍然调用基类的构造函数进行初始化。这样做的目的是减少类间的耦合,更方便对类进行扩展。

【例 5-2】

```
#include <iostream>
#include <string>
using namespace std;
class Student                                        //基类
{
public:
    Student(const string&, const string&);           //声明构造函数
    string GetNum(){return strNum;}
    string GetName(){return strName;}
private:
    string strNum, strName;                          //描述学生的学号和姓名
};
Student::Student(const string& number, const string& name)
{
    cout <<"Student constructor is called..." <<endl;
    strNum =number;
    strName =name;
}
class Undergraduate : public Student                 //公有继承
{
public:
    Undergraduate(const string&, const string&, const string&);
    void ShowInfo();
private:
    string strMajor;                                 //专业信息
};
Undergraduate::Undergraduate (const string& number, const string& name,
  const string& major) : Student(number, name)
{
    cout <<"Undergraduate constructor is called..." <<endl;
```

```
Line 30       strMajor =major;
Line 31   }
Line 32   void Undergraduate::ShowInfo()
Line 33   {
Line 34       cout <<"学号:" <<GetNum()  <<endl
Line 35            <<"姓名:" <<GetName() <<endl
Line 36            <<"专业:" <<strMajor  <<endl;
Line 37   }
Line 38   int main()
Line 39   {
Line 40        Undergraduate s ("2019416001", "Kevin", "Computer Science and
                 Technology");
Line 41       s.ShowInfo();
Line 42       return 0;
Line 43   }
```

程序运行结果如图 5-7 所示。

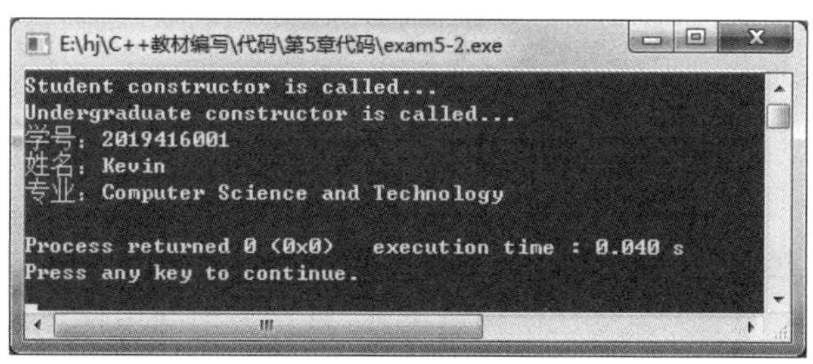

图 5-7　例 5-2 程序运行结果

基类 Student 的构造函数需要两个参数，那么必须定义派生类 Undergraduate 的构造函数，其中包含三个参数，前两个参数传递给 Student 的构造函数(Line 27)，number 和 name 在 Undergraduate 的构造函数中是形参，在调用 Student 构造函数时是实参，不能再加类型声明。输出学生的信息时，strNum 和 strName 是 Student 的私有成员，在派生类的成员函数 ShowInfo()中是不可访问的，只能通过 Student 对外提供的接口 GetNum()和 GetName()函数访问它们(Line 34 和 Line 35)；strMajor 是派生类 Undergraduate 新增加的成员，它可以直接在其成员函数 ShowInfo()中访问。

另外，从图 5-7 可以看出，创建派生类对象时，先调用基类的构造函数为基类数据成员赋值，然后才调用派生类构造函数为新增数据成员赋值。

5.3.2　继承基类构造函数

当基类的构造函数使用一个或多个参数时，必须为派生类定义构造函数，调用基类的构造函数初始化基类的数据成员。如果派生类没有新增数据成员，此时派生类构造函数的函数体可能为空。即使这样，如果基类定义了多个构造函数，派生类中也要相应地定义多个构造函数。例如：

```
class Student
{
public:
    Student(const string& name):strName(name),cSex('M'), nAge(18){}
    Student(const string& name, char sex):strName(name), cSex(sex), nAge(18){}
    Student(const string& name, char sex, int age):strName(name), cSex(sex), nAge
      (age){}
private:
    string strName;
    char cSex;
    int nAge;
};
class Athlete : public Student                       //派生类 Athlete 公有继承自类 Student
{
public:
    Athlete(const string& name):Student(name){}
    Athlete(const string& name, char sex):Student(name, sex){}
    Athlete(const string& name, char sex, int age):Student(name, sex, age){}
    void ShowInfo(){cout <<"Hello" <<endl;}
};
```

基类 Student 重载了三个构造函数，都带有参数。派生类 Athlete 没有新增数据成员，但仍然需要为派生类 Athlete 定义三个构造函数，只是为了调用基类的构造函数初始化基类数据成员。这种操作显得很"笨拙"、不便捷。

C++ 11 提供了继承基类构造函数的方法，使得派生类中可以直接使用基类的构造函数。方法很简单，只需在派生类中用 using 声明，把基类的构造函数声明到派生类中即可。例如，修改派生类 Athlete 的定义如下：

```
class Athlete : public Student                       //派生类 Athlete 公有继承自类 Student
{
public:
    using Student::Student;
    void ShowInfo(){cout <<"Hello" <<endl;}
};
```

其中，语句"using Student::Student;"就是告诉编译器在派生类中引入 Student 类中的名字为 Student 的函数，即 Student 的构造函数。这样，派生类就继承了基类的构造函数，不需要为派生类定义构造函数了。

但是，如果派生类中有新增数据成员，并且需要为新增数据成员初始化，那么必须为派生类定义构造函数，并显式调用基类的构造函数，初始化基类数据成员。

另外，如果派生类有多个基类(属于多重继承，详见 5.4 节)，使用 using 声明基类的构造函数时可能会导致冲突。例如：

```
class BaseA
{
public:
    BaseA(int x){}
};
class BaseB
{
public:
    BaseB(int x){}
};
class DerivedC : public BaseA, public BaseB
{
public:
    using BaseA::BaseA;
    using BaseB::BaseB;
};
```

在派生类中用 using 引入两个基类的构造函数时出现语法错误：

```
error: 'DerivedC::DerivedC(int)' inherited from 'BaseB'
error: conflicts with version inherited from 'BaseA'
```

大意是：DerivedC::DerivedC(int)继承自 BaseB，与继承自 BaseA 的版本冲突。

基类 BaseA 和 BaseB 的构造函数都有一个 int 类型参数，这会导致派生类中重复定义相同类型的继承构造函数。此时，必须通过显式定义派生类的构造函数解决冲突。例如：

```
class DerivedC : public BaseA, public BaseB
{
public:
    DerivedC(int x):BaseA(x), BaseB(x){};
};
```

5.3.3　派生类析构函数

编译器自动为派生类提供析构函数。但是，有时必须为派生类定义析构函数，如回收派生类对象新增数据成员占用的内存空间时，必须定义派生类析构函数。

【例 5-3】

```
#include <iostream>
#include <string>
using namespace std;
class Student                                    //基类
```

```
{
public:
    Student(const string&, const string&);     //声明构造函数
    string GetNum(){return strNum;}
    string GetName(){return strName;}
    ~Student(){cout <<"Student destructor is called..." <<endl;}
private:
    string strNum, strName;                    //描述学生的学号和姓名
};
Student::Student(const string& number, const string& name)
{
    cout <<"Student constructor is called..." <<endl;
    strNum =number;
    strName =name;
}
class Undergraduate : public Student
{
public:
     Undergraduate(const string&, const string&, const string&, double, double);
    void ShowInfo();
    ~Undergraduate();
private:
    string strMajor;                           //专业信息
    double* pScore;                            //存储考试成绩
};
Undergraduate::Undergraduate(const string& number, const string& name, const string& major, double score0, double score1) : Student(number, name)
{
    cout <<"Undergraduate constructor is called..." <<endl;
    strMajor =major;
    pScore =new double[2];
    pScore[0] =score0;
    pScore[1] =score1;
}
Undergraduate::~Undergraduate ()
{
  cout <<"Undergraduate destructor is called..." <<endl;
  delete[] pScore;
}
void Undergraduate::ShowInfo()
{
    cout <<"学号:"    <<GetNum()   <<endl
          <<"姓名:"    <<GetName() <<endl
```

```
Line 47            <<"专业:"    <<strMajor   <<endl
Line 48            <<"C++:   "  <<pScore[0]  <<endl
Line 49            <<"数据库:"  <<pScore[1]  <<endl;
Line 50  }
Line 51  int main()
Line 52  {
Line 53      Undergraduate s("2019416001", "Kevin", "Computer Science and
               Technology", 82, 79);
Line 54      s.ShowInfo();
Line 55      return 0;
Line 56  }
```

程序运行结果如图 5-8 所示。

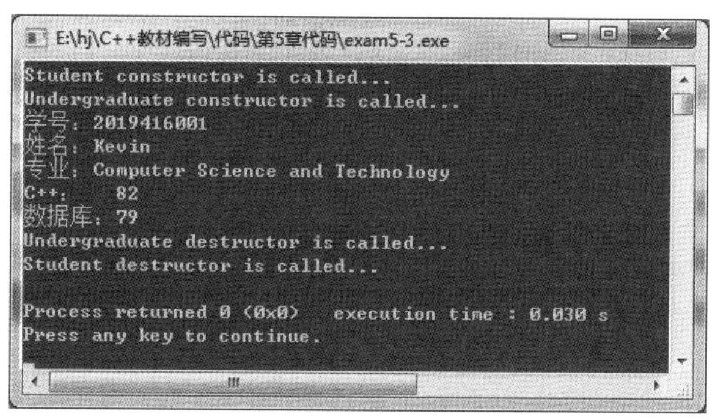

图 5-8　例 5-3 程序运行结果

派生类新增加了数据成员 pScore，并且在派生类的构造函数中为对象申请了内存空间(Line 34)，当对象生命周期结束时要回收对象占用的内存空间。所以，为派生类定义析构函数，在函数中用 delete 运算符回收内存空间(Line 41)。

从图 5-8 可以看出，创建派生类对象时先调用基类的构造函数，后调用派生类的构造函数；当派生类对象生命周期结束时，先调用派生类的析构函数，后调用基类的析构函数。

5.3.4　隐藏基类成员

从基类继承来的成员不一定适用于派生类，可以在派生类中重新定义不合适的成员。例如，类 Student 中有数据成员 strDegree，表示学生的年级。如果用类 Student 派生出一个博士类 Doctor，派生类中的 strDegree 再表示年级就不合适了，可以用它表示学位。同样，类 Student 的成员函数 Test()表示学生考试，通常是闭卷考试，但是对于博士生来说，通常是开卷考试。为了适应这种要求和变化，需要在类 Doctor 中重新定义 Test()函数。

在派生类中重新定义与基类同名成员时，派生类中的成员隐藏基类的同名成员，在派生类中对这些同名成员赋予了新的意义与功能。在派生类中重新定义基类同名成员，称为对基类成员的隐藏。

【例 5-4】

```
#include <iostream>
#include <string>
using namespace std;
class Student                                    //基类
{
public:
    Student(const string&, const string&);       //声明构造函数
    string GetNum(){return strNum;}
    string GetName(){return strName;}
    void Test(int);
private:
    string strNum, strName;                      //描述学生的学号和姓名
    string strDegree;                            //表示学生的年级
};
Student::Student(const string& number, const string& name)
{
    strNum =number;
    strName =name;
    strDegree ="first grade";                    //默认值是 first grade
}
void Student::Test(int n)
{
    cout <<"My God! 要考" <<n <<"门课!烤煳拉倒..." <<endl;
}
class Doctor : public Student
{
public:
    Doctor(const string&, const string&, const string&, const string&);
    void ShowInfo();
    void Test();
private:
    string strMajor;                             //专业信息
    string strDegree;                            //存储学位信息
};
Doctor::Doctor (const string& number, const string& name, const string&
  major, const string& degree) : Student(number, name)
{
    strMajor =major;
    strDegree =degree;
}
void Doctor::ShowInfo()
{
    cout <<"学号:" <<GetNum() <<endl
```

```
Line 43            <<"姓名:"    <<GetName()  <<endl
Line 44            <<"专业:"    <<strMajor  <<endl
Line 45            <<"学位:"    <<strDegree  <<endl;
Line 46  }
Line 47  void Doctor::Test()
Line 48  {
Line 49      cout <<"小 case 啦,是开卷考试^_^..." <<endl;
Line 50  }
Line 51  int main()
Line 52  {
Line 53      Doctor s("2019416001", "Ailsa", "Computer Science and Technology",
               "D.E.");
Line 54      s.ShowInfo();
Line 55      s.Test();
Line 56      s.Student::Test(3);
Line 57      return 0;
Line 58  }
```

程序运行结果如图 5-9 所示。

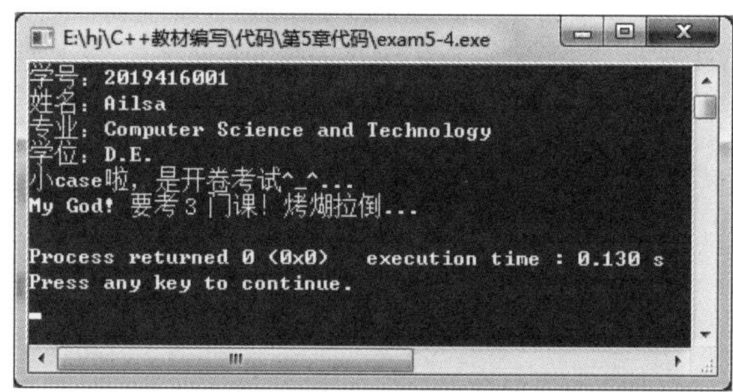

图 5-9　例 5-4 程序运行结果

派生类中定义了成员函数 Test(),它与基类中的成员函数 Test()同名,但参数不同。即使参数不同,派生类的成员函数 Test()仍然隐藏了基类的成员函数 Test()。所以,Line 55 中对象 s 调用的是派生类中新增成员函数 Test()。如果派生类对象 s 要调用从基类继承的 Test()函数,需要在 Test()函数名前加类名和域运算符"::"(Line 56)。如果把 Line 56 改为 s. Test(3)(本意是想调用基类的成员函数 Test()),编译时会出现语法错误:

```
error: no matching function for call to 'Doctor::Test(int)'
```

大意是:调用"Doctor::Test(int)"时没有找到与之匹配的函数。

另外,在类 Doctor 中声明了私有数据成员 strDegree 与基类的私有数据成员 strDegree 同名,在 Doctor 类中使用 strDegree 时(Line 45)使用的是类 Doctor 中新增的数据成员,不是基类的成员,派生类中的 strDegree 隐藏了基类的成员 strDegree。但是,Line 45 中的 strDegree 不能改为 Student::strDegree(本意是使用 Student 类中的成员 strDegree),因为类 Student 中的成员 strDegree 是私有的，不能在 Student 类外访问。

在 2.7.2 小节介绍函数重载时曾经提到过，函数重载只发生在同一作用域内的同名函数之间，而不同作用域的同名函数无法重载。基类与派生类是两个不同的作用域，所以在派生类中定义与基类同名的函数时无法实现重载，即使它们的形参不完全相同。

5.4 多重继承

如果派生类只有一个直接基类，这种继承关系称为单继承；与单继承相对应，如果派生类有两个或多个直接基类，这种继承就称为多重继承。在现实生活中，一个派生类往往可能有多个基类，如孩子继承了父母的优点、沙发床兼具沙发和床的功能、在职研究生同时具有教师（假设他的职业是教师）与学生的身份和任务……这都是多重继承的体现，如在职研究生类可以由教师类与学生类共同派生。

5.4.1 声明多重继承

声明多重继承类的语法格式如下：

```
class 派生类名 : 继承方式 基类 1, 继承方式 基类 2, ..., 继承方式 基类 n
{
    派生类新增成员;
};
```

【例 5-5】

```
#include <iostream>
#include <string>
using namespace std;
class Student
{
public:
    string GetName(){return strName;}
protected:
    string strNum;                                  //学号
    string strName;                                 //姓名
    int nAge;                                       //年龄
};
class Teacher
{
public:
    string GetName(){return strName;}
protected:
    string strWorkNum;                              //工号
```

```
    string strName;                                        //姓名
    int nAge;                                              //年龄
};
class On_jobStudent : public Student, public Teacher      //多重继承
{
public:
    string GetName(){return Teacher::strName;}
    void ShowAddress();
private:
    string strMajor;                                       //专业
};
void On_jobStudent::ShowAddress()
{
    cout <<"Student::strNum: " <<&strNum  <<", Size: " <<sizeof(strNum) <<endl;
    cout <<"Student::strName: " <<&(Student::strName) <<", Size: " <<sizeof(Student::strName) <<endl;
    cout <<"Student::nAge: " <<&(Student::nAge) <<", Size: " <<sizeof(Student::nAge) <<endl;
    cout <<"Teacher::strWorkNum: " <<&strWorkNum <<", Size: " <<sizeof(strWorkNum) <<endl;
    cout <<"Teacher::strName: " <<&(Teacher::strName) <<", Size: " <<sizeof(Teacher::strName) <<endl;
    cout <<"Teacher::nAge: " <<&(Teacher::nAge) <<", Size: " <<sizeof(Teacher::nAge) <<endl;
    cout <<"On_jobStudent::strMajor: " <<&strMajor <<endl;
}
int main()
{
    On_jobStudent s;
    s.ShowAddress();
    s.GetName();
    return 0;
}
```

程序运行结果如图 5-10 所示。

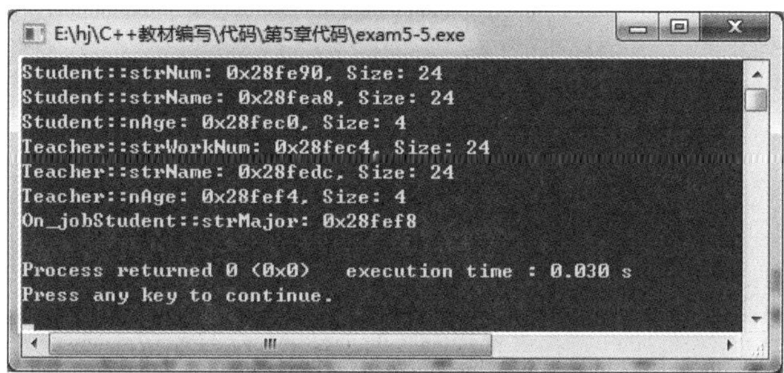

图 5-10　例 5-5 程序运行结果

类 On_jobStudent 是由基类 Teacher 和基类 Student 共同派生的(Line 22),类 On_jobStudent 中有 11 个成员(从基类 Teacher 继承四个成员,从基类 Student 继承四个成员,新增三个成员)。其中,strName 成员有两个(分别继承自基类 Teacher 和基类 Student)、GetName()成员函数有三个(分别继承自基类 Teacher 和基类 Student、新增一个)。在类 On_jobStudent 中新增加的 GetName()成员函数隐藏了基类的同名函数,如 s. GetName()没有歧义(Line 44)。但是,当使用 strName 成员时必须明确告诉编译器该成员是继承自基类 Teacher 的成员还是基类 Student 的成员(Line 33)。其方法是用类名加域运算符"::"进行限定。当访问派生类中的唯一成员时不需要限定(Line 32、Line 35 和 Line 38)。

本例输出了派生类中各个成员在内存中的地址,以及存储空间的大小。从图 5-10 可以看出,派生类中的数据成员的排列规则是:首先,按照派生类定义中基类的顺序将基类成员依次排列;其次,存放派生类中的新增成员,而且数据成员的存储位置是相邻的。这种排列方式使得不同类型的指针变量访问数据成员时操作简单,只需从起始地址开始,改变固定的偏移量即可。

需要指出的是,string 类型对象在不同编译器下分配的空间大小不同,所以本例在不同的环境下运行结果不同。

5.4.2 多重继承中派生类构造函数

与单继承类似,如果基类存在带参数的构造函数,那么需要自定义派生类的构造函数。派生类的构造函数的任务包括:依次调用基类的构造函数初始化基类数据成员、初始化新增数据成员。

【例 5-6】

```
Line 1   #include <iostream>
Line 2   #include <string>
Line 3   using namespace std;
Line 4   class Student
Line 5   {
Line 6   public:
Line 7       Student(const string& num, const string& name, int age):strNum
               (num), strName(name), nAge(age){}
Line 8   protected:
Line 9       string strNum;                                      //学号
Line 10      string strName;                                     //姓名
Line 11      int nAge;                                           //年龄
Line 12  };
Line 13  class Teacher
Line 14  {
Line 15  public:
Line 16      Teacher(const string& num, const string& name, int age):strWorkNum
               (num), strName(name), nAge(age){};
```

```
Line 17 protected:
Line 18     string strWorkNum;                          //工号
Line 19     string strName;                             //姓名
Line 20     int nAge;                                   //年龄
Line 21 };
Line 22 class On_jobStudent : public Student, public Teacher   //多重继承
Line 23 {
Line 24 public:
Line 25      On _jobStudent(const string& name, const string& num, const string&
           worknum, int age, const string& major):Student(num, name, age),
           Teacher(worknum, name, age)
           //派生类构造函数,分别调用基类 Student 和 Teacher 的构造函数
Line 26     {
Line 27         strMajor =major;                        //初始化新增数据成员
Line 28     }
Line 29     void ShowInfo();
Line 30 private:
Line 31     string strMajor;                            //专业
Line 32 };
Line 33 void On_jobStudent::ShowInfo()
Line 34 {
Line 35     cout <<"姓名: " <<Student::strName <<"\n"
Line 36         <<"学号: " <<strNum <<"\n"
Line 37         <<"工号: " <<strWorkNum <<"\n"
Line 38         <<"年龄: " <<Teacher::nAge<<"\n"
Line 39         <<"专业: " <<strMajor <<endl;
Line 40 }
Line 41 int main()
Line 42 {
Line 43     On_jobStudent s(  "Jason",                  //姓名
Line 44                       "2019416001",             //学号
Line 45                       "2011002",                //工号
Line 46                       36,                       //年龄
Line 47                       "Network Engineering"     //专业
Line 48                    );
Line 49     s.ShowInfo();
Line 50     return 0;
Line 51 }
```

程序运行结果如图 5-11 所示。

On_jobStudent 的构造函数的参数包括三部分：直接基类 Student 构造函数的参数、直接基类 Teacher 构造函数的参数，以及 On_jobStudent 新增数据成员初始化的参数。在 On_jobStudent 的构造函数中调用它的所有直接基类构造函数，初始化基类数据成员(Line 25)，通过派生类对象访问 strName 和 nAge 时(Line 35 和 Line 38)，必须显式指定它们所属的类。

```
E:\hj\C++教材编写\代码\第5章代码\exam5-6.exe
姓名: Jason
学号: 2019416001
工号: 2011002
年龄: 36
专业: Network Engineering

Process returned 0 (0x0)   execution time : 0.020 s
Press any key to continue.
```

图 5-11　例 5-6 程序运行结果

5.4.3　多重继承引起的二义性

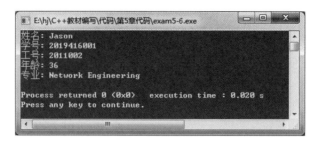

虽然多重继承可以更好地描述现实生活中的事物之间的复杂关系，较好地实现代码重用，提高了程序设计的效率，但是多重继承比较复杂，在程序设计过程中容易出现问题。最典型的是成员访问的二义性问题。

如果派生类中有多个同名成员，这几个成员在同一作用域内都是有效的，那么在访问这些同名成员时必须通过其他信息区分它们，否则就会产生成员访问的二义性错误。例如，同一个班中有两个“小明”同学，教师点名时只用“小明”就是二义性错误：这两个“小明”同学不清楚教师点的是谁。假设这两个“小明”分别是一位男同学和一位女同学，教师点名时用“男小明”和“女小明”就消除了二义性。

那么，在多重继承中产生二义性的原因是什么？如何解决呢？请看以下两个示例。

【例 5-7】

```
#include <iostream>
using namespace std;
class BaseA
{
public:
    BaseA(){}
protected:
    int x;
};
class BaseB
{
public:
    BaseB(){}
protected:
    int x;
};
class DerivedC : public BaseA, public BaseB
{
```

```
Line 19 public:
Line 20     void ShowInfo()
Line 21     {
Line 22         cout <<x <<endl;                //错误,二义性
Line 23     }
Line 24 };
Line 25 int main()
Line 26 {
Line 27     DerivedC c;
Line 28     c.ShowInfo();
Line 29     return 0;
Line 30 }
```

其中,Line 22 代码编译时出错:

```
error: reference to 'x' is ambiguous
```

大意是:引用的变量 x 是有歧义的。

派生类 DerivedC 有两个基类 BaseA 和 BaseB,这两个基类中都有 protected 数据成员 x。那么,派生类 DerivedC 就继承了两个同名成员 x,而且是 protected 访问属性。所以,在派生类的成员函数 ShowInfo()中访问成员 x 时编译器无法确定访问哪个 x(是从基类 BaseA 继承的 x 还是从基类 BaseB 继承的 x?),产生歧义,如图 5-12 所示。

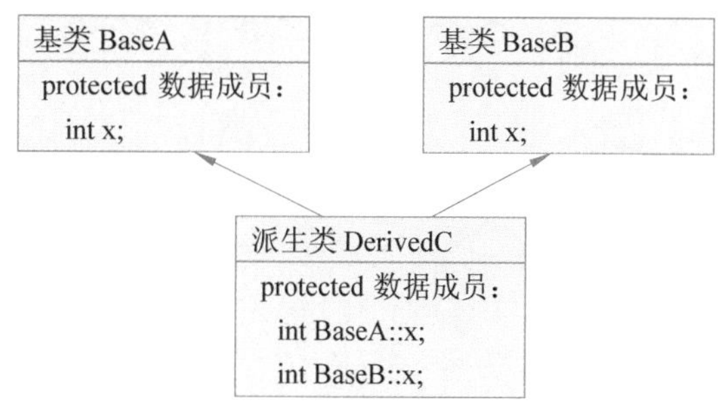

图 5-12 派生类中有两个数据成员 x(BaseA::x 和 BaseB::x)

消除这种二义性的方法有两种。

(1) 用更多的属性区别它们。可以用类名和域运算符"::"限定,例如:

```
cout <<BaseA::x <<endl;          //或 cout <<BaseB::x <<endl;
```

在例 5-5(Line 33 中 Student::strName,Line 36 中 Teacher::strName)和例 5-6(Line 35、Line 38)中就多次使用了这种方法。

(2) 在派生类中改写有歧义的同名成员。在派生类中重新定义有歧义的成员,使派生类中的成员隐藏基类的同名成员。如果为例 5-7 的派生类 DerivedC 新增数据成员 x,那么"cout << x << endl;"就没有歧义了,编译器自动使用派生类中新增数据成员 x。如果需

要使用从基类继承的成员 x,仍然使用类名和域运算符“::”限定即可,例如:

```
cout <<BaseA::x <<endl;
```

接下来再看一个存在二义性的示例。

【例 5-8】

```
Line 1   #include <iostream>
Line 2   using namespace std;
Line 3   class BaseA
Line 4   {
Line 5   public:
Line 6       BaseA(){}
Line 7   protected:
Line 8       int x;
Line 9   };
Line 10  class DerivedB : public BaseA
Line 11  {
Line 12  public:
Line 13      DerivedB(){};
Line 14  };
Line 15  class DerivedC : public BaseA
Line 16  {
Line 17  public:
Line 18      DerivedC(){};
Line 19  };
Line 20  class DerivedD : public DerivedB, public DerivedC
Line 21  {
Line 22  public:
Line 23      void ShowInfo()
Line 24      {
Line 25          cout <<x <<endl;                //错误
Line 26      }
Line 27  };
Line 28  int main()
Line 29  {
Line 30      DerivedD d;
Line 31      d.ShowInfo();
Line 32      return 0;
Line 33  }
```

以上代码 Line 25 编译出错:

```
error: reference to 'x' is ambiguous
```

仍然是引用变量 x 时存在歧义。

基类 BaseA 的成员 x 被派生类 DerivedB 和 DerivedC 继承，然后 DerivedB 和 DerivedC 作为基类共同派生 DerivedD，这样 DerivedD 中就有两个同名成员 x 了。所以，在 DerivedD 的成员函数 ShowInfo() 中访问成员 x 时编译器无法确定访问哪个 x（是从直接基类 DerivedB 继承的 x 还是从直接基类 DerivedC 继承的 x?），如图 5-13 所示。

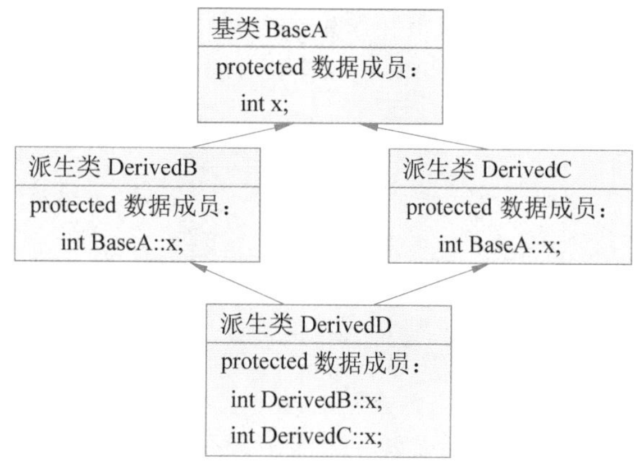

图 5-13 派生类 DerivedD 中的成员 x 有两个

可以用上述提到的方法消除这种二义性。例如，例 5-8 中 Line 25 改为

```
cout <<DerivedB::x <<endl;
```

或者在 DerivedD 中再定义同名成员 x，隐藏基类中的同名成员 x。

这两种方法都不是最好的，使用 C++ 语言中提供的虚基类（Virtual Base Class）可以更好地消除这种二义性。

5.4.4 虚基类

如果一个派生类有多个直接基类，而这些直接基类又有一个共同基类，则在最终的派生类中会保留该间接共同基类数据成员的多份副本（图 5-13 中的成员 x）。派生类对象引用这些同名成员时，为了避免产生二义性，必须用直接基类加以限定，使其唯一地标识一个成员。

在派生类中保留间接共同基类的多份同名成员，不仅占用较多的存储空间，还增加了访问这些成员的难度，容易出现二义性错误。

C++ 语言提供了虚基类的方法，可使派生类在继承间接共同基类时只保留一份成员，既减少了存储空间，也消除了成员访问的二义性。

1. 虚基类的定义格式

虚基类的定义格式如下：

```
class 派生类名 : virtual 继承方式 基类名
{
    派生类新增成员;
};
```

在声明派生类时，在继承方式前面加上关键字 virtual 即可(virtual 也可以放在继承方式的后面)。注意：虚基类并不是在声明基类时声明的，而是在声明派生类、指定继承方式时声明的。因为一个基类可以在生成一个派生类时作为虚基类，而在生成另一个派生类时不作为虚基类。为了保证虚基类的成员在派生类中只继承一次，应当在所有直接派生类中声明该基类为虚基类。例如，修改例 5-8，把派生类 DerivedB 和 DerivedC 都改为虚基类继承自 BaseA：

```
class DerivedB : virtual public BaseA            //虚基类继承
{
public:
    DerivedB(){};
};
class DerivedC : virtual public BaseA            //虚基类继承
{
public:
    DerivedC(){};
};
```

则 Line 25 代码就正确了。也就是说，在声明派生类 DerivedB 和 DerivedC 时，使用关键字 virtual 把基类声明为虚基类，然后用 DerivedB 和 DerivedC 作为基类共同派生 DerivedD 后，在 DerivedD 中只保留间接公共基类的一份数据成员 x，如图 5-14 所示。在声明派生类 DerivedD 时不需要在继承方式前加关键字 virtual，即使不加 virtual 也是虚基类继承。

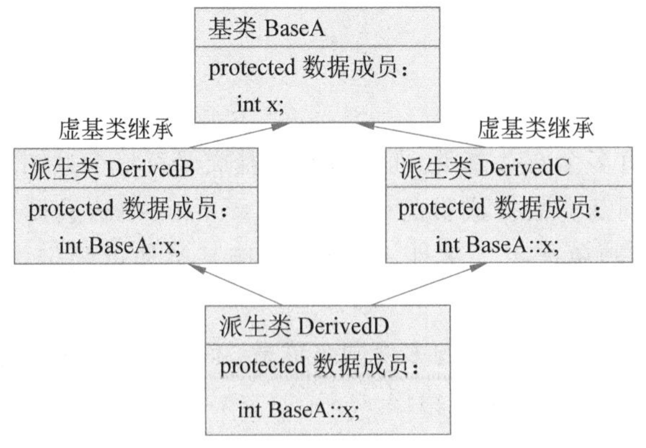

图 5-14 虚基类继承后在派生类 DerivedD 中只有一个成员 x

2. 虚基类继承中派生类的构造函数

在非虚基类的多层派生结构中，派生类的构造函数只需调用其直接基类的构造函数初始化直接基类的数据成员即可。图 5-13 中，派生类 DerivedD 的构造函数只调用直接基类 DerivedB 和 DerivedC 的构造函数，而 DerivedB 和 DerivedC 的构造函数再分别调用直接基类 BaseA 的构造函数。但是，在虚基类继承中，派生类的构造函数不仅要调用其直接基类的构造函数，还需要调用其间接基类的构造函数。图 5-14 中，派生类 DerivedD 的构造函数不仅要调用直接基类 DerivedB 和 DerivedC 的构造函数，还要调用间接基类 BaseA 的构造函数。

【例 5-9】

```
#include <iostream>
#include <string>
using namespace std;
class Person                                              //公共基类
{
public:
    Person(const string& name, int age):strName(name), nAge(age){}
protected:
    string strName;
    int nAge;
};
class Student : virtual public Person                     //虚基类
{
public:
    Student(const string& num, const string& name, int age):strNum
      (num), Person(name, age){}
protected:
    string strNum;                                        //新增成员学号
};
class Teacher : virtual public Person                     //虚基类
{
public:
    Teacher(const string& num, const string& name, int age):strWorkNum
      (num), Person(name, age){};
protected:
    string strWorkNum;                                    //工号
};
class On_jobStudent : public Student, public Teacher      //虚基类多重继承
{
public:
    On_jobStudent(const string& name, const string& num, const string&
      worknum, int age, const string& major):Student(num, name, age),
      Teacher(worknum, name, age), Person(name, age)
    {
        strMajor =major;
```

```
Line 32         }
Line 33         void ShowInfo();
Line 34     private:
Line 35         string strMajor;                                    //专业
Line 36     };
Line 37     void On_jobStudent::ShowInfo()
Line 38     {
Line 39         cout <<"姓名: " <<strName <<"\n"
Line 40             <<"学号: " <<strNum <<"\n"
Line 41             <<"工号: " <<strWorkNum <<"\n"
Line 42             <<"年龄: " <<nAge <<"\n"
Line 43             <<"专业: " <<strMajor <<endl;
Line 44     }
Line 45     int main()
Line 46     {
Line 47         On_jobStudent s("Jason",                             //姓名
Line 48                         "2019416001",                        //学号
Line 49                         "2011002",                           //工号
Line 50                         36,                                  //年龄
Line 51                         "Network Engineering"                //专业
Line 52                         );
Line 53         s.ShowInfo();
Line 54         return 0;
Line 55     }
```

程序运行结果如图 5-15 所示。

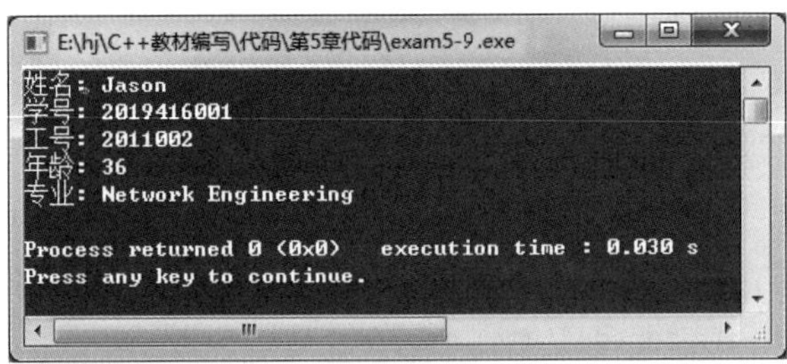

图 5-15 例 5-9 程序运行结果

Person 是公共基类，包含两个 protected 数据成员 strName 和 nAge。以 Person 为基类，派生两个类 Student 和 Teacher，派生类在声明时使用了关键字 virtual 把基类 Person 声明为虚基类(Line 12 和 Line 19)。派生类 On_jobStudent 以 Student 和 Teacher 为基类，是多重继承，虽然没有用 virtual 关键字声明继承方式，但也是虚基类继承(Line 26)。如果需要，可以加上关键字 virtual：

```
class On_jobStudent : virtual public Student, virtual public Teacher
{
```

```
    ...;
}
```

这样，它们形成了一种虚基类的继承方式，公共基类 Person 的两个 protected 数据成员 strName 和 nAge 在派生类 On_jobStudent 中只有一个副本，On_jobStudent 的对象访问这两个数据成员时就不存在歧义了(Line 39 和 Line 42)。

派生类 On_jobStudent 的构造函数的定义很关键，不仅需要调用直接基类 Student 和 Teacher 的构造函数，还需要调用间接基类 Person 的构造函数(Line 29)。读者是否存在这样的疑问：公共基类 Person 的构造函数被调用多次，是否存在冲突呢？例如，我们可以修改派生类 On_jobStudent 的构造函数：

```
On _jobStudent (const string& name, const string& num, const string& worknum, int
   age1, int age2, const string& major):Student(num, name, age1), Teacher(worknum,
   name, age2), Person(name, age1)
{
    strMajor =major;
}
```

我们设计了两个形参 age1 和 age2，调用 Student 的构造函数时把 age1 传递给它，相应地，Student 的构造函数调用 Person 的构造函数时(Line 15)把 age1 传递给它。类似地，On_jobStudent 的构造函数调用 Teacher 的构造函数时把 age2 传递给它，Teacher 的构造函数调用 Person 的构造函数时(Line 22)把 age2 传递给它。最后，On_jobStudent 的构造函数调用 Person 的构造函数时又把 age1 传递给它。那么，最后 Person 中的数据成员 nAge 的值到底是什么呢？

事实上，虚基类 Person 的构造函数只被调用一次。C++ 语言编译器对虚基类的构造函数的调用方法是：由最后定义的派生类，即类的层次结构中最底层的派生类完成虚基类构造函数的调用，该派生类的其他基类对虚基类的构造函数的调用被忽略。也就是说，Person 的构造函数只被 On_jobStudent 的构造函数调用一次，即 Person(name, age1)，所以最后 Person 中的数据成员 nAge 的值是参数 age1 的值。

如果修改派生类 On_jobStudent 的构造函数，那么派生类对象声明格式也相应地改为

```
On_jobStudent s("Jason",                     //姓名
                "2019416001",                //学号
                "2011002",                   //工号
                36,                          //年龄 1
                30,                          //年龄 2
                "Network Engineering"        //专业
                );
```

则 s.ShowInfo()函数的输出结果中的年龄值是 36。

小结

中国共产党继承和发展了马克思主义，只有把马克思主义基本原理同中国具体实际相结合、同中华优秀传统文化相结合，才能始终保持马克思主义的蓬勃生机和旺盛活力。C++ 语言的继承机制不仅使派生类继承基类的优秀代码，也允许派生类发展新功能。

继承方式规定了派生类对象或成员函数对基类中成员的访问权限，对派生类的改造是在继承上的发展。派生类构造函数的任务比较艰巨，担负着基类成员初始化和派生类成员初始化的任务。但是，基类成员初始化是通过调用基类构造函数实现的。派生类中成员能够隐藏基类中的同名成员。多重继承虽然更符合现实世界，但多重继承实现上更为复杂，尤其需要注意多重继承的二义性。

第6章 多态

多态(Polymorphism)是C++语言面向对象程序设计的三大特性(封装、继承与多态)之一。封装可以使代码模块化,保护私有数据;继承可以扩展已有代码,实现代码重用;而多态的目的则是接口重用。接口可以简单地理解为一个函数,在C++语言程序设计中,多态性是指具有不同功能的函数可以用同一个函数名,这就意味着在调用函数时,需要根据调用函数的对象的类型来执行不同的函数。

多态分为两大类:静态多态与动态多态。本章主要介绍动态多态。

6.1 多态的概念

6.1.1 静态多态

在现实生活中随处可见多态概念的体现。例如,上学时使用铃声通知教师和学生上课或是下课。当上课铃声响起,教师和学生对上课铃声的反应是不同的:教师从办公室带着教学用具来到指定教室上课,而学生需要端坐在教室拿出课本等待教师上课。把铃声看作消息,教师和学生看作对象,不同对象接收到相同消息时会产生不同的动作行为,这就是多态。

在C++语言中,函数重载、运算符重载都是多态的体现。例如,假设重载了两个add()函数:

```
int add(int, int);
string add(const string&, const string&);
```

那么,函数调用:

```
int n =add(1, 2);
```

调用的是第一个版本的重载函数,而

```
string str =add("Hello", " world");
```

调用的是第二个版本的重载函数。

从程序的角度看,这两个函数的名字相同,但实现了不同的函数功能。这就是多态性的体现。

编译器在调用函数时，如果被调用的函数名是唯一的，编译器能够很容易地确定被调用函数执行哪个代码块。然而，C++ 语言中的函数重载、运算符重载等使这项任务变得比较复杂，编译器需要查看函数参数及函数名才能确定使用哪个函数。这些过程是在编译阶段完成的，所以这种多态称为编译时多态(Compile-time Polymorphism)或称为静态多态。第7章将要介绍的函数模板和类模板也属于静态多态，称参数化多态(Parametric Polymorphism)，根据模板参数的不同生成不同的函数或者类，即针对不同类型的实参产生对应的特化的函数或者类。

6.1.2 动态多态

动态多态也称为运行时多态(Run-time Polymorphism)，由于虚函数(6.3 节)的出现，对象在调用多个同名函数时变得非常复杂，程序在编译阶段无法确定调用哪个版本的函数，只有在程序运行时才能选择一个正确的函数。动态多态的基础是虚函数，通过类的继承和虚函数实现。为了深入探讨动态多态性，首先介绍 C++ 语言如何处理指针和引用类型的兼容性。

6.2 指针和引用类型的兼容性

在 C++ 语言中声明指针或引用时，通常不允许把一种类型的地址赋值给另一种类型的指针，也不允许用一种类型的变量为另一种类型的引用赋初始值。例如：

```
int a =1;
double * pa =&a;      //语法错误提示:error: cannot convert 'int * ' to 'double * '
                      //in initialization
double& ra =a;        //语法错误提示:error: invalid initialization of non-const
                      //reference of type 'double&' from an rvalue of type 'double'
```

然而，令人惊讶的是，指向基类的指针或引用可以指向或引用派生类对象，而不必进行强制类型转换。假设派生类 DerivedB 由基类 BaseA 派生，则以下代码是正确的：

```
DerivedB objB;              //声明派生类 DerivedB 对象 objB
BaseA * pObj =&objB;        //指向基类 BaseA 的指针指向派生类 DerivedB 对象 objB
BaseA& rObj =objB;          //基类 BaseA 的引用 rObj 引用派生类 DerivedB 对象 objB
```

但是，在使用基类指针(或引用)指向(或引用)派生类对象时需要注意以下几点。

(1) 把派生类对象的引用或指针转换为基类引用或指针被称为“向上”强制转换(Upcasting)，这种转换不需要显式进行；相反，把基类指针或引用转换为派生类指针或引用称为“向下”强制转换(Downcasting)。如果不使用显式类型转换，这种“向下”强制转换是不允许的。

(2) “向上”强制转换后，通过基类指针只能访问派生类对象继承自基类的成员，通过基类的引用也只能访问派生类对象继承自基类的成员。

(3) 这种"向上"强制转换是可传递的。如果以 BaseA 为基类派生 DerivedB，以 DerivedB 作为基类继续派生 DerivedderivedC，那么 BaseA 的指针（引用）可以指向（引用）DerivedB 对象，也可以指向（引用）DerivedderivedC 对象。

【例 6-1】

```
#include <iostream>
#include <string>
using namespace std;
class Student                                    //基类
{
public:
    Student(const string&, const string&);       //声明构造函数
    void Test();
protected:
    string strNum, strName;                      //描述学生的学号和姓名
};
Student::Student(const string& number, const string& name)
{
    strNum = number;
    strName = name;
}
void Student::Test()
{
    cout << "My God! 又要考试啦!" << endl;
}
class Doctor : public Student
{
public:
    Doctor(const string&, const string&, const string&);
    void Test();
private:
    string strMajor;                             //专业信息
};
Doctor:: Doctor (const string& number, const string& name, const string&
  major) : Student(number, name)
{
    strMajor = major;
}
void Doctor::Test()
{
    cout << "小 case 啦,是开卷考试^_^..." << endl;
}
int main()
{
    Doctor s("2019416001", "Ailsa", "Computer Science and Technology");
    Student * pStu = &s;
```

```
Line 41      pStu->Test();
Line 42      return 0;
Line 43  }
```

程序运行结果如图 6-1 所示。

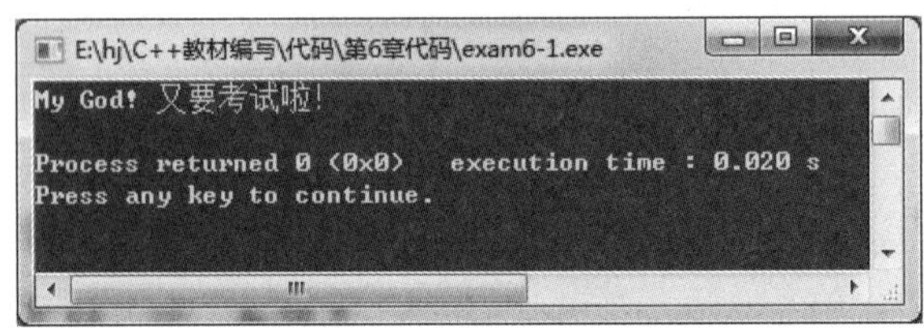

图 6-1　例 6-1 程序运行结果

把派生类 Doctor 对象 s 的地址赋值给基类 Student 的指针(Line 40),使用指针调用 Test()函数(Line 41)时,调用的是基类 Student 的成员函数 Test()。虽然派生类 Doctor 也有同名成员函数 Test(),但是它没有隐藏基类的成员函数。因为 pStu 是指向基类 Student 的指针,用派生类对象地址为它赋值,pStu 也只能访问派生类对象继承自基类的成员。

或许,这不是程序员想要的结果。既然能够把派生类对象的地址赋值给基类指针,那么为什么不能访问派生类对象的新增成员呢?既然不能,这种“向上”转换又有什么意义呢?或者,程序员就想访问派生类对象的新增成员,能不能做到呢?

答案是能,而且做法非常简单,只需在 Line 8 代码的最前面加上关键字 virtual 即可。加上关键字 virtual 后再次运行程序,运行结果如图 6-2 所示。

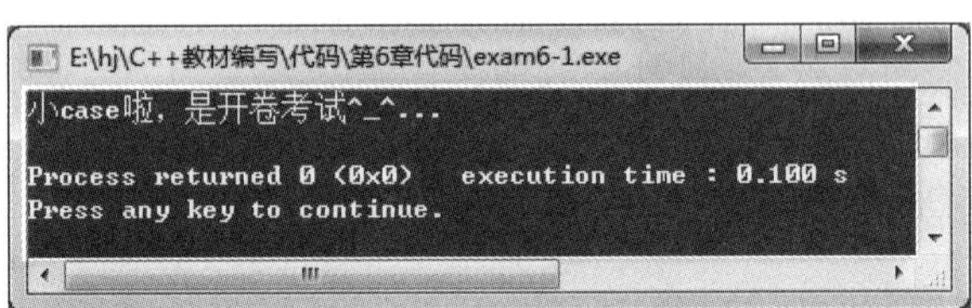

图 6-2　Line 8 前加 virtual 关键字后程序运行结果

6.3　虚　函　数

C++ 语言提供虚函数(Virtual Function)的目的是实现运行时多态。虚函数只能是类的成员函数,但不能是静态成员函数。本节介绍两类虚函数,即虚成员函数和虚析构函数。

6.3.1　虚成员函数

虚成员函数是指在声明成员函数时用关键字 virtual 进行声明的函数,其基本格式如下:

```
virtual 类型说明符 函数名(参数列表);
```

例如：

```
class Student                                   //基类
{
public:
    Student(const string&, const string&);      //声明构造函数
    virtual void Test();                        //声明 Test()函数是虚函数
private:
    string strNum, strName;
};
```

类 Student 的成员函数 Test()被声明为虚成员函数。

仅仅在一个类中把成员函数声明为虚成员函数没有任何用处，声明虚成员函数是为了实现运行时多态。通常，虚成员函数所在的类是基类，用该基类派生出新的派生类，然后在派生类中改写基类中的虚成员函数。

注意

(1) 派生类的继承方式必须是 public 公有继承，否则基类中的虚函数将失去作用。

(2) 在派生类中对虚函数进行改写时，函数原型必须与基类中的虚函数的原型完全一致，关键字 virtual 加与不加均可，都被继续视为虚函数。

实现上述几个步骤后，接下来就可以实现动态多态性了。

首先，定义基类的指针或引用；其次，用派生类对象的地址或对象为基类的指针或引用赋值。当用指针或引用调用虚函数时，实际上就是调用派生类中定义的虚函数，从而实现动态多态性。

【例 6-2】

```
#include <iostream>
#include <string>
using namespace std;
class Student                                   //基类
{
public:
    Student(const string& ="", const string& =""); //声明构造函数
    virtual void Test();                        //虚函数
protected:
    string strNum, strName;                     //描述学生的学号和姓名
};
Student::Student(const string& number, const string& name)
{
    strNum =number;
    strName =name;
}
```

```
void Student::Test()                             //实现基类的虚函数 Test()
{
    cout <<"My God! 又要考试啦!" <<endl;
}
class Doctor : public Student                    //公有派生 Doctor(博士生类)
{
public:
    Doctor(const string&, const string&, const string&);
    void Test()                         //声明虚函数 Test(),原型与基类的虚函数完全一样
    {                                   //直接在类内实现虚函数
        cout <<"博士生考试小 case 啦,是开卷考试^_^..." <<endl;
    }
private:
    string strMajor;                             //专业信息
};
Doctor::Doctor(const string& number, const string& name, const string& major) : Student(number, name)
{
    strMajor =major;
}
class MidschoolStu : public Student      //声明派生类 MidschoolStu(中学生类)
{
public:
    void Test(){cout <<"中学生的考试很正规..." <<endl;}
};
class HighschoolStu : public MidschoolStu  //高中生类由中学生类派生
{
public:
    void Test(){cout <<"高中生的考试最严肃..." <<endl;}
};
int main()
{
    Student* pStu =nullptr;
    Doctor ds("2019416001", "Ailsa", "Computer Science and Technology");
    MidschoolStu ms;
    HighschoolStu hs;
    pStu =&ds;
    pStu->Test();
    pStu =&ms;
    pStu->Test();
    pStu =&hs;
    pStu->Test();
    return 0;
}
```

程序运行结果如图 6-3 所示。

图 6-3 例 6-2 程序运行结果

本例用虚函数 Test()测试了运行时的多态性。首先看结论，Line 53、Line 55 和 Line 57 代码相同，通过指针 pStu 调用同名函数 Test()，但执行结果却不同。所以，看上去调用的是同名函数，但却不是同一个函数。把这种调用同名函数却实现不同功能的现象称为多态。之所以称为运行时多态，是因为程序在编译阶段无法确认它们调用的函数到底是哪个版本的函数，只有在运行过程中根据上下文才能确定。本例中，派生类的函数 Test()覆盖(Override)了基类的同名虚函数 Test()。

运行时多态性的实现依赖于类的继承与虚函数。在基类与派生类中定义函数原型相同的两个虚函数，然后定义基类的指针，用基类的指针指向不同的派生类对象，通过指针调用虚函数即可实现运行时多态。

在本例中，基类 Student 派生 MidschoolStu 类，以 MidschoolStu 为基类继续派生 HighschoolStu 类，形成了一种多层次的继承与派生的关系。定义顶层类 Student 的指针 pStu，可以把直接派生类对象的地址赋值给 pStu，也可以把间接派生类对象的地址赋值给 pStu，实现多层次的动态多态。

虽然用引用也可以实现动态多态，但在具体实现上与指针实现动态多态稍有区别，比用指针实现动态多态复杂。在例 6-2 中用引用实现动态多态需要修改主函数，代码如下：

```
int main()
{
    Student s;
    Student& rStu =s;
    rStu.Test();
    Doctor ds("2019416001", "Ailsa", "Computer Science and Technology");
    MidschoolStu ms;
    HighschoolStu hs;
    Student& rStu1 =ds;
    rStu1.Test();
    Student& rStu2 =ms;
    rStu2.Test();
    Student& rStu3 =hs;
    rStu3.Test();
    return 0;
}
```

利用虚函数实现动态多态的内在机制比较复杂，这里不再展开讨论。

注意

如果在派生类中定义了与基类中的虚函数同名的成员函数，而且参数也相同，那么称派生类的函数覆盖基类的同名虚函数。

至此，我们介绍了关于同名函数的三个不同的术语：重载、隐藏和覆盖。它们的区别如下。

(1) 重载。重载发生在同一作用域内的同名函数之间，而且函数的参数不同。例如：

```
void f(int);
void f(double);
```

这两个函数如果定义在相同的作用域内，它们的参数不同，那么这两个函数就是重载；如果它们的参数相同，则是语法错误：在同一个作用域内不能定义两个相同的函数。

(2) 隐藏。隐藏发生在派生类与基类的同名函数之间，如果这些函数不是虚函数，则派生类函数在派生类中隐藏基类的同名函数。因为基类与派生类是两个不同的作用域，所以派生类与基类的同名函数无法重载，即使它们的参数不同。如果这些同名函数在基类中是虚函数，但是派生类中的函数参数与基类同名虚函数的参数不同，则派生类中的函数隐藏基类的同名函数。

(3) 覆盖。覆盖发生在派生类与基类(公有继承)的同名虚函数之间，而且派生类的函数与基类的虚函数的函数原型相同。覆盖是为了实现动态多态。

例如：

```
class A
{
    public:
        void f(int);
        virtual void g(int);
};
class B : public A
{
    public:
        void f(int);
        void f(double);
        void g(int);
        void g(double);
};
```

派生类 B 中的函数 f(int)和 f(double)是重载函数，它们与基类 A 的函数 f(int)不是重载，它们隐藏了基类 A 的 f(int)函数。例如：

```
B b;
b.f(2);                //调用派生类的函数 f(int)
```

```
b.f(2.5);          //调用派生类的函数 f(double)
b.A::f(2);         //调用基类的函数 f(int)
A* p=&b;
p->f(2);           //调用基类的函数 f(int)
```

派生类 B 中的函数 g(int)和 g(double)是重载函数。其中,g(int)是虚函数,虽然在函数原型中没有关键字 virtual,但它与基类的虚函数 g(int)的函数原型相同,默认为虚函数。派生类的 g(int)函数覆盖基类的 g(int)函数。例如:

```
A* p=&b;
p->g(3.1);         //调用派生类的函数 g(int)。因为基类指针指向派生类对象,而且基类的
                   //g(int)是虚函数,在派生类中重新定义了虚函数 g(int)。这时,编译器
                   //首先把 3.1 转换成整数,然后调用派生类的虚函数 g(int)
B b;
b.g(3.1);          //调用派生类的函数 g(double)
b.g(3);            //调用派生类的函数 g(int)
b.A::g(3);         //调用基类的函数 g(int)
```

6.3.2 虚析构函数

析构函数的任务通常是资源清理与回收。当对象的生命周期结束时,析构函数将被调用,如果对象在堆区上用 new 运算符申请了内存空间,必须在析构函数中用 delete 运算符回收内存空间。另外,可以使用 new 运算符创建一个对象,用 delete 运算符撤销对象。例如:

```
Student* pStu=new Student;          //申请内存空间
delete pStu;                        //回收内存空间
```

用 new 运算符申请内存空间时,编译器将调用默认构造函数生成一个无名对象存储在该内存空间中,内存地址赋值给指针 pStu。

用 delete 运算符回收 pStu 指针指向的内存空间时,编译器将调用析构函数撤销存储在该内存空间中的对象。

根据指针与引用类型的兼容性,可以用派生类对象的地址为基类指针赋值。例如:

```
Student* pStu=new Doctor;
```

其中,Doctor 是 Student 的派生类。当执行上述语句时,编译器申请内存空间,调用派生类 Doctor 构造函数实例化一个无名对象,用这个对象初始化申请的内存空间。相应地,回收内存空间的语句如下:

```
delete pStu;
```

当用 delete 运算符删除 pStu 指针指向的内存时,保存在该内存空间中的对象也不复存

在,对象的生命周期结束,编译器将调用析构函数撤销该对象。那么,当撤销对象时,编译器调用派生类析构函数还是基类析构函数?还是既调用派生类析构函数也调用基类析构函数?请看下面的示例。

【例 6-3】

```
#include <iostream>
#include <string>
using namespace std;
class Student                                    //基类
{
public:
    Student(const string& ="", const string& ="");  //声明构造函数
    ~Student(){cout <<"Student destructor is called..." <<endl;}
protected:
    string strNum, strName;                      //描述学生的学号和姓名
};
Student::Student(const string& number, const string& name)
{
    cout <<"Student constructor is called..." <<endl;
    strNum =number;
    strName =name;
}
class Doctor : public Student                    //公有派生 Doctor(博士生类)
{
public:
    Doctor(const string&, const string&, double, double);
    ~Doctor()                                    //析构函数
    {
        cout <<"Doctor destructor is called..." <<endl;
        delete[] pScore;                         //删除 pScore 指针指向的内存空间
    }
private:
    double* pScore;                              //保存成绩信息
};
Doctor::Doctor(const string& number, const string& name, double score0,
  double score1) : Student(number, name)
{
    cout <<"Doctor constructor is called..." <<endl;
    pScore =new double[2];
    pScore[0] =score0;
    pScore[1] =score1;
}
int main()
{
```

```
Line 39      Student * pStu =new Doctor("2019416001", "Ailsa", 92, 95);
Line 40      delete pStu;
Line 41      return 0;
Line 42  }
```

程序运行结果如图 6-4 所示。

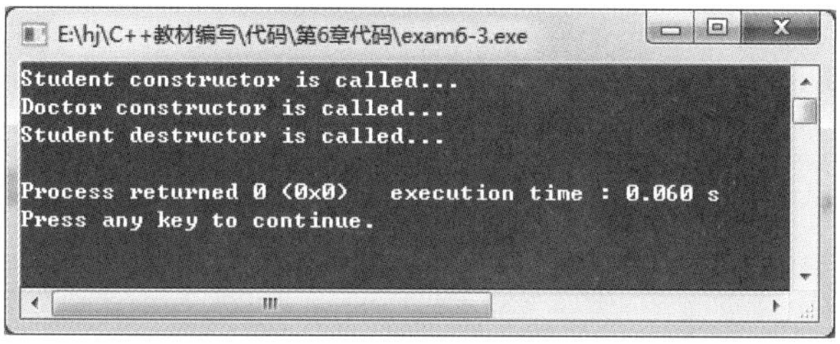

```
E:\hj\C++教材编写\代码\第6章代码\exam6-3.exe
Student constructor is called...
Doctor constructor is called...
Student destructor is called...

Process returned 0 (0x0)   execution time : 0.060 s
Press any key to continue.
```

图 6-4 例 6-3 程序运行结果

Line 39 通过 new 运算符申请内存空间，创建 Doctor 类型的无名对象存储在该内存空间中。编译器首先调用基类 Student 的构造函数初始化基类数据成员，然后调用派生类 Doctor 构造函数初始化新增数据成员。然而，当用 delete 运算符回收内存空间时(Line 40)，编译器只调用了基类的析构函数。因为当基类指针指向派生类对象时，通过基类指针只能访问派生类对象继承自基类的数据成员。所以，在默认情况下，编译器只调用基类的析构函数回收基类数据成员占用的资源。

思考

在派生类构造函数中使用 new 运算符为派生类新增成员申请的内存空间如何回收？答案是把基类的析构函数声明为虚析构函数，然后定义派生类的析构函数，在派生类中用 delete 运算符回收内存空间。

把基类的析构函数用关键字 virtual 声明为虚析构函数，例如：

```
virtual ~Student();
```

修改例 6-3，在 Line 8 代码的最前面加上关键字 virtual，把基类 Student 的析构函数声明为虚析构函数，则程序运行结果如图 6-5 所示。

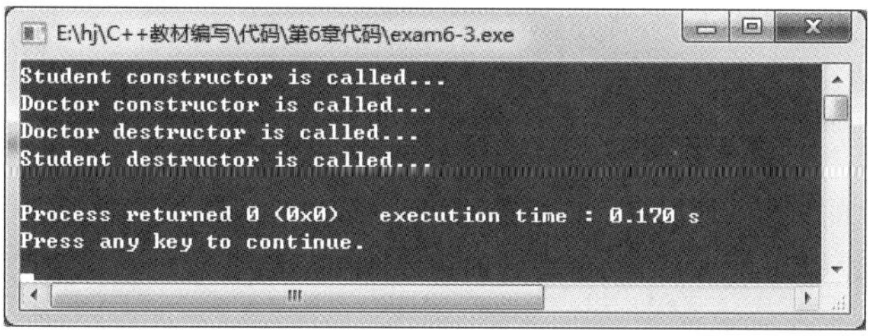

```
E:\hj\C++教材编写\代码\第6章代码\exam6-3.exe
Student constructor is called...
Doctor constructor is called...
Doctor destructor is called...
Student destructor is called...

Process returned 0 (0x0)   execution time : 0.170 s
Press any key to continue.
```

图 6-5 把例 6-3 的 Student 析构函数声明为虚析构函数的程序运行结果

设计虚析构函数的目的是避免内存泄漏。在声明基类的析构函数时，用关键字 virtual 把它声明为虚析构函数(Line 8，最前面加上关键字 virtual)；声明派生类的析构函数时，可以不显式使用关键字 virtual(可以使用 virtual 增强程序的可读性)。这样，基类和派生类的析构函数就成为虚析构函数。如果基类指针指向派生类对象(Line 39)，并且用 delete 运算符删除基类指针(Line 40)，编译器将既调用基类的析构函数，也调用派生类的析构函数。这样，为派生类对象申请的内存空间(Line 33)就可以正常回收(Line 25)，避免了内存泄漏。

6.4 纯虚函数与抽象类

6.4.1 纯虚函数

C++ 语言中设计虚函数的目的就是实现运行时多态，并在例 6-2 中进行了演示。例 6-2 中设计了基类 Student，在基类中设计了虚函数 Test()，对 Test()的函数调用实现了运行时多态。然而，我们仔细分析发现，基类 Student 中的 Test()函数没有用到，它的出现仅仅是为了给派生类提供一个接口，用来实现运行时多态。那么，能不能只在基类中提供 Test()的函数声明，而省略 Test()函数的具体定义呢？也就是说，如果把例 6-2 的 Line 17～Line 20 的代码去掉好像也没有关系。然而，那将会出现语法错误，如图 6-6 所示。

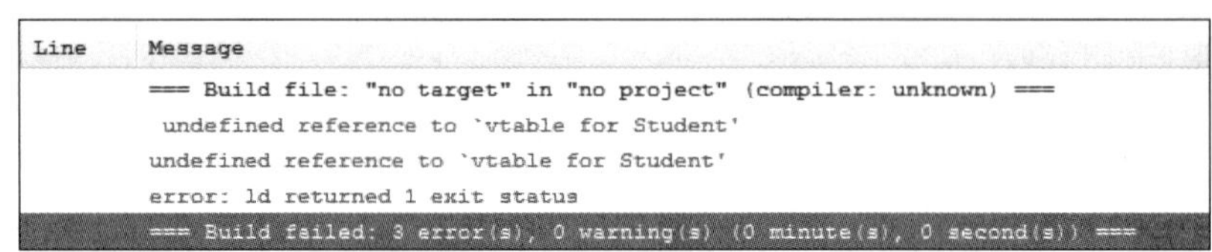

图 6-6 不实现基类中的虚函数出现语法错误

错误提示中并没有给出具体是哪行出现了语法错误。出错的原因是，在基类中声明了 Test()虚函数，并且在派生类中改写了 Test()虚函数，但是基类中却没有实现 Test()函数，在程序联编时编译器找不到 Test()的函数定义，故而出错。

C++ 语言为用户提供了另外一类虚函数，称为纯虚函数(Pure Virtual Function)，允许在基类中只给出虚函数的声明而不给出虚函数的实现。这样的虚函数仅仅是为派生类提供一个接口，在派生类中实现虚函数，用于实现运行时多态。

纯虚函数的声明格式如下：

```
virtual 类型说明符 函数名(参数列表)=0;
```

其中，纯虚函数的声明以"=0"结尾，"=0"并不表示函数的返回值为 0，只是以这样的形式说明该函数是纯虚函数。纯虚函数只有函数声明，没有函数体，不具备任何功能，不可被调用。

通常，纯虚函数在派生类中给予实现，如果在派生类中也没有实现该纯虚函数，则该函数在派生类中仍然是纯虚函数。

6.4.2 抽象类

包含纯虚函数的类称为抽象类(Abstract Class),因此抽象类是基于纯虚函数的。抽象类只用作基类,为派生类提供一些公共接口,实现运行时多态。

抽象类只能用作基类来派生新类,不能用抽象类声明对象。因为抽象类仅定义一个表示抽象概念的基类,抽象类中的纯虚函数没有实现相应的功能,所以不能用抽象类声明对象。但是可以用抽象类声明指针或引用,通过指针或引用操作派生类对象。

通常,抽象类中的纯虚函数在派生类中予以实现。如果纯虚函数在派生类中也没有实现,那么该函数仍然是纯虚函数,相应的派生类仍然是抽象类,直到纯虚函数被实现为止。

【例 6-4】

```
#include <iostream>
#include <string>
using namespace std;
class Student                              //抽象类
{
public:
    Student(const string& ="", const string& ="");  //声明构造函数
    virtual void Test() =0;                //声明纯虚函数
protected:
    string strNum, strName;                //描述学生的学号和姓名
};
Student::Student(const string& number, const string& name)
{
    strNum =number;
    strName =name;
}
class Doctor : public Student              //公有派生 Doctor(博士生类)
{
public:
    Doctor(const string&, const string&, const string&);
    void Test()                   //声明虚函数 Test(),原型与基类的纯虚函数完全一样
    {                             //实现基类中的纯虚函数
        cout <<"博士生考试小 case 啦,是开卷考试^_^..." <<endl;
    }
private:
    string strMajor;                       //专业信息
};
Doctor::Doctor(const string& number, const string& name, const string&
    major) : Student(number, name)
```

```
Line 29  {
Line 30      strMajor =major;
Line 31  }
Line 32  class MidschoolStu : public Student     //声明派生类 MidschoolStu(中学生类)
Line 33  {                                       //MidschoolStu 仍然是抽象类
Line 34  protected:
Line 35      int nGrade;                         //表示年级
Line 36  };
Line 37  class HighschoolStu : public MidschoolStu  //高中生类由中学生类派生
Line 38  {
Line 39  public:
Line 40      void Test(){cout <<"高中生的考试最严肃..." <<endl;}
Line 41  };
Line 42  int main()
Line 43  {
Line 44      Student * pStu =nullptr;
Line 45      Doctor ds("2019416001", "Ailsa", "Computer Science and Technology");
Line 46      HighschoolStu hs;
Line 47      pStu =&ds;
Line 48      pStu->Test();
Line 49      pStu =&hs;
Line 50      pStu->Test();
Line 51      return 0;
Line 52  }
```

程序运行结果如图 6-7 所示。

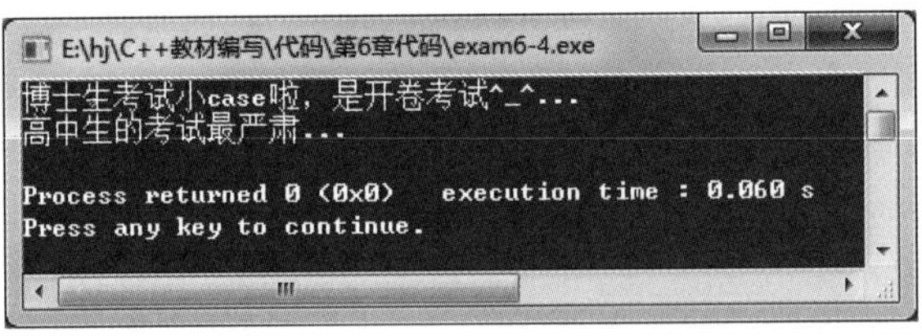

图 6-7　例 6-4 程序运行结果

基类 Student 中声明了纯虚函数 Test()(Line 8)，类 Student 就是抽象类，不能用类 Student 声明对象，如"Student s;"编译时有语法错误：error: cannot declare variable 's' to be of abstract type 'Student'，大意是不能声明抽象类 Student 的对象 s。

Doctor 是 Student 的派生类，并在 Doctor 中实现了 Test()函数(Line 21)。这样，Doctor 就不再是抽象类。派生类 MidschoolStu 中没有实现 Test()函数，那么基类中的纯虚函数继承到 MidschoolStu 仍然是纯虚函数。相应地，MidschoolStu 仍然是抽象类。MidschoolStu 的派生类 HighschoolStu 中实现了 Test()函数(Line 40)。

小结

关于C++语言中的多态，从程序员的角度看，这些同名函数是无法区别的。然而，“火眼金睛”的编译器就能够分辨这些同名函数。有些同名函数在编译阶段就能够被识别，这些同名函数构成了编译时的多态；有些同名函数需要在程序的运行过程中根据上下文才能够识别，这些同名函数构成了运行时的多态。

实现多态的核心技术包括三点：继承、虚函数、指针及引用类型的兼容赋值。通过继承形成多层次的类，在基类中设计虚函数，在派生类中改写虚函数的功能，通过基类指针调用派生类的虚函数实现动态多态性。抽象类通过纯虚函数为类提供公共接口，实现动态多态。

第7章 模板

C++ 语言的特性之一是代码重用，模板(Template)是实现代码重用的一种手段。模板是 C++ 语言支持参数化程序设计的工具，实现参数化多态，即类型参数化，把类型定义为参数，使得一段程序可以处理多种不同类型的对象。模板一般分为函数模板(Function Template)和类模板(Class Template)。

7.1 函数模板

首先，思考以下问题：编写函数 Swap()，实现两个整数的交换。其代码如下：

```
void Swap(int& x, int& y)
{
    int z =x;
    x =y;
    y =z;
}
```

那么，如果需要交换两个 string 类型的字符串，需要编写如下函数：

```
void Swap(string& x, string& y)
{
    string z =x;
    x =y;
    y =z;
}
```

如果需要交换两个 double 类型的浮点数，则继续修改以上函数……

显然，可以编写多个 Swap()函数，函数处理的两个数据的类型不同，用函数重载的机制可以实现要求。

然而，以上的处理方式非常麻烦，这两个函数的功能完全一样，只是参数的类型不同，代码几乎相同。能否只写一个 Swap()函数就能用来交换多种类型的变量的值呢？用 C++ 语言提供的函数模板就可以解决这个问题。

众所周知，有了“模子”后，用“模子”来批量制造陶瓷、塑料、金属等制品就会变得非常容易。函数模板就是函数的“模子”，有了函数模板就可以用它批量生成功能和形式几乎相同的函数。

函数模板的定义格式如下：

```
template <模板参数>
类型说明符 函数名(参数列表)
{
    函数体;
}
```

例如：

```
template <typename T>
void Swap(T& x, T& y)
{
    T z =x;
    x =y;
    y =z;
}
```

其中，template 是声明模板的关键字。模板参数有两种形式：①用 typename 关键字声明的类型参数；②内置数据类型或自定义数据类型。在标准 C++ 98 添加关键字 typename 以前，使用 class 定义模板参数。为了保持 C++ 语言的向后兼容，typename 可以用 class 代替，但是更推荐使用 typename。

函数模板的说明如下。

(1) 关键词 typename 后面的“类型参数”代表的是抽象数据类型，在函数模板实例化时可以用标准内置数据类型或者自定义数据类型替换。

(2) 函数首部的“参数”指函数的形参，该形参必须指定数据类型，数据类型可以是标准内置数据类型、自定义数据类型或者 typename 声明的抽象数据类型。

(3) 用 typename 声明的“类型参数”在函数模板中必须使用，不能只声明不使用。

接下来，编写函数模板 Swap()，交换两个任意类型的数据。

【例 7-1】

```
#include <iostream>
#include <string>
using namespace std;
template <typename T>
void Swap(T& x, T& y)
{
    T z =x;
    x =y;
    y =z;
}
int main()
{
```

```
Line 13      int a =1, b =2;
Line 14      Swap(a, b);
Line 15      cout<<"a=" <<a <<", b=" <<b <<endl;
Line 16      string s1 ="good", s2 ="nice";
Line 17      Swap(s1, s2);
Line 18      cout<<"s1=" <<s1 <<", s2=" <<s2 <<endl;
Line 19      return 0;
Line 20  }
```

程序运行结果如图 7-1 所示。

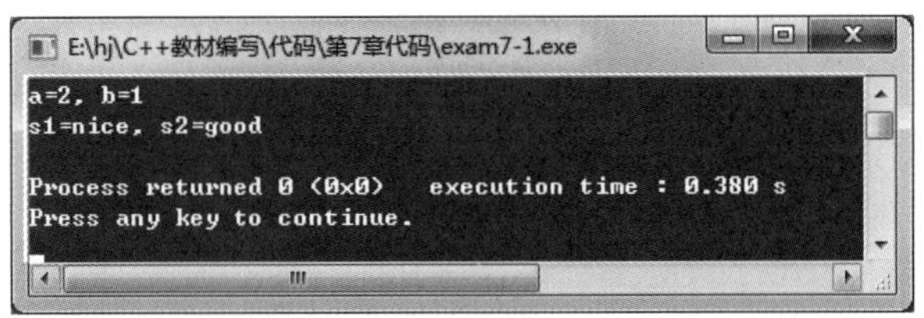

图 7-1 例 7-1 程序运行结果

编写一个函数模板 Swap()(Line 4～Line 10),既可以交换两个 int 类型的数据(Line 14),也可以交换两个 string 类型的数据(Line 17)。这是怎么做到的呢? Line 14 调用 Swap(a,b)函数时,编译器用 a 和 b 的数据类型 int 替换函数模板 Swap()中的类型参数 T,生成一个具体类型的真正函数。同样,Line 17 调用 Swap(s1,s2)时,编译器用 string 类型替换函数模板中的类型参数 T,生成另一个具体类型的真正函数。用具体数据类型替换函数模板的模板参数,生成一个具体类型的函数的过程称为函数模板的实例化(Instantiation)。

7.1.1 函数模板的实例化

函数模板并不是一个具体的函数,它不能直接使用。当调用函数模板时,编译器根据函数调用时的实参"推断"出具体的数据类型,并用该数据类型替换模板中的类型参数,生成一个具体类型的真正函数。这个过程称为函数模板的实例化。虽然使用函数模板可以减少代码的书写,提高代码的重用性,但是使用函数模板并不会减小最终可执行程序的大小。

函数模板的实例化可分为隐式实例化和显式实例化两种。

1. 隐式实例化

例 7-1 中函数模板的实例化就是隐式实例化,编译器根据函数模板调用时的实参的数据类型自动推断出模板中的类型参数 T 的类型,用该类型替换 T。例如,Swap(a, b)函数的调用过程是:编译器发现 a 与 b 的类型是 int,则用 int 类型替换抽象数据类型 T,然后实例化一个具体的函数:

```
void Swap(int& x, int& y)
{
    int z =x;
```

```
    x =y;
    y =z;
}
```

生成的这个具体函数称为模板函数。

当编译器进行数据类型"推断"时,不能出现歧义。例如:

```
int a =1;
double b =2.5;
```

则 Swap(a, b)的函数调用是错误的,错误提示:

```
error: no matching function for call to 'Swap(int&, double&)'
```

因为编译器发现实参 a 的类型是 int,而 b 的类型是 double,抽象数据类型 T 无法确定是用 int 类型替换还是用 double 类型替换。

2. 显式实例化

隐式实例化时不能为抽象类型参数指定不同的数据类型,否则编译器无法确定类型参数的确切类型。此时,可以通过显式实例化的方法为函数模板中的抽象类型指定确切的数据类型。

显式实例化的声明格式如下:

```
template
类型说明符 函数名<类型说明符>(参数列表);
```

其中,函数名后"<类型说明符>"中的类型说明符指定抽象数据类型实例化后的确切数据类型,函数模板中的抽象类型都替换为该数据类型。

【例 7-2】

```
#include <iostream>
using namespace std;
template <typename T>
T Add(T x, T y)
{
    return x +y;
}
template int Add<int>(int, int);                    //显式实例化的函数声明
int main()
{
    int a =1;
    double b =2.5;
    //cout<<"0. a+b=" <<Add(a, b) <<endl;          //语法错误
```

```
Line 14      cout<<"1. a+b=" <<Add<int>(a, b) <<endl;
Line 15      cout<<"2. a+b=" <<Add<double>(a, b) <<endl;
Line 16      double m =1.8, n =2.5;
Line 17      cout<<"3. m+n=" <<Add(m, n) <<endl;
Line 18      cout<<"4. m+n=" <<Add<int>(m, n) <<endl;
Line 19      string s1 ="Hello ", s2 ="world.";
Line 20      cout <<"5. s1+s2=" <<Add(s1, s2) <<endl;
Line 21      return 0;
Line 22  }
```

程序运行结果如图 7-2 所示。

图 7-2　例 7-2 程序运行结果

Line 13 的函数调用 Add(a, b)是错误的，因为编译器无法确定函数模板中的抽象数据类型 T 应该用 int 类型还是 double 类型替换，即使对函数模板进行了显式实例化的声明(Line 8)。Line 14 使用显式实例化，用 int 类型替换函数模板中的 T，并且对实参变量 b 进行强制类型转换，转换为 int 类型，然后调用函数 Add(1, 2)完成两个 int 类型数的相加运算。Line 17 的函数调用 Add(m, n)通过隐式实例化生成 double 类型的函数 Add()，完成两个 double 类型数的相加运算。Line 18 使用显式实例化生成 int 类型的函数 Add()，把 m 和 n 强制转换成 int 类型进行相加运算。

需要特别注意的是，虽然没有 double 类型的函数模板的显式声明，Line 15 也是正确的，编译器使用显式实例化生成 double 类型的函数 Add()，把实参变量 a 强制转换成 double 类型的数值，完成两个 double 类型数据的相加运算。C++ 语言编译器在不断完善，对函数模板的显式声明有时可以省略，只在调用函数时在函数名后用"<>"指定要实例化的数据类型即可。

前面几章中一直在强调，函数的形参使用引用要好于非引用，尤其是当实参是对象时，函数的形参最好使用引用。例如，可以把例 7-2 的函数模板定义为以下形式：

```
template <typename T>
T Add(T& x, T& y)
{
    return x +y;
}
```

然而，这种函数模板不能处理不同类型的两个数据，即使做如下显式声明：

```
template int Add<int>(int&, int&);
```

Line 14 的函数调用 Add<int>(a, b)仍然是非法的，因为 Add()函数的两个形参是 int 类型的左值引用，而左值引用不能引用不同类型的变量(实参 b 是 double 类型)。

7.1.2 函数模板的显式具体化

函数模板存在局限性。当定义函数模板时，我们始终假定函数体中的语句是合法的。例如，定义如下函数模板：

```
template <typename T>
T Add(T x, T y)
{
    return x +y;
}
```

如果 T 是内置数据类型，则 x+y 是合法的。例如，Add(1, 2)是合法的。但是，如果 T 用 int * 替换则是错误的，因为两个指针相加没有任何意义。例如，Add(a, b)是非法的，其中 a, b 声明如下：

```
int a[5] ={1, 2, 3, 4, 5};
int b[5] ={2, 5, 1, 3, 4};
```

即函数模板可能无法处理某些特定的数据类型。此时，可以使用模板的显式具体化(Explicit Specialization)解决函数模板处理特定数据类型的问题。

显式具体化的声明格式如下：

```
template<>
类型说明符 函数名<类型说明符>(参数列表);
```

与函数模板的显式实例化相比，两者有相似之处，也有区别，区别如下。

(1) 显式实例化只需显式声明模板参数的类型，不需要重新定义函数的实现；而显式具体化必须重新定义函数模板，改写函数模板的功能以处理特定的数据类型，达到自己想要的特定结果。

(2) 显式实例化中 template 后面没有“<>”，而显式具体化中 template 后面紧跟“<>”。即，使用符号“<>”区别显式实例化(不使用符号“<>”)和显式具体化(使用符号“<>”)。

【例 7-3】

```
#include <iostream>
using namespace std;
template <typename T>
```

```
T Add(T x, T y)
{
    return x +y;
}
template<>                                    //函数模板的显式具体化
int* Add<int*>(int* x, int* y)
{
    int* z =new int[5];
    for(int i =0; i <5; i++)
    {
        z[i] =x[i] +y[i];
    }
    return z;
}
int main()
{
    int a[5] ={1, 2, 3, 4, 5};
    int b[5] ={2, 5, 1, 3, 6};
    cout<<"隐式实例化函数模板 Add()......" <<endl;
    for(int i =0; i <5; i++)
    {
        cout<<Add(a[i], b[i]) <<" ";  //使用隐式实例化函数模板 Add()
    }
    cout<<"\n 显式具体化函数模板 Add()......" <<endl;
    int* c =nullptr;
    c =Add(a, b);                             //使用显式具体化函数模板 Add()
    for(int i =0; i <5; i++)
    {
        cout<<c[i] <<" ";
    }
    delete[] c;
    return 0;
}
```

程序运行结果如图 7-3 所示。

图 7-3 例 7-3 程序运行结果

本例使用函数模板 Add()完成两个整数相加(Line 25)和两个数组相加(Line 29),数组相加的规则是数组元素对应求和,这是通过显式具体化 Add()函数模板实现的。在显式具体化的声明格式中,函数名后的"<类型说明符>"是可选项,因为函数的参数类型表明这是函数模板的显式具体化。因此,Line 9 可以改为

```
int* Add (int* x, int* y);
```

一个函数模板可以处理内置数据类型,但未必可以直接处理自定义数据类型。例如,函数模板 Greater 的定义如下:

```
template <typename T>
bool Greater(T x, T y)
{
    return x >y;
}
```

关系运算符">"可以直接比较两个基本数据类型的大小,如 int 类型。但是,关系运算符">"不能比较两个自定义数据类型 Student 对象的大小,除非已经在类 Student 中重载了关系运算符">"。可以把函数模板 Greater()显式具体化为一个特殊的函数,用于专门处理 Student 类型对象。

【例 7-4】

```
#include <iostream>
#include <string>
using namespace std;
class Student
{
public:
    Student(const string& name, int age):strName(name), nAge(age){}
    int GetAge(){return nAge;}
    string GetName(){return strName;}
private:
    string strName;
    int nAge;
};
template <typename T>
bool Greater(T x, T y)
{
    return x >y;
}
template<>
bool Greater<Student>(Student x, Student y)      //函数模板的显式具体化
{
```

```
Line 22        return x.GetAge() >y.GetAge();
Line 23    }
Line 24    int main()
Line 25    {
Line 26        Student s1("Jason", 18), s2("Kevin", 20);
Line 27        if(Greater(s1, s2)) cout <<s1.GetName() <<"年龄较大。" <<endl;
Line 28        else cout <<s2.GetName() <<"年龄较大。" <<endl;
Line 29        return 0;
Line 30    }
```

程序运行结果如图 7-4 所示。

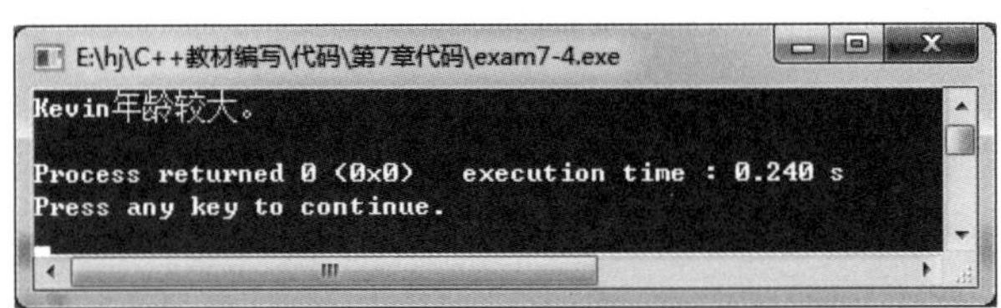

图 7-4　例 7-4 程序运行结果

函数模板 Greater()(Line 15～Line 18)可以处理基本数据类型,但是不能处理 Student 类型的对象。本例把函数模板 Greater()显式具体化为特定的函数(Line 20),处理两个 Student 类型的对象 s1 和 s2,比较 s1. nAge 和 s2. nAge,它们是整型变量,可以直接用关系运算符“>”比较大小。

函数模板的函数体中只有一条语句(Line 17),如果形参变量 x 和 y 对应的是 Student 类型的对象,并且在 Student 类中重载了关系运算符“>”,则函数模板也能适用于 Student 类对象。

7.1.3　函数模板的重载

普通函数可以重载,相同函数名通过参数的不同进行区别,实现函数重载。例如:

```
int Add(int, int);
double Add(double, double);
```

事实上,函数模板也可以被重载,即相同的函数模板名通过不同的参数进行区别,实现不同的函数功能。当调用函数模板时,编译器根据实参的类型及个数决定调用哪个函数模板来实例化一个具体的函数。

【例 7-5】

```
#include <iostream>
using namespace std;
template <typename T>
```

```
T Add(T, T);
template <typename T>
T Add(T[], int n);
template <typename T>
void Print(T* arr, int n)
{
    for(int i =0; i <n; i++)
    {
        cout <<arr[i] <<" ";
    }
    cout <<endl;
}
int main()
{
    int a[10] ={1, 2, 3, 4, 5, 6, 7, 8, 9, 10};
    double b[5] ={2, 5.4, 1.2, 3.3, 6};
    cout <<"数组 a 所有元素:";
    Print(a, 10);
    cout <<"数组 b 所有元素:";
    Print(b, 5);
    cout <<"a[0]+a[1]=" <<Add(a[0], a[1]) <<endl;
    cout <<"b[0]+b[1]=" <<Add(b[0], b[1]) <<endl;
    cout <<"数组 a 所有元素之和:" <<Add(a, 10) <<endl;
    cout <<"数组 b 所有元素之和:" <<Add(b, 5) <<endl;
    return 0;
}
template <typename T>
T Add(T x, T y)
{
    return x +y;
}
template <typename T>
T Add(T a[], int n)
{
    T sum =0;
    for(int i =0; i <n; i++)
    {
        sum +=a[i];
    }
    return sum;
}
```

程序运行结果如图 7-5 所示。

例 7-5 定义了三个函数模板：

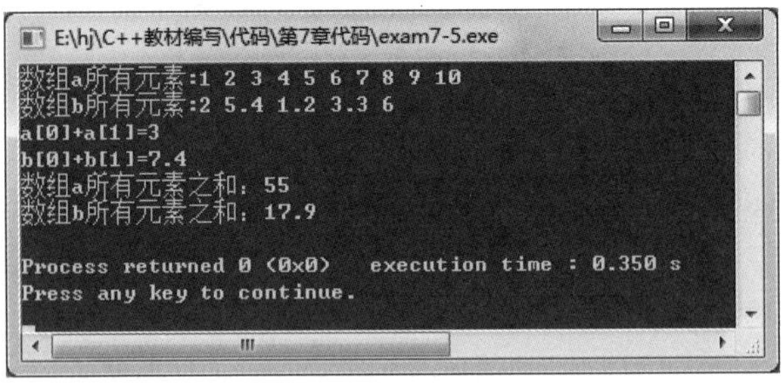

```
E:\hj\C++教材编写\代码\第7章代码\exam7-5.exe
数组a所有元素:1 2 3 4 5 6 7 8 9 10
数组b所有元素:2 5.4 1.2 3.3 6
a[0]+a[1]=3
b[0]+b[1]=7.4
数组a所有元素之和: 55
数组b所有元素之和: 17.9

Process returned 0 (0x0)   execution time : 0.350 s
Press any key to continue.
```

图 7-5 例 7-5 程序运行结果

```
T Add(T, T);
T Add(T a[], int n);
void Print(T* arr, int n);
```

其中,前两个函数模板构成重载,它们的函数名相同(Add),但是参数不同。函数模板 Print()的参数与第二个函数模板 Add()的参数是相同的。

当被调用函数在主调用函数之后定义时,在调用函数之前应该为被调用函数进行函数声明。同样,函数模板的定义如果在主调用函数之后,那么需要在主调用函数之前声明函数模板。声明函数模板的基本格式如下:

```
template <模板参数>
类型说明符 函数名(参数列表);
```

Line 3 和 Line 4 声明函数模板 T Add(T, T),Line 5 和 Line 6 声明函数模板 T Add(T a[], int n)。函数模板 Print()在主调用函数之前进行定义,所以 Print()函数不需要显式函数声明,函数定义充当了函数声明的作用。

Line 24 和 Line 25 调用 Add()函数时,都是用隐式实例化的方式实例化函数模板 T Add(T, T),分别用 int(Line 24)和 double(Line 25)替换 T。Line 26 和 Line 27 的函数调用与函数模板 T Add(T[], int)的参数类型相匹配,分别实例化为 int Add(int[], int)和 double Add(double[], int)模板函数。

7.1.4 函数版本的选择

在同一个程序中,相同函数名的普通函数、函数模板、函数模板的显式具体化等多种版本的函数可以并存。例如:

```
(1)int Add(int, int);              //普通函数
(2)template<typename T>            //函数模板
   T Add(T, T);
(3)template<>                      //函数模板的显式具体化
   int* Add<int*>(int* x, int* y);
```

其中,第(1)种是普通函数,不是函数模板;第(2)种是函数模板;第(3)种是函数模板的显式具体化。而且,这几种类型的函数都可以重载。那么,当在同一个程序中出现了非模板函数及重载、函数模板及重载时,C++需要有一个定义良好的策略,决定为函数调用使用哪一个函数定义。这个过程称为重载解析(Overloading Resolution)。这种重载解析的策略比较复杂,读者仅大致了解重载解析的基本规则即可。

规则一:非模板函数优先于模板函数。

【例 7-6】

```
#include <iostream>
using namespace std;
int Add(int, int);                              //版本 1:非模板函数
template <typename T>                           //版本 2:函数模板
T Add(T, T);
template <typename T>               //版本 3:函数模板,与版本 2 构成函数模板的重载
T Add(T, T, T);
int main()
{
    int a =1, b =2, c =3;
    double m =5.5, n =2.3;
    cout<<" a+b=" <<Add(a, b) <<endl;           //使用版本 1
    cout<<" m+n=" <<Add(m, n) <<endl;           //使用版本 2
    cout<<" a+m=" <<Add(a, m) <<endl;           //使用版本 1
    cout<<" a+b+c=" <<Add(a, b, c) <<endl;      //使用版本 3
    return 0;
}
int Add(int x, int y)
{
    cout<<"版本 1:普通函数";
    return x +y;
}
template <typename T>
T Add(T x, T y)
{
    cout<<"版本 2:两个参数的函数模板";
    return x +y;
}
template <typename T>
T Add(T x, T y, T z)
{
    cout<<"版本 3:三个参数的函数模板";
    return x +y +z;
}
```

程序运行结果如图 7-6 所示。

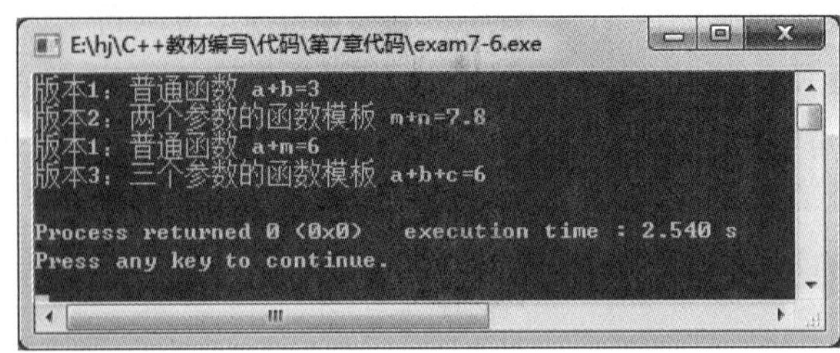

图 7-6　例 7-6 程序运行结果

Line 12 调用 Add()函数时实参类型与版本 1 的形参类型“完全匹配”，虽然版本 2 隐式实例化为 int 类型后与 Line 12 的函数调用一致，但是基于非模板函数优先于模板函数的规则，编译器调用非模板函数。Line 13 两个实参类型都是 double，无法与非模板函数的形参类型匹配，但是可以与版本 2 实例化出的 double 类型的模板函数“完全匹配”，此时使用版本 2 的隐式实例化的模板函数。Line 14 的实参类型是 int 和 double，不能实例化版本 2 的函数模板，因为函数模板不允许自动类型转换。此时，编译器把 double 类型变量 m 强制转换成 int 类型后调用版本 1，虽不能做到“完全匹配”，但可以做到“最佳匹配”。Line 15 有三个实参，当然无法调用版本 1，即使版本 1 是非模板函数，因为版本 1 只有两个形参。此时，编译器隐式实例化函数模板(版本 3)完成 Line 15 的函数调用。

规则二：函数模板中的显式具体化优先于隐式实例化。

【例 7-7】

```
#include <iostream>
using namespace std;
class Student
{
public:
    Student(int n):nAge(n){}
    int GetAge() const {return nAge;}
    friend bool operator>(const Student&, const Student&);
private:
    int nAge;
};
bool operator>(const Student& s1, const Student& s2)
{
    return s1.GetAge() >s2.GetAge();
}
template <typename T>
bool Greater(T x, T y)                                    //版本 1:函数模板
{
    cout <<"版本 1:";
    return x >y;
}
```

```
line 22 template<>bool Greater<Student>(Student x, Student y) //版本 2:显式具体化
line 23 {
line 24     cout <<"版本 2:";
line 25     return x.GetAge() >y.GetAge();
line 26 }
line 27 int main()
line 28 {
line 29     Student s1(19), s2(20);
line 30     if(Greater(s1, s2)) cout <<"s1 年龄较大。" <<endl;
line 31     else cout <<"s2 年龄较大。" <<endl;
line 32     return 0;
line 33 }
```

程序运行结果如图 7-7 所示。

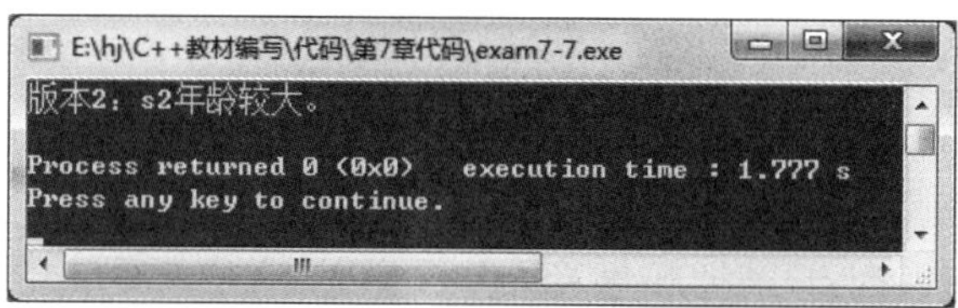

图 7-7 例 7-7 程序运行结果

Line 30 的 Greater()函数可以与版本 1 的函数模板匹配，用 Student 类型替换 T，然后调用 Student 类型的重载运算符“>”可比较两个对象的大小；也可以使用版本 2，用函数模板的显式具体化函数。此时，编译器优先选择版本 2。

规则三：转换少、更具体的函数模板优先于其他函数模板。

当有多个函数模板，形成函数模板重载时，转换少、更具体的函数模板优先被调用。

【例 7-8】

```
#include <iostream>
using namespace std;
template <typename T>                          //版本 1:函数模板
void func(T x)
{
    cout<<"版本 1 被调用:..." <<endl;
}
template <typename T>                          //版本 2:函数模板
void func(T* x)
{
    cout<<"版本 2 被调用:..." <<endl;
}
int main()
{
```

```
Line 15     int a =1;
Line 16     func(a);                          //调用版本 1
Line 17     func(&a);                         //调用版本 2
Line 18     return 0;
Line 19 }
```

程序运行结果如图 7-8 所示。

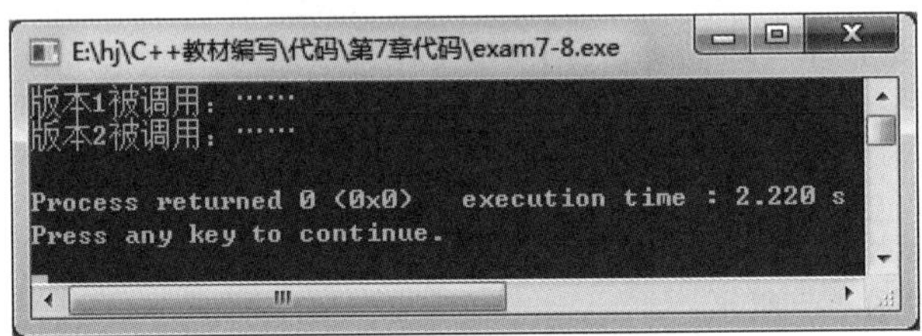

图 7-8　例 7-8 程序运行结果

Line 12 的实参是 int 类型，与版本 1 的函数模板用 int 类型进行实例化后的函数完全匹配，所以 Line 16 调用版本 1。Line 17 可以与版本 1 的函数模板匹配，把 T 解释为 int *；也可以与版本 2 的函数模板匹配，只需把 T 解释为 int。显然，在这两种解释过程中，第二种解释是更具体的、类型转换更少的，所以 Line 17 的函数调用编译器选择版本 2 的函数模板进行实例化。当然，如果没有版本 2 而只有版本 1，那么 Line 17 也能与版本 1 的函数模板匹配。

规则四：程序员可自行选择。

通过编写合适的函数调用，引导编译器做出程序员所希望的选择。

【例 7-9】

```
#include <iostream>
using namespace std;
int Add(int, int);                                    //版本 1:非模板函数
template <typename T>                                 //版本 2:函数模板
T Add(T, T);
int main()
{
    int a =1, b =2, c =3;
    double m =5.5, n =2.3;
    cout<<" a+b=" <<Add(a, b) <<endl;                 //使用版本 1
    cout<<" m+n=" <<Add(m, n) <<endl;                 //使用版本 2
    cout<<" a+m=" <<Add<int>(a, m) <<endl;            //使用版本 2
    return 0;
}
int Add(int x, int y)
{
    cout<<"版本 1:";
    return x +y;
```

```
Line 19 }
Line 20 template <typename T>
Line 21 T Add(T x, T y)
Line 22 {
Line 23     cout<<"版本 2:";
Line 24     return x +y;
Line 25 }
```

程序运行结果如图 7-9 所示。

```
E:\hj\C++教材编写\代码\第7章代码\exam7-9.exe
版本1:  a+b=3
版本2:  m+n=7.8
版本2:  a+m=6

Process returned 0 (0x0)   execution time : 2.422 s
Press any key to continue.
```

图 7-9 例 7-9 程序运行结果

Line 12 按照程序员的编程意图调用版本 2 的函数模板，用 int 类型替换 T 显式实例化函数模板。

事实上，函数模板的实例化过程是非常复杂的，编译器有复杂的处理规则，尤其是当有多个参数的函数调用与有多个参数的函数模板进行匹配时情况将更加复杂。本书不解释这些复杂的匹配规则，只给出这几个常用、简单的匹配规则。

7.1.5 函数模板返回值的类型

在一个函数模板中可能存在多个类型参数，函数模板在实例化时对应于多个不同的数据类型。这时，如果用不同类型的数据进行混合运算，最终的运算结果的类型将难以确定。例如：

```
template <typename T, typename U>
??type Add(T x, U y)            //函数返回值的类型是什么
{
    ??type sum;                 //sum 定义为什么数据类型
    sum =x +y;
    return sum;
}
```

函数模板存在两个类型参数 T 和 U，由于无法预知 Add()函数调用时实参的类型，因此无法预先知道 sum 的数据类型及函数返回值的类型。例如，Add(1, 2.5)对应的 T 和 U 分别是 int 和 double，函数返回值的类型希望是 double(U)；而 Add(1, 'a')对应的 T 和 U 分别是 int 和 char，函数返回值的类型希望是 int(T)。在这种情况下，不同数据类型进行加法运算时自动进行数据类型转换，因此函数返回值的结果可能是 double，也可能是 int。如果使用自定义类型进行 Add()函数的调用，情况将更加复杂。

如果编译器能够根据参数的类型“自动”判断返回值的类型，那将是完美的。事实上，借助关键字 auto 和 decltype，使用后置函数声明的方式可以确定函数模板的返回值的类型。

【例 7-10】

```
Line 1    #include <iostream>
Line 2    using namespace std;
Line 3    template <typename T, typename U>
Line 4    auto Add(T x, U y)->decltype(x+y)  //使用后置返回类型(trailing return type)
Line 5    {
Line 6        decltype(x+y) sum;             //sum 的数据类型与 x+y 的一致
Line 7        sum =x +y;
Line 8        return sum;
Line 9    }
Line 10   int main()
Line 11   {
Line 12       cout<<"1. a+b=" <<Add(1, 2) <<endl;
Line 13       cout<<"2. a+b=" <<Add(1.5, 1) <<endl;
Line 14       cout<<"3. a+b=" <<Add(1, 'a') <<endl;
Line 15       return 0;
Line 16   }
```

程序运行结果如图 7-10 所示。

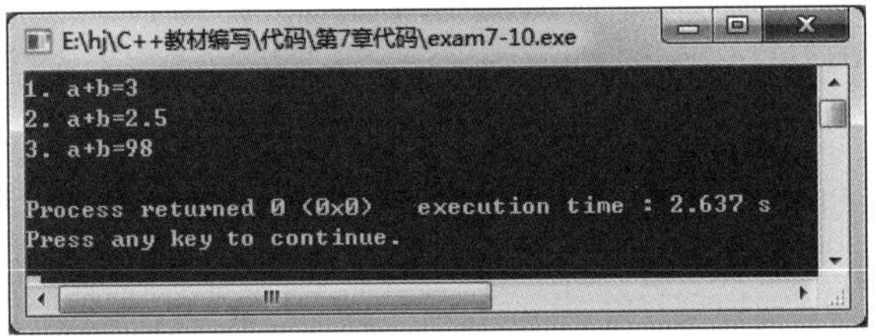

图 7-10 例 7-10 程序运行结果

auto 常与 decltype()函数合用，判断函数模板的返回值的类型。Line 12 中 Add(1, 2)两个实参都是 int 类型，函数模板的 T 和 U 都用 int 类型替换，decltype(x, y)的结果是 int 类型，函数返回值的类型是 int。Line 13 的 Add()函数两个实参分别是 double 和 int 类型，decltype(x, y)的结果是 double 类型，因此函数返回值的类型是 double。类似地，Line 14 函数返回值的类型是 int。

事实上，木例中的函数模板也可以直接简写为

```
template<typename T, typename U>
auto Add(T x, U y)->decltype(x+y)          //使用后置返回类型
{
```

```
    return x +y;
}
```

例 7-10 中的写法旨在向读者说明在函数模板中如何正确定义未知类型的变量。

7.1.6 函数模板小结

函数模板可以实现代码重用,极大地提高了程序设计的效率。使用泛型和具体算法定义函数模板,调用函数时编译器将用程序中使用的特定参数类型实例化函数。

在使用函数模板时要注意如下问题。

(1) 函数模板中用 typename 声明的每一个类型参数在函数参数表中都要用到。

```
template<typename T, typename U>
void func(T x)
{
    //函数体
}
...
func(1);                              //语法错误,无法推断 U 的类型
```

函数模板中声明的参数 U 没有使用,当调用函数 func()时无法推断 U 的类型,不能实例化模板函数。可以通过显式实例化方式显式指定模板实参来解决这个问题,例如:

```
func<int, double>(2);
```

这样,类型参数 T 用 int 类型替换,而类型参数 U 用 double 类型替换。

(2) 函数模板的形式参数可以是确定的数据类型。例如:

```
template<typename T >
void func(T x, int n)                 //正确,形参 n 是确定的 int 类型
{
    //函数体
}
```

(3) 函数模板的模板参数可以使用内置数据类型,即确定的数据类型,这种参数也称非类型模板参数。例如:

```
template <typename T, int n>          //正确,非类型模板参数 n 是确定的 int 类型
void func(T x)
{
    //函数体
}
```

函数 func()需要通过显式指定模板实参的方式进行调用，例如：

```
func<int, 2>(3);
```

如果简单地写成 func(3)是错误的，因为函数模板的第二个参数无法实例化。另外，特别需要注意的是，非类型模板形参所对应的实参必须是一个常量表达式，即必须在编译时计算出结果。例如：

```
int a =2, b =3;
func<int, a>(b);            //语法错误: error: the value of 'a' is not usable in a
                            //constant expression
```

上述函数调用时有语法错误，因为 a 是变量而不是常量，而该位置的表达式要求是常量表达式。

(4) 同一函数模板中的类型参数不能重名，不同函数模板中的类型参数允许重名。

```
template <typename T, typename T>      //语法错误，类型参数 T 重复
void func(T x, T y)
{
    //函数体
}
```

(5) 函数模板声明中的类型参数名与函数模板定义时使用的类型参数名可以不同。

```
template<typename T, typename U>         //函数模板声明时类型参数使用 T、U 表示
void func(T, U);
...
template<typename T1, typename T2>       //函数模板定义时类型参数使用 T1、T2 表示
void func(T1 x, T2 y)                    //函数模板定义
{
    //函数体
}
```

(6) 函数模板的模板参数可以指定默认值。例如：

```
template<typename T1 =int, typename T2 =double>
T2 Convert(T1 x)                    //把 x 转换为另外一个值，如将华氏温度转换为摄氏温度
{
    //函数体
}
```

则以下语句都是正确的：

```
auto x1 =Convert<int, double>(3);   //显式指定 T1 和 T2 的类型分别是 int 和 double
auto x2 =Convert<int>(3);           //缺省 T2 的类型，T2 为默认类型 double
```

```
auto x3 =Convert<> (3);            //缺省 T1 和 T2 的类型,均使用默认类型
auto x4 =Convert(3);               //当类型都缺省时,可以省略"<>"
```

(7) 当程序使用多文件结构时,应将函数模板的声明和函数模板的定义一起放在同一个头文件中。

7.1.7 可变参数函数模板

可变模板参数(Variadic Template Arguments)函数模板是标准 C++ 11 的新增特性,也是 C++ 11 中较难理解和掌握的特性之一。可变模板参数对函数参数进行了高度泛化,可表示零个到任意个数、任意类型的参数。一个典型的可变参数函数模板的定义形式如下:

```
template <class T, class ...Args>
void func(T head, Args... tails)
{
    //函数体
}
```

其中,省略号"..."称为元运算符,表示可变数目的参数包;Args 是模板参数包,可表示零个或多个模板参数;tails 是展开参数包,表示零个或多个函数参数。Args 和 tails 不是固定的,可用任意合法的标识符表示。我们无法直接获取参数包 tails 中的每个参数,只能通过展开参数包的方式来获取参数包中的每个参数。最常用的一种展开参数包的方法是使用递归函数方式展开参数包。

使用递归函数方式展开参数包时,需要提供一个参数包展开的函数和一个递归终止函数,基本处理方式如下。

(1) 重载 func()函数,作为递归终止函数:

```
template <class T >
void func(T last)
{
    //处理最后一个参数
}
```

有时也可以重载一个空函数作为递归终止函数:

```
void func(){};
```

(2) 在函数模板中处理第一个参数,然后调用函数处理剩余的参数:

```
template <class T, class ...Args>
void func(T head, Args... tails)
{
    //处理第一个参数 head
```

```
    func(tails...);                //处理剩余参数
}
```

接下来，通过一个示例说明可变参数函数模板的展开方法。定义函数 ShowList()，用于向显示器输出任意个数、任意类型的数据，各个数据之间用空格分隔。

【例 7-11】

```
Line 1    #include <iostream>
Line 2    using namespace std;
Line 3    template <typename T>
Line 4    void ShowList(T last)                    //结束递归调用的函数模板
Line 5    {
Line 6        cout <<last <<endl;
Line 7    }
Line 8    template <typename T, typename ...Args>
Line 9    void ShowList(T first, Args ...tails)
Line 10   {
Line 11       cout <<first <<" ";                  //先处理第一个参数 first
Line 12       ShowList(tails...);                  //用递归函数调用的形式处理剩余参数
Line 13   }
Line 14   int main()
Line 15   {
Line 16       ShowList(1, 'A', "hello", 3.14);
Line 17       return 0;
Line 18   }
```

程序运行结果如图 7-11 所示。

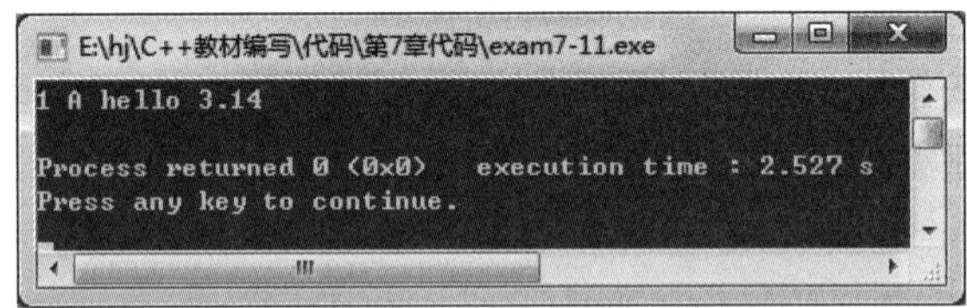

图 7-11 例 7-11 程序运行结果

函数模板 ShowList()通过递归函数调用的方式进行解包(Line 12)，需要定义一个结束递归调用的函数模板(Line 3～Line 7)。

注意

结束递归调用的函数模板的定义必须在可变参数函数模板之前。

ShowList()函数的四个参数的类型分别是 int、char、const char * 和 double(Line 16)。那么，Line 8 函数模板的参数 T 实例化为 int 类型，模板参数包 Args 中包含 char、const char * 和 double。相应地，Line 9 的函数参数 first 的值是 1，函数参数包 tails 中包含的值是 'A'、"hello"和 3.14。执行 Line 11，输出 1 和空格，然后递归调用 ShowList()函数，相当于执行 ShowList('A', "hello", 3.14)(Line 16)。可按以上分析过程递归处理……最后，当剩余一个参数(ShowList(3.14))时，调用 Line 4 的重载函数 ShowList()输出 3.14 并换行，结束递归函数的调用。

接下来再通过一个简单的示例了解可变参数函数模板的使用方法。编写函数 Add()，计算任意个数的整数、浮点数的和。

【例 7-12】

```
Line 1   #include <iostream>
Line 2   using namespace std;
Line 3   template <typename T>
Line 4   T Add(T last)                                   //结束递归调用的函数模板
Line 5   {
Line 6       return last;
Line 7   }
Line 8   template <typename T, typename ...Args>
Line 9   T Add(T first, Args ...tails)
Line 10  {
Line 11      return first +Add(tails...);
Line 12  }
Line 13  int main()
Line 14  {
Line 15      cout <<Add(1, 2, 3, 4, 5) <<endl;
Line 16      cout <<Add(1.5, 2.3, 3.14) <<endl;
Line 17      cout <<Add(1.6, 2) <<endl;
Line 18      cout <<Add(2, 1.6) <<endl;
Line 19      return 0;
Line 20  }
```

程序运行结果如图 7-12 所示。

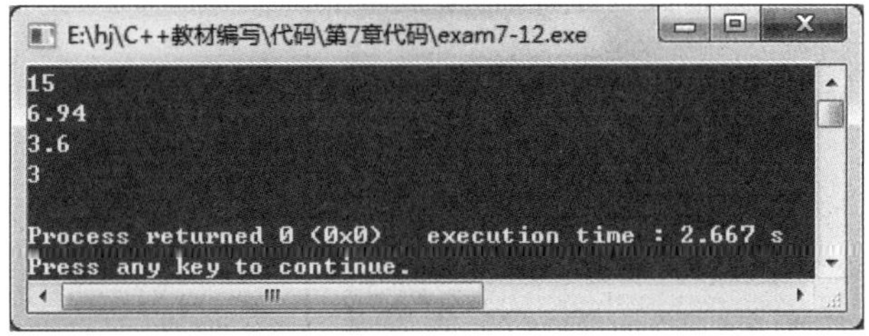

图 7-12 例 7-12 程序运行结果

例 7-12 的函数模板 Add()可以计算五个 int 类型数字的和(Line 15)、三个 double 类型数字的和(Line 16)。虽然 Add()函数也能够计算 int 和 double 类型混合数字的和，但是

Add(1.6，2)与 Add(2，1.6)的结果不同(Line 17 和 Line 18)。事实上，函数模板 Add()的返回值的类型与第一个参数的类型是一致的(Line 9)。那么，能不能让 Add()函数自动判断参数的类型呢？使用 auto 关键字声明函数返回值的类型即可，例如：

```
auto Add(T first, Args ...tails)    //Line 9
```

遗憾的是，C++ 11 标准不支持这种运算方法，C++ 14 及以后的标准支持这种运算方法。这里仅做参考，不展开讨论。

7.2 类 模 板

类也可以声明为类模板。C++ 语言的类模板为生成通用的类提供了一种更好的方法，使得类中某些数据成员、成员函数的参数、函数返回值能取任意类型。如果说类是对象公共性质的抽象，那么类模板是不同类的公共性质的抽象，类模板属于更高层次的抽象。由于类模板需要一种或多种类型参数，因此类模板也称参数化类。

7.2.1 类模板的声明

类模板的声明格式如下：

```
template <模板参数>
class 类名
{
    //成员声明
};
```

其中，模板参数通常有三种形式：①用 typename 声明的类型参数；②非类型参数；③用 typename 声明的类模板参数。

例如，声明类模板 Complex，Complex 类包含两个数据成员 tImag 和 tReal，分别表示复数的虚部和实部。tImag 和 tReal 的数据类型相同，可以是 int 类型也可以是 double 类型，分别对应的类 Complex 称为整数复数类、浮点复数类。类 Complex 声明如下：

```
template<typename T>
class Complex
{
public:
    Complex(T real, T imag):tReal(real), tImag(imag){};
private:
    T tReal;
    T tImag;
};
```

7.2.2 类模板的成员函数实现

类模板的成员函数可以在类中实现,也可以在类外实现。类模板的成员函数是函数模板,成员函数在类外定义的基本格式如下:

```
template <模板参数>
类型说明符 类名<模板参数>::函数名(形参列表)
{
    //函数体
}
```

类的成员函数在类外实现时必须用类名和作用域运算符"::"进行限定,函数名后"()"内的形参列表中声明的形参都需要指定其数据类型,类型说明符可以是内置数据类型、自定义数据类型或者类型参数。

【例 7-13】

```
#include <iostream>
using namespace std;
template <typename T>
class Complex
{
public:
    Complex(T real, T imag):tReal(real), tImag(imag){};
    Complex operator+(Complex&);        //重载加法运算符
    void ShowInfo();                    //以(实部,虚部)的形式输出复数
private:
    T tReal;                            //实部
    T tImag;                            //虚部
};
template <typename T>
Complex<T> Complex<T>::operator+(Complex<T>& c)
{
    Complex<T> temp = *this;
    temp.tReal =this->tReal +c.tReal;
    temp.tImag =this->tImag +c.tImag;
    return temp;
}
template <typename T>
void Complex<T>::ShowInfo()
{
    cout<<"(" <<tReal <<", " <<tImag<<")" <<endl;
}
```

```
Line 27  int main()
Line 28  {
Line 29      Complex<int>c1(1, 2), c2(-3, 4);
Line 30      cout<<"c1:";
Line 31      c1.ShowInfo();
Line 32      cout<<"c2:";
Line 33      c2.ShowInfo();
Line 34      c1 =c1 +c2;
Line 35      cout<<"c1+c2:";
Line 36      c1.ShowInfo();
Line 37      return 0;
Line 38  }
```

程序运行结果如图 7-13 所示。

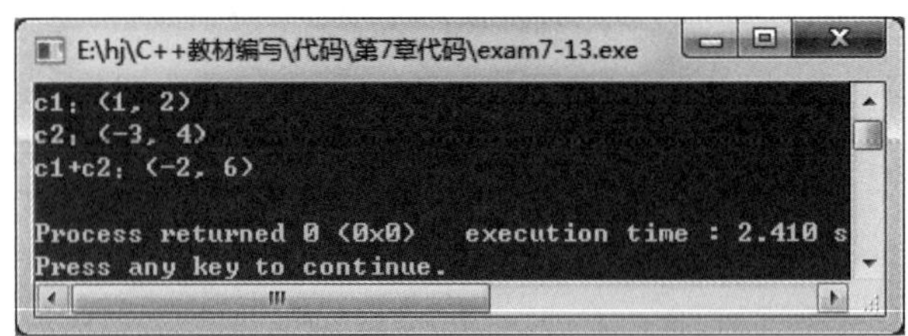

图 7-13　例 7-13 程序运行结果

类模板 Complex 有三个成员函数，其中构造函数在类中实现，而“+”运算符重载函数和 ShowInfo()函数在类外实现。类模板的成员函数也是模板，在定义时需要用 template 关键字开头(Line 14 和 Line 22)。

Line 29 用类模板声明了两个对象 c1 和 c2，在类模板名后用“<int>”指定类模板在实例化时类型参数的具体类型，即用 int 类型替换类模板中的 T，生成一个具体的类。这个过程就是实例化，实例化的具体的类称为模板类。类模板在实例化时，带有模板形参的成员函数不会实例化，只有在被调用时才被实例化。

7.2.3　类模板的实例化

与函数模板类似，类模板可以隐式实例化、显式实例化和显式具体化。

1. 隐式实例化

类模板声明后可以使用类模板声明对象，声明对象时需要为类指定具体类型，编译器将用这个具体类型实例化类模板，生成一个具体的类，该具体的类称为模板类。

用类模板声明对象的格式如下：

```
类名<类型说明符> 对象名;
```

例如，用类模板 Complex 声明对象 c1：

```
Complex<int>c1(1, 2);
```

编译器用 int 类型替换类模板中的 T,实例化出一个模板类。该模板类如下：

```
class Complex
{
public:
    Complex(int real, int imag):tReal(real), tImag(imag){};
    Complex operator+(Complex&);                //重载加法运算符
    void ShowInfo();                            //以(实部,虚部)的形式输出复数
private:
    int tReal;                                  //实部
    int tImag;                                  //虚部
};
```

然后用这个类实例化对象 c1。

类似地：

```
Complex<double>c2(1.5, -2);
```

编译器用 double 类型替换类模板中的 T,实例化出一个模板类,并用该模板类实例化对象 c2。值得注意的是,c2 的第二个参数是－2(int 类型),此时编译器将 int 类型转换为 double 类型再赋值给 c2.tImag,因为<double>已经非常明确地告诉编译器要实例化一个 double 类型的类。

如果类模板声明了多个类型参数,创建对象时需要为类模板的每一个类型参数指定一个具体的数据类型,数据类型之间用逗号分隔。例如：

```
template<typename T1, typename T2>
class A
{
    private:
        T1 num;
        T2 name;
};
A<int, string>  a;                  //创建对象 a
```

注意

使用类模板实例化对象时,必须显式地为类模板提供所需的类型。编译器需要根据提供的类型实例化一个模板类,不能省略类型让编译器根据实参的值自动“推断”数据类型。

事实上,在类模板中可以为类型参数指定默认值。例如：

```
template <typename T =int>         //类型参数默认值是 int
class Complex
{
    //成员声明
};
```

这样,用 Complex 声明对象时可以省略类型。例如:

```
Complex<>c;                        //省略类型,编译器将使用 int 类型实例化类模板
```

到目前为止,前面所用的类模板都是隐式实例化为模板类。例如:

```
Complex<int>c;                     //隐式实例化
```

当用类模板声明对象时,编译器用指定的类型(如 int)实例化出模板类。

注意

只有用类模板声明对象时才会隐式实例化。例如:

```
Complex<int> * pt;                 //声明指针,不实例化对象,此时不需要实例化类
pt =new Complex<int>;              //实例化对象,此时需要实例化类
```

2. 显式实例化

可以用关键字 template 为类模板显式地指定数据类型,编译器将生成类模板的显式实例化。例如:

```
template class Complex<int>;
```

在这种情况下,虽然没有创建类对象,编译器也将生成一个具体的模板类,包括类中方法的定义。和函数模板的显式实例化一样,一旦对类模板进行显式实例化,在编译阶段就生成了一个具体的类,用该显式实例化的类可以声明多个对象,提高程序的效率。

7.2.4 类模板的显式具体化

类模板 Tuple 表示一个二元组类,用 Tuple 实例化的对象可以表示一个二维平面坐标,也可以表示一个人的姓名及家庭住址。

类模板 Tuple 声明如下:

```
template<typename T1, typename T2>
class Tuple
{
public:
```

```
    Tuple(T1 f, T2 s):tFirst(f), tSecond(s){}
    bool IsEqual(Tuple<T1, T2>&);            //成员函数声明
private:
    T1 tFirst;
    T2 tSecond;
};
template<typename T1, typename T2>
bool Tuple<T1, T2>::IsEqual(Tuple<T1, T2>& s)
{
    return this->tFirst ==s.tFirst && this->tSecond ==s.tSecond;
}
```

成员函数 IsEqual()用于判断两个 Tuple 对象是否相等。显然,如果 T1 和 T2 表示两个内置数据类型,则函数功能是正确的;但是,如果 T1 和 T2 表示两个 char * 类型的数组,则函数功能是错误的,因为两个 char * 类型的数组不能直接用"=="运算符进行比较。

此时,需要为类模板 Tuple 定义一种处理特殊类型(char *)的类,即把类模板中的模板参数指定为确定的类型,该过程称为类模板的显式具体化(Implicit Specialization)。如果类模板中的所有模板参数都指定为确定的类型,称为类模板的全部具体化(Complete Specialization);如果仅把类模板中的部分模板参数指定为确定的类型,称为类模板的部分具体化(Partial Specialization)。

【例 7-14】

```
#include <iostream>
#include <cstring>
using namespace std;
template <typename T1, typename T2>
class Tuple
{
public:
    Tuple(T1 first, T2 second):tFirst(first), tSecond(second){}
    bool IsEqual(Tuple<T1, T2>&);
private:
    T1 tFirst;
    T2 tSecond;
};
template <typename T1, typename T2>
bool Tuple<T1, T2>::IsEqual(Tuple<T1, T2>& s)
{
    cout <<"调用模板函数 IsEqual..." <<endl;
    return this->tFirst ==s.tFirst && this->tSecond ==s.tSecond;
}
template <>                          //类模板 Tuple 的显式具体化——全部具体化
```

```
class Tuple<char*, char*>         //指明要实例化的数据类型
{
public:
    Tuple(char* f, char* s):tFirst(f), tSecond(s){}
    bool IsEqual(Tuple&);
private:
    char* tFirst;                 //第一个元素表示学生姓名
    char* tSecond;                //第二个元素表示家庭住址
};
bool Tuple<char*, char*>::IsEqual(Tuple<char*, char*>& s)
                                  //该函数不需要加模板头
{
    cout<<"调用全部具体化类函数 IsEqual..."<<endl;
    return strcmp(this->tSecond, s.tSecond)==0;   //只比较家庭住址
}
template <typename T>             //部分具体化,带上该模板声明的头
class Tuple<char*, T>
//指明要实例化的部分数据类型,未具体化的仍然用抽象数据类型
{
public:
    Tuple(char* f, T s):tFirst(f), tSecond(s){}
    bool IsEqual(Tuple&);
private:
    char* tFirst;                 //表示学生的姓名
    T tSecond;                    //表示学生的年龄
};
template <typename T>             //带上该模板声明的头
bool Tuple<char*, T>::IsEqual(Tuple<char*, T>& s)
{
    cout<<"调用部分具体化类函数 IsEqual..."<<endl;
    return this->tSecond==s.tSecond;
}
int main()
{
    Tuple<int, int> point1(1, 3), point2(2, -2);    //平面坐标点
    if(point1.IsEqual(point2)) cout<<"这两个点的坐标相等"<<endl;
    else cout<<"这两个点的坐标不相等"<<endl;
    Tuple<char*, char*>student1("Kevin", "30 Beijing Road"), student2
      ("Jason", "30 Beijing Road");
    if (student1.IsEqual(student2)) cout<<"这两个学生的家庭住址相同"<<
      endl;
    else cout<<"这两个学生的家庭住址不同"<<endl;
    int age1=19, age2=20;
    Tuple<char*, int> student3("Kevin", 19), student4("Jason", 20);
    if (student3.IsEqual(student4)) cout<<"这两个学生的年龄相同"<<endl;
```

```
Line 62      else cout <<"这两个学生的年龄不同" <<endl;
Line 63      return 0;
Line 64  }
```

程序运行结果如图 7-14 所示。

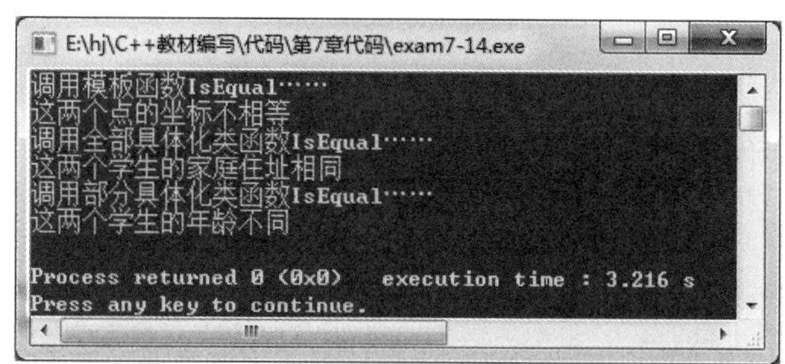

图 7-14　例 7-14 程序运行结果

Line 53 声明两个 Tuple 对象，用 int 类型隐式实例化类模板，生成具体的模板类，实例化对象 point1 和 point2。Line 54 调用该模板类的 IsEqual()函数。Line 56 声明 Tuple 对象时用 char * 类型实例化类模板，编译器发现存在显式具体化模板类与 char * 类型相对应，所以用全部具体化类实例化对象 student1 和 student2。全部具体化类的成员函数 IsEqual()不再是函数模板(Line 30)，而是一个具体的函数，因为该函数对应的类是一个具体的类。Line 60 声明 Tuple 对象时，第一个类型是 char *，而第二个类型是 int，与部分具体化类(第二个类型用 int 替换)时完全匹配，所以用部分具体化类实例化对象 student3 和 student4。部分具体化类的成员函数 IsEqual()仍然是函数模板(Line 46)，因为该函数中使用了抽象类型参数。

7.2.5　类模板的模板参数

类模板的模板参数有三种形式：用 typename 声明的类型参数、非类型参数和类模板参数。

1. 类型参数

前面我们所使用的模板参数都是类型参数，在此不再赘述。

2. 非类型参数

非类型参数相当于为类模板预定义的一些常量，在生成模板类时要求以常量作为实参传递给非类型参数。非类型参数只可以是整型、枚举、指针和引用类型。例如，double 类型不能用作非类型参数，但 double *、double& 这样的指针或引用是正确的。

【例 7-15】

```
#include <iostream>
using namespace std;
template <typename T, int SIZE>
```

```
Line 4   class Buffer
Line 5   {
Line 6   public:
Line 7       Buffer(){};
Line 8       T& operator[](int);
Line 9   private:
Line 10      T tArray[SIZE];
Line 11  };
Line 12  template <typename T, int SIZE>
Line 13  T& Buffer<T, SIZE>::operator[](int i)
Line 14  {
Line 15      static T temp;                    //静态变量,函数结束后该变量也不消失,
                                               //防止返回不存在的变量的引用
Line 16      temp =0;
Line 17      if(i >=SIZE || i <0)
Line 18      {
Line 19          cout <<"数组下标越界!" <<endl;
Line 20          return temp;
Line 21      }
Line 22      return tArray[i];
Line 23  }
Line 24  int main()
Line 25  {
Line 26      Buffer<int, 5>  buf1;
Line 27      Buffer<double, 10>  buf2;
Line 28      buf2[0] =3.14;
Line 29      for(int i =0; i <5; i++)
Line 30      {
Line 31          buf1[i] =i * i;
Line 32      }
Line 33      cout <<"数组 buf1 的元素值:" <<endl;
Line 34      for(int i =0; i <5; i++)
Line 35      {
Line 36          cout <<buf1[i] <<" ";
Line 37      }
Line 38      return 0;
Line 39  }
```

程序运行结果如图 7-15 所示。

类模板 Buffer 使用了两种模板参数：类型参数和非类型参数(Line 3)，其中 SIZE 是非类型参数，在实例化对象时必须用常量初始化非类型参数(Line 26 和 Line 27)。那么，这么做有什么意义呢？这里的 SIZE 直接使用常量不可以吗？像这样：

```
E:\hj\C++教材编写\代码\第7章代码\exam7-15.exe
数组buf1的元素值:
0 1 4 9 16
Process returned 0 (0x0)   execution time : 0.700 s
Press any key to continue.
```

图 7-15 例 7-15 程序运行结果

```
const int SIZE =10;
template <typename T >
class Buffer
{
public:
    Buffer(){};
    T& operator[](int);
private:
    T tArray[SIZE];
};
```

这样做也可以，但是用 Buffer 声明的所有对象的数组 tArray 拥有相同大小的长度(都是 10)，而非类型参数对于不同的模板实例中的数组 tArray 拥有不同的长度。例如，buf1 对象可以存储 5 个 int 类型数据(Line 26)，buf2 对象可以存储 10 个 double 类型数据(Line 27)。

3. 类模板参数

可以把一个类模板用作另外一个类模板的参数，这种参数称为类模板参数。包含类模板参数的类模板声明形式如下：

```
template <..., template <模板参数>class A,...>
class B
{
    //成员声明
};
```

其中，"template <模板参数> class A"就是类模板 B 的类模板参数，此处的 class 不能用 typename 替换。

类模板参数与其他两种类型的参数在使用上没有太大区别，不要拘泥于它的语法实现。例如：

```
template <typename T>                    //声明类模板 A
class A
{
private:
    T a;
};
```

```
template <typename T1, template <typename U>class T2>
class B
{
private:
    T1 b;
    T2<T1>objA;                        //使用类模板 T2 声明对象成员 objA
};
...
B<double, A>objB;                      //类模板 B 的第二个参数是类模板 A
...
```

当声明对象 objB 时，用 double 类型替换类模板 B 的类型参数 T1，用类模板 A 替换类模板参数 T2。继而，实例化类模板 B 时，类模板 B 的成员 objA 也需要实例化，用 double 类型替换类模板 A 的类型参数 T，实例化类模板 A。

7.2.6 类模板和友元函数

在类模板中也可以声明友元函数。在类模板中声明的友元函数有三种情况：非模板友元函数、约束模板友元函数和非约束模板友元函数。

1. 非模板友元函数

非模板友元函数是指把一个普通的函数声明为类模板的友元。“非模板友元函数”中有两个定语：“非模板”和“友元”，这两个定语修饰函数，即该函数是普通函数，不是模板函数；该函数是类模板的友元函数。例如：

```
template <typename T>
class A
{
public:
    friend void f1();
    friend void f2(A<T>&);
};
```

函数 f1()、f2()是类模板 A 的非模板友元函数。其中，f1()函数不带任何参数，它是类模板 A 所有实例的友元函数。f1()是友元函数，不能由对象调用，它也不带任何参数，那么它是如何访问对象的呢？它可以访问全局对象，可以通过全局指针访问非全局对象，当然也可以在函数体中创建自己的对象，还可以访问独立于对象的类模板的静态成员。虽然函数 f2()带有一个参数，是类模板 A 的引用，但是它不是模板函数，仅仅使用模板类做参数。当定义函数 f2()时，需要为 f2()函数的参数进行显式具体化，指明参数的具体类型，例如：

```
void f2(A<int>& a)                     //它是 A<int>模板类的友元函数
{
    ...
}
```

或

```
void f2(A<string>& a)          //它是 A<string>模板类的友元函数
{
    ...
}
```

【例 7-16】

```
#include <iostream>
using namespace std;
template <typename T>
class Complex
{
public:
    Complex(T real, T imag) : tReal (real), tImag (imag){compCnt++;};
    friend void ShowCnt();
    friend void ShowInfo(Complex<T>&);    //以(实部,虚部)的形式输出复数
private:
    T tReal;                              //实部
    T tImag;                              //虚部
    static int compCnt;                   //静态成员,记录复数对象的个数
};
template <typename T>
int Complex<T>::compCnt =0;
void ShowCnt()
{
    cout <<"int 类型复数个数:" <<Complex<int>::compCnt <<", "
        <<"double 类型复数个数:" <<Complex<double>::compCnt <<endl;
}
void ShowInfo(Complex<int>& c)
{
    cout <<"(" <<c.tReal <<", " <<c.tImag <<")" <<endl;
}
void ShowInfo(Complex<double>& c)
{
    cout <<"(" <<c.tReal <<", " <<c.tImag <<")" <<endl;
}
int main()
{
    Complex<int> c1(1, 2), c2(-3, 4);
    Complex<double> c3(1.5, -2.5);
    ShowCnt();
    cout <<"int 类型复数 c1:";
    ShowInfo(c1);
```

```
Line 37      cout <<"int 类型复数 c2:";
Line 38      ShowInfo(c2);
Line 39      cout <<"double 类型复数 c3:";
Line 40      ShowInfo(c3);
Line 41      return 0;
Line 42  }
```

程序运行结果如图 7-16 所示。

```
E:\hj\C++教材编写\代码\第7章代码\exam7-16.exe
int类型复数个数: 2, double型复数个数: 1
int类型复数c1: (1, 2)
int类型复数c2: (-3, 4)
double类型复数c3: (1.5, -2.5)

Process returned 0 (0x0)   execution time : 1.281 s
Press any key to continue.
```

图 7-16　例 7-16 程序运行结果

类模板 Complex 中有两个友元函数 ShowCnt()和 ShowInfo()(Line 8 和 Line 9),它们都是普通函数,不是函数模板。另外,它们与类模板的模板参数没有任何关系,不受类模板的约束,所以称为非模板友元函数。但是 ShowInfo()函数的参数是 Complex 类型的,在定义 ShowInfo()函数时要使用具体的类型,如 Complex<int>(Line 22)或 Complex<double>(Line 26)。当声明对象 c1 和 c2(Line 32)时,用 int 类型替换类模板 Complex 中的类型参数,实例化具体的类 Complex<int>。相应的静态数据成员 Complex<int>::compCnt 的值等于 Complex<int>类型对象的个数。

2. 约束模板友元函数

约束模板友元函数本身是一个函数模板,它实例化的类型取决于类模板被实例化的类型。也就是说,当类模板用某个具体的类型进行实例化时,将产生一个与之匹配的具体的友元函数。

约束模板友元函数的使用比非模板友元函数要复杂一些,使用过程主要包含以下三个步骤。

(1) 在类模板的声明之前声明友元函数模板。

约束模板友元函数本身是一个函数模板,所以需要进行函数模板的声明。例如:

```
template <typename T>
void f1();
template <typename T>
void f2(T&);
```

(2) 声明类模板并在类模板中声明友元函数。例如:

```
template <typename T>
class A
```

```
{
public:
    friend void f1<T>();
    friend void f2<T>(T&);
...
};
```

这里对 f1()和 f2()函数的声明实际上是函数模板的显式实例化，显式指定函数实例化的类型。事实上，f2()函数的“<T>”可以简写为“<>”，即声明为“friend void f2<>(T&);”也是可以的，因为函数参数已经指明了实例化时的类型。但是 f1<T>()中的“T”不能省略，因为函数 f1()没有参数，不能根据参数类型推断函数实例化时的类型。

理解这些函数声明的最佳方式是设想声明一个具体化的对象时，它们将变成什么样。例如，假设声明如下对象：

```
A<int> objA;
```

编译器用 int 类型替换类模板中的 T，实例出如下类：

```
class A
{
public:
    friend void f1<int>();
    friend void f2<int>(int&);
...
};
```

因此，模板函数 void f1<int>()和 void f2<int>(int&)分别是显式实例化为类模板 A <int>的友元函数。

(3) 定义函数模板。在类外为类模板的友元函数提供定义，例如：

```
template <typename T>
void f1()
{
    ...
}
template <typename T>
void f2(T& t)
{
    ...
}
```

【例 7-17】

```
#include <iostream>
using namespace std;
                                        //第 1 步:声明函数模板
template <typename T>
void ShowCnt();
template <typename T>
void ShowInfo(T&);
template <typename T>                   //声明类模板
class Complex
{
public:
    Complex(T real, T imag):tReal(real), tImag(imag){compCnt++;};
    friend void ShowCnt<T>();           //第 2 步:在类模板中声明友元函数
    friend void ShowInfo<>(Complex<T>&);
private:
    T tReal;                            //实部
    T tImag;                            //虚部
    static int compCnt;                 //静态成员,记录复数对象的个数
};
template <typename T>
int Complex<T>::compCnt =0;
                                        //第 3 步:定义友元函数
template <typename T>
void ShowCnt()
{
    cout <<Complex<T>::compCnt <<endl;
}
template <typename T>
void ShowInfo(T& c)
{
    cout <<"(" <<c.tReal <<", " <<c.tImag <<")" <<endl;
}
int main()
{
    Complex<int>c1(1, 2), c2(-3, 4);
    Complex<double>c3(1.5, -2.5);
    cout <<"int 类型复数个数:";
    ShowCnt<int>();
    cout <<"double 类型复数个数:";
    ShowCnt<double>();
    cout <<"int 类型复数 c1:";
    ShowInfo<Complex<int>>(c1);
    cout <<"int 类型复数 c2:";
```

```
Line 44       ShowInfo<>(c2);
Line 45       cout <<"double类型复数 c3:";
Line 46       ShowInfo (c3);
Line 47       return 0;
Line 48   }
```

程序运行结果如图 7-17 所示。

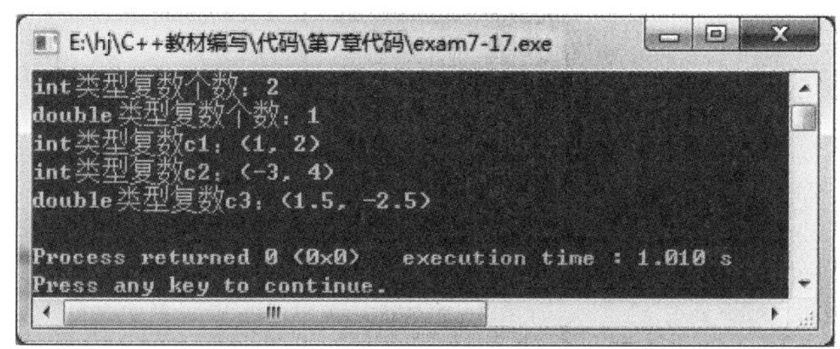

图 7-17　例 7-17 程序运行结果

ShowCnt()和 ShowInfo()函数都是函数模板，而且它们使用的类型参数与类 Complex 的模板参数相同(Line 13 和 Line 14)，所以它们都是类的约束模板友元函数。可以将 Line 14 改为

```
friend void ShowInfo<Complex<T>>(Complex<T>&);
```

Line 42、Line 44 和 Line 46 虽然书写格式略有不同，但本质上是一样的。Line 44 在"<>"运算符中省略了"Complex<int>"，编译器可以从函数的参数(其类型是 Complex<int>)推断出函数实例化时的类型，甚至 Line 46 连同"<>"运算符一起省略也是正确的。Line 38 和 Line 40 的函数 ShowCnt()中不能省略类型参数 int 和 double，因为 ShowCnt()函数没有实参，无法自动推断函数模板实例化的类型。ShowCnt<int>()函数是 Complex<int>类的友元。相应地，ShowCnt<double>()函数是 Complex<double>类的友元。

3. 非约束模板友元函数

在类模板内部声明友元函数模板，友元函数模板中使用的模板参数与类模板所使用的模板参数没有关系，即函数的模板形参不受类模板形参的约束，这种友元函数称为非约束模板友元函数。例如：

```
template <typenname T>
class A
{
public:
    template <typename U>
    friend void f(U&);
    ...
};
```

函数模板 f()的模板参数 U 与类模板的模板参数 T 是不同的，函数模板 f()不受类模板 A 的约束，这样的函数模板是所有类实例的友元。

【例 7-18】

```
#include <iostream>
using namespace std;
template <typename T>
class Complex
{
public:
    Complex(T real, T imag):tReal(real), tImag(imag){};
    template <typename U>                //声明友元函数模板
    friend void ShowInfo(U&);
private:
    T tReal;                             //实部
    T tImag;                             //虚部
};
                                         //定义函数模板
template <typename T>
void ShowInfo(T& c)
{
    cout <<"(" <<c.tReal <<", " <<c.tImag <<")" <<endl;
}
int main()
{
    Complex<int>c1(1, 2);
    Complex<double>c2(1.5, -2.5);
    cout <<"int 类型复数 c1:";
    ShowInfo<Complex<int>>(c1);
    cout <<"double 类型复数 c2:";
    ShowInfo(c2);
    return 0;
}
```

程序运行结果如图 7-18 所示。

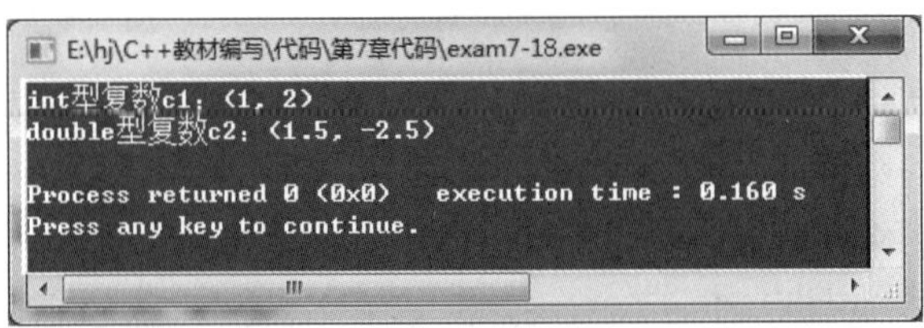

图 7-18　例 7-18 程序运行结果

Line 27 调用 ShowInfo()函数时使用隐式实例化，根据实参 c2 的类型推断 ShowInfo()函数实例化时的类型参数(Complex<double>)。Line 25 使用了显式实例化的方法，实例化 ShowInfo()函数时的类型参数是 Complex<int>。

7.2.7 类模板的继承与派生

类模板可以作为基类派生子类，也可以通过其他基类派生类模板，实现代码重用。类模板的继承与派生通常有三种情况。

(1) 类模板作为基类，派生普通类。

(2) 类模板作为基类，派生新的类模板。

(3) 用普通类作为基类，派生类模板。

1. 类模板派生普通类

类模板不能直接派生普通类，必须实例化类模板生成一个具体的模板类，然后用模板类再派生普通类。例如：

```
template <typename T>
class A                              //类模板
{
public:
    A(){}
private:
    T a;
};
class B : public A<double>           //使用实例化的类 A<double>作为基类派生普通类 B
{
private:
    double b;
};
```

普通类 B 是由类模板 A 的实例化类派生的，即先用 double 类型替换类模板的类型参数 T，实例化模板类 A<double>，由 A<double>作为基类派生新的普通类 B。

2. 类模板派生新的类模板

用类模板作为基类派生新的类模板与普通类之间的派生几乎完全相同。例如：

```
template <typename T>
class A                              //类模板
{
public:
    A(){}
private:
    T a;
};
template <typename T1, typename T2>
```

```
class B : public A<T2>              //类模板直接作为基类,派生类 B 也是类模板
{
public:
    B(){};
private:
    T1 b;
};
...
B<int, double>objB;
```

当实例化对象 objB 时,分别用 int、double 类型替换类模板 B 中的参数 T1 和 T2。首先用 double 类型替换类模板 A 的参数 T,实例化一个 A<double>的模板类,用 A<double>类派生 B<int, double>类。

3. 普通类派生类模板

可以用普通类作为基类派生一个类模板。例如:

```
class A
{
private:
    int a;
};
template <typename T>
class B : public A
{
private:
    T b;
};
```

以上内容只给出简单的示例,在具体使用上要远比这些示例复杂。因此,本小节内容仅做参考,读者使用这些技术时需要查阅其他参考资料。

小　　结

"不以规矩,不能成方圆。"原意是如果不用圆规和曲尺,就不能准确地画出方形和圆形。所以,有了框架,使用模具能够很容易地批量生产产品。

函数模板、类模板就是这样的模具,是 C++ 语言实现代码重用的机制之一。用函数模板或类模板生成具体函数或类的过程称为实例化,包括隐式实例化和显式实例化。如果模板不适用于特殊的数据类型,可以显式具体化该模板。函数模板自动完成重载函数的过程,只需使用泛型和具体算法来定义函数,编译器将为程序中使用的特定参数类型生成正确的函数定义。

第8章 标准模板库

8.1 标准模板库简介

标准模板库(Standard Template Library,STL)是惠普实验室开发的一系列软件的统称,它是由 Alexander Stepanov、Meng Lee 和 David R Musser 在惠普实验室工作时开发的,在 1994 年被纳入 C++ 语言标准,已经成为 C++ 语言库的重要组成部分。

STL 提供了一组表示容器、迭代器、函数对象和算法的模板。容器是一个与数组类似的组件,可以存储若干个值,并提供对所存储数据的若干操作。通常,容器的存储空间是可以自行扩展的,当我们不知道需要存储多少数据时,容器的这种性能就会显得非常实用。容器是存储其他对象的对象,在一个容器内存储的对象具有相同的类型。容器中存储的对象是“广义”的概念,既可以是 OOP 意义上的对象,也可以是内置数据类型值。容器还包含对所存储对象进行的一系列操作方法。

容器分为序列容器和关联容器(Sequence Containers 和 Associative Containers)两大类,序列容器主要包括 vector、queue、deque、priority_queue、stack、list、forward_list 等,关联容器主要包括 set、multiset、unordered_set、unordered_multiset、map、multimap、unordered_map、unordered_multimap 等。

算法是完成特定任务(如对数据进行排序或者查找)的一组操作,是实现某些特定功能的模板函数。熟练地使用 STL 中的算法无疑可以提高程序设计的效率。STL 的一个基本理念是实现数据与操作的分离,数据由容器存储与管理,而操作由可定制的算法定义。迭代器为容器与算法提供纽带,将容器与算法联系起来。函数对象是其行为类似于函数的对象,可以是类对象或者函数指针(包括函数名,因为函数名被用作函数指针)。

STL 内容非常多,使用非常灵活,只有通过大量实践才能逐渐掌握 STL 的精髓。本章不对 STL 做过多的介绍,只介绍一些代表性的示例,使读者领会泛型编程方法的精神。

8.2 序列容器

序列容器也称顺序性容器,容器中的元素按照线性顺序排列,存在第一个元素、最后一个元素,除第一个元素和最后一个元素外,每个元素前后都分别有一个元素。序列有头、尾,可以在队首删除元素,在队尾添加元素。deque 是双端队列,允许在两端添加和删除元素。又因为元素都有确定的顺序,所以可以执行诸如将值插入特定位置、删除特定区间元素等操作。元素的位置与元素值本身无关,与操作的逻辑顺序有关。

下面介绍几个常用的序列容器。

8.2.1 vector

vector 称为向量，是一种类模板，其声明包含在头文件<vector>中，所以使用 vector 时需要包含头文件<vector>。vector 类模板声明格式如下：

```
template <typename T, typename Allocator =allocator<T>>
class vector;
```

其中，T 是 vector 中存储的数据类型，Allocator 说明了 vector 的内存管理方式。我们使用 vector 时通常只指定数据类型而忽略内存管理方式，使用默认管理方式即可。

vector 是一种支持高效地随机访问和高效地向尾部插入新元素的容器，它一般实现为一个动态分配的数组，所以在程序开发过程中使用 vector 作为动态数组是非常方便的。类似于数组，vector 分配连续的存储空间存储数据，两个相邻数据在存储空间上是相邻的。所以，vector 可以像数组一样实现随机访问。与数组不同的是，vector 具有自动扩展容器大小的功能，当 vector 对象的存储空间不够时，vector 对象会自动使用 new 运算符申请一块更大的内存空间，使用赋值运算符将原有的数据复制到新存储空间，并释放原有存储空间。在具体实现内存空间的扩展时，扩展的内存空间一般会大于所需的内存空间。另外，当删除 vector 对象中的一个元素时，多出的闲置存储空间并不会马上被释放。因此，vector 容器对象已分配的空间所能容纳的元素个数(称为容量，Capacity)通常会大于容器中实际存储的元素个数(称为大小，Size)。

vector 中的元素在内存空间上是相邻的。当在某个位置插入或删除一个元素时，从这个位置开始的、其后的所有元素都需要向后或向前移动一个位置。显然，这个位置越靠前，需要移动的元素就越多，移动元素所花费的时间就越长，这种插入或删除操作的效率就越低。在尾部添加或删除元素的时间是常数时间，但在头部插入或删除元素时是线性时间复杂度。因此，vector 比较适合于存储相对固定、更新次数少的数据，或者只在尾部添加或者删除元素。

1. 声明 vector 对象

使用 vector 声明对象时需要为对象指定数据类型，用具体类型实例化 vector 模板类，然后实例化对象。例如：

```
vector<int>v1;                  //创建空对象 v1,存储 int 类型数据。v1 中没有存储任何值,
                                //对 v1 进行元素访问是非法的
vector<int>v2(5);               //创建初始容量大小为 5 的 int 类型向量 v2,v2 的五个元素的
                                //初始值都是 0
vector<double>v3{1.5, 3.14, 2, 0, -2.5};  //创建 double 类型向量 v3,用列表初始化方
                                          //式初始化 v3。这种写法等价于"vector
                                          //<double>v3 ={1.5, 3.14, 2, 0, -2.5};"
vector<string>v4(3, "ab");      //创建容量大小为 3 的 string 型向量 v4,三个元素初始值
                                //都是"ab"
```

```
vector<double>v5 =v3;                //创建向量 v5,调用拷贝构造函数用 v3 初始化 v5,等价于
                                     //"vector<double>v5( v3)"
```

2. vector 成员函数

vector 类模板中有丰富的成员函数,完成诸如元素的插入、删除与查找等常规操作。表 8-1 列出了 vector 常用成员函数及其功能。

表 8-1 vector 常用成员函数及其功能①

成员函数	函数功能	示例	结果及说明
capacity()	返回容器的容量	v2.capacity()	5
resize(n)	修改容器容量为 n	v2.resize(10)	v2 容量改为 10,v2.capacity()的值为 10
size()	返回容器中元素的个数	v3. size()	5,capacity()与 size()值并不一定相同(参考 erase()函数)
begin()	返回容器的初始迭代器	v3.begin()	指向 v3 第一个元素位置的迭代器。迭代器可以理解为隐含的指针
end()	返回最后一个元素后面位置的迭代器	v3.end()	指向最后一个元素的后面位置的迭代器
rbegin()	返回逆向迭代器的初始位置	v1.rbegin()	指向 v1 最后一个元素的迭代器
rend()	返回逆向迭代器的最后元素的后面位置	v1.rend()	指向 v1 第一个元素前面位置的迭代器
cbegin()	返回第一个元素的常迭代器	v1.cbegin	指向 v1 第一个元素的常迭代器,不能通过常迭代修改元素的值。例如,auto it = v1.cbegin(); *it=1;是错误的
cend()	指向最后一个元素的常迭代器	v1.cend()	指向 v1 最后一个元素的常迭代器
assign(n, val)	用 n 个 val 为向量赋值	v1.assign(5, 3)	v1={3,3,3,3,3},将五个 3 赋值给 v1,原来 v1 的值被覆盖
assign(begin, end)	把区间[begin, end)中的元素赋值给向量	v1.assign(v3.begin(), v3.begin()+3)	将区间[v3.begin(), v3.begin()+3)中的元素赋值给 v1,v1={1.5,3.14,2}
[n](下标运算符)或者 at(n)	返回下标为 n 的元素的引用	double x = v3[1]或者 double x = v3.at(1)	x=3.14,v3 中下标为 1 的元素。引用可以作为左值,所以 v3.at(1)=2 指将下标为 1 的元素赋值为 2
push_back(val)	向量末尾添加元素,值是 val	v3.push_back(-5.5)	在 v3 的末尾添加 -5.5,v3={1.5, 3.14,2,0,-2.5,-5.5}
pop_back()	删除最后一个元素	v3.pop_back()	删除 v3 最后一个元素,v3={1.5, 3.14, 2, 0}
front()	返回第一个元素的引用	double x = v3.front()	x = 1.5。v3.front()=2 指将 v3 的第一个元素赋值为 2
back()	返回最后一个元素的引用	double x = v3.back()	x =-2.5。v3.back()=2 指将 v3 的最后一个元素值改为 2

① 表 8-1 中使用的对象与前面声明的对象相同。

续表

成员函数	函数功能	示例	结果及说明
insert(pos, val)	在pos位置插入值为val的元素	v3.insert(v3.begin()+1, 0.5)	在第二个元素的位置插入0.5,v3={1.5,0.5,3.14,2,0,-2.5}
insert(pos, begin, end)	把[begin, end)区间的元素插入pos的位置	v3.insert(v3.begin(), arr.begin(), arr.begin()+3)	在v3的开头插入三个元素。假设double arr[5]={1.0,1.1,1.2,1.3,1.4},则v3={1.0,1.1,1.2, 1.5,3.14,2,0,-2.5}
erase(pos)	删除位置是pos的元素	v3.erase(v3.begin())	删除v3的第一个元素。v3={3.14,2,0,-2.5},v3.capacity()等于5,但v3.size()等于4
erase(begin, end)	删除[begin, end)区间的元素	v3.erase(v3.begin(), v3.begin()+3)	删除v3的前三个元素,v3={0,-2.5}
clear()	清空向量	v3.clear()	删除v3所有元素,v3.size()等于0
data()	返回指向第一个元素的指针	double * p = v3.data() * p = 10 p++; * p = 20	指针p指向v3的第一个元素 v3的第一个元素改为10 指针p指向v3的第二个元素 v3的第二个元素改为20
empty()	判断向量是否为空	v1.empty() v3.empty()	true false
max_size()	返回容器最多能够包含的元素数目	v1.max_size()	1073741823,v1最多能够存储1073741823个整数
swap(v)	与v交换	v1.swap(v2)	v1和v2进行交换

接下来,通过一个案例演示部分成员函数的使用方法。

【例8-1】

```
#include <iostream>
#include <iomanip>
#include <vector>                    //使用 vector 类模板需要包含 vector 头文件
using namespace std;
int main()
{
    vector<int>v1{1, 3, 5, 7, 9};
    for(int x : v1)                  //遍历所有元素(基于范围的 for 循环)
    {
        cout <<setw(3) <<x;
    }
    cout <<endl;
    for(int i =0; i <v1.size(); i++)           //遍历所有元素
    {
        cout <<setw(3) <<v1.at(i);             //v1.at(i)可以写为 v1[i]
```

```
Line 16        }
Line 17        cout <<endl;
Line 18        for(auto it =v1.begin(); it !=v1.end(); it++)  //遍历所有元素
Line 19        {
Line 20            cout <<setw(3) << * it;
Line 21        }
Line 22        cout <<endl;
Line 23        for(auto rit =v1.rbegin(); rit !=v1.rend(); rit++)
                                             //逆向遍历所有元素
Line 24        {
Line 25            cout <<setw(3) << * rit; //用逆向迭代器逆序输出 v1 的元素
Line 26        }
Line 27        cout <<endl;
Line 28        vector<int>v2;                //声明向量 v2
Line 29        v2.assign(v1.begin(), v1.begin()+3);   //v2={1, 3, 5}
Line 30        cout <<endl;
Line 31        cout <<"capacity: " <<v2.capacity() <<", size: " <<v2.size() <<endl;
Line 32        v2.push_back(2);              //v2={1, 3, 5, 2}
Line 33        cout <<"增加一个元素后,capacity: " <<v2.capacity() <<endl;
Line 34        v2.pop_back();                //v2={1, 3, 5}
Line 35        v2.insert(v2.begin()+1, 2); //v2={1, 2, 3, 5}
Line 36        v2.erase(v2.begin());         //v2={2, 3, 5}
Line 37        v2.front() =1;                //v2={1, 3, 5}
Line 38        int* p =v2.data();
Line 39        * p =10;                      //v2={10, 3, 5}
Line 40        return 0;
Line 41   }
```

程序运行结果如图 8-1 所示。

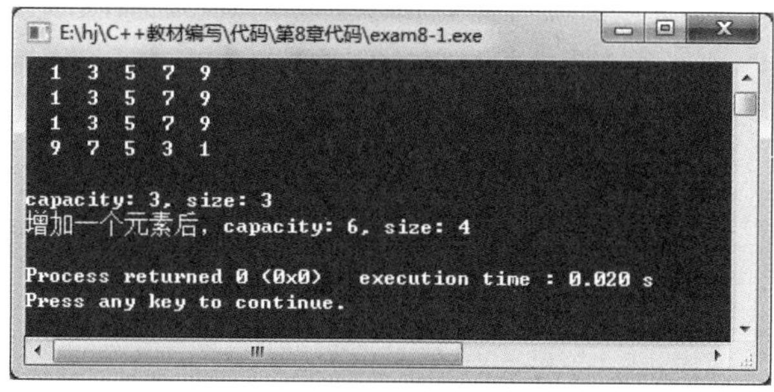

图 8-1　例 8-1 程序运行结果

遍历向量中的元素有多种方法,使用基于范围的 for 循环是比较简单的(Line 8)。还可以使用随机访问方法,如使用 at()方法(Line 15)或者下标法。访问所有元素时,可以使用正向迭代器访问(Line 18～Line 21)或逆向迭代器访问(Line 23～Line 26)。声明迭代器对象时,可以使用 auto 关键字让编译器自动识别类型(Line 18 和 Line 23),这种方法比较简单,不容易出错。迭代器可以简单地理解为指针,可以像使用指针那样对它进行解引用(Line 20 和 Line 25)或者自增运算(Line 18 和 Line 23)。

当向 vector 对象中添加新元素时,vector 对象的 size()方法增加的值与添加的元素数目相等(Line 31)。vector 自动进行内存管理,如果当前的空间不够用,编译器自动为 vector 对象增加存储空间,vector 对象的 capacity()方法值变大,但是变化的值可能比插入元素的数目大。例如,本例第一次输出的 capacity 值是 3,与对象中元素的个数相等。但是用 push_back()方法向对象中增加一个元素后,capacity 的值变为 6(Line 33)。而且,capacity()与 size()方法的值不一定相等。

insert()和 erase()方法中的位置只能用 begin()或 end()方法返回的迭代器表示,不能使用纯粹的数字。例如,Line 36 不能写成 v2.erase(1)。

使用 vector 数组或 vector 组合可以表示一个二维数组。

【例 8-2】 使用 vector 存储如下 3 行 5 列矩阵 $\mathbf{A}$。

$$\mathbf{A}=\begin{bmatrix}1 & 3 & 5 & 7 & 9\\ 2 & 3 & 4 & 5 & 6\\ 8 & 6 & 4 & 2 & 0\end{bmatrix}$$

```
#include <iostream>
#include <iomanip>
#include <vector>
using namespace std;
int main()
{
    vector<int>v1[3]{{1, 3, 5, 7, 9},{2, 3, 4, 5, 6},{8, 6, 4, 2, 0}};
    for(int i =0; i <3; i++)
    {
        for(int j =0; j <v1[i].size(); j++)
        {
            cout <<setw(3) <<v1[i][j];
        }
        cout <<endl;
    }
    cout <<"========第二种方法========\n";
    vector<vector<int>>v2{{1, 3, 5, 7, 9},{2, 3, 4, 5, 6},{8, 6, 4, 2, 0}};
    for(int i =0; i <3; i++)
    {
        for(int j =0; j <5; j++)
        {
            cout <<setw(3) <<v2[i][j];
        }
        cout <<endl;
    }
    return 0;
}
```

程序运行结果如图 8-2 所示。

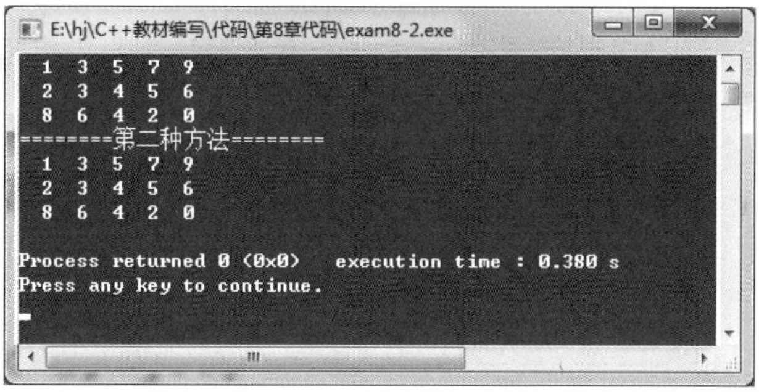
E:\hj\C++教材编写\代码\第8章代码\exam8-2.exe
1 3 5 7 9
2 3 4 5 6
8 6 4 2 0
========第二种方法========
1 3 5 7 9
2 3 4 5 6
8 6 4 2 0
Process returned 0 (0x0)   execution time : 0.380 s
Press any key to continue.

图 8-2　例 8-2 程序运行结果

第一种方法，把二维数组看作三个一维数组，每一行是一个一维数组，用一个 vector 向量表示，有三个这样的向量，用一维数组表示这三个向量(Line 7)。也就是说，v1 是一维数组，有三个元素，每个元素都是一个 int 类型的向量。

第二种方法，把每一行看作一个 vector 类型的对象，v2 是 vector<int>类型的向量，即 v2 的每个元素都是一个 vector<int>类型的对象，这个对象本身又是一个 int 类型的向量(Line 17)。v2 的元素个数就是二维数组的行数，v2 的每个元素又是一个 vector 向量，该向量中元素的个数就是二维数组的列数。

8.2.2　deque

deque 称为双端队列(Double-ended Queue)，使用 deque 时需要包含头文件<deque>。deque 与 vector 一样，也是序列容器。与 vector 不同的是，deque 可以在队列两端(头尾)实现添加与删除元素的操作，而且由于其特殊的实现机制(实现为一个分段数组)，在两端添加与删除元素的效率都比较高。但是，当在双端队列的中间位置插入或删除元素时，需要移动从这个位置到某一端的所有元素。因此，这个位置越靠近中间，插入或删除操作的效率越低。

deque 的成员函数与 vector 的成员函数几乎相同，在此不再赘述。vector 是一端开口，只在尾部执行元素的添加与删除；而 deque 是两端开口，可以在头尾添加与删除元素。因此，deque 除了有 push_back()与 pop_back()成员函数之外，还有 push_front()和 pop_front()成员函数，它们分别实现在双端队列的头部添加、删除元素。

下面通过一个示例演示 deque 部分成员函数的使用方法。

【例 8-3】

```
Line 1   #include <iostream>
Line 2   #include <iomanip>
Line 3   #include <deque>                    //使用 deque 类模板需要包含 deque 头文件
Line 4   using namespace std;
Line 5   int main()
Line 6   {
Line 7       deque<double>d1(5, 0.5);        //d1=(0.5, 0.5, 0.5, 0.5, 0.5)
```

```
Line 8      d1.push_back(0.1);           //d1=(0.5, 0.5, 0.5, 0.5, 0.5, 0.1)
Line 9      d1.push_front(-0.1);         //d1=(-0.1, 0.5, 0.5, 0.5, 0.5, 0.5, 0.1)
Line 10     for(auto it =d1.cbegin(); it !=d1.cend(); it++)
Line 11     {
Line 12         cout <<setw(5) << * it;  //输出:-0.1, 0.5, 0.5, 0.5, 0.5, 0.5, 0.1
Line 13     }
Line 14     for(auto it =d1.begin()+1; it <d1.begin()+3; it++)   //修改三个元素
Line 15     {
Line 16         * it = * it * 0.1;       //d1=(-0.1, 0.05, 0.05, 0.5, 0.5, 0.5, 0.1)
Line 17     }
Line 18     d1.pop_back(); //删除最后元素 0.1,d1=(-0.1, 0.05, 0.05, 0.5, 0.5, 0.5)
Line 19     d1.erase(d1.begin()+3, d1.begin()+5);  //d1=(-0.1, 0.05, 0.05, 0.5)
Line 20     cout <<endl;
Line 21     deque<double>d2;
Line 22     d2.assign(d1.begin(), d1.begin()+3);  //d2=(-0.1, 0.05, 0.05)
Line 23     for(auto it =d2.crbegin(); it <d2.crend(); it++)
                                         //条件 it<d2.end()可写为 it!=d2.end()
Line 24     {
Line 25         cout <<setw(5) << * it;  //输出:0.05, 0.05, -0.1
Line 26         //* it =2;               //语法错误
Line 27     }
Line 28     return 0;
Line 29 }
```

程序运行结果如图 8-3 所示。

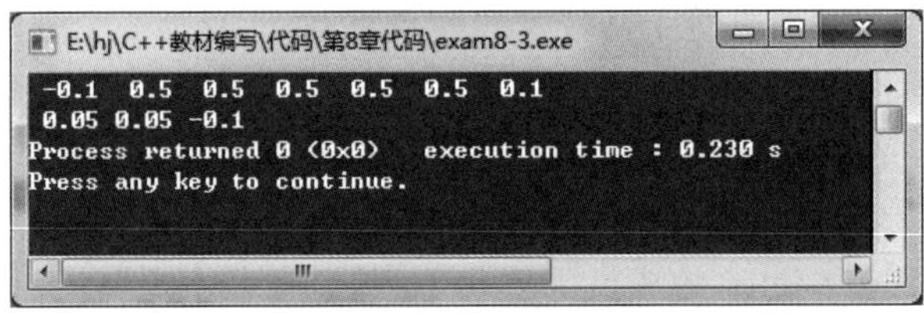

图 8-3　例 8-3 程序运行结果

Line 26 * it=2 是语法错误,错误提示如下:

```
error: assignment of read-only location 'it.std::reverse_iterator<_Iterator>::
  operator* <std::_Deque_iterator<double, const double&, const double*>>()'
```

因为 it 是逆向常迭代器,所以不能通过迭代器修改元素的值。

8.2.3　list

list 类容器称为列表,其声明包含在头文件<list>中。list 实现为一个双向链表,它不能实现随机访问,但可以高效地在任意位置插入和删除元素。当在列表中插入一个元素时,不需要移动任何元素，只需创建一个新的链表节点并修改前后两个节点的指针。当删除元素时，需要释放被删除节点所占用的空间，然后修改前后两个节点的指针，不需要移动任何元素。所以，在 list 中插入或删除元素效率很高。

list 大多数成员函数与 vector 和 deque 中成员函数具有相同的使用方法，在此不再赘述。下面介绍几个与 vector 和 deque 不同的成员函数：sort ()、merge ()、splice()。

1. sort ()函数

sort()函数实现 list 容器中元素的排序，它有两种函数重载格式：

```
(1) void sort();
(2) template <class Compare>
   void sort (Compare comp);
```

第(1)种按照升序方式对容器中的数据进行排序，第(2)种可以指定排序规则。对于基本数据类型和 string 类型，sort()函数可以直接对其进行排序。例如：

```
list<int>ls{3, 45, 32, 3, 67, 8};
ls.sort();                          //默认升序排序
```

则 ls 的元素值是{3，3，8，32，45，67}。

排序规则通过一个函数对象实现，可以使用 functional 中声明的函数对象(8.6 节)，如 greater()，指定排序规则为降序：

```
ls.sort(greater<int>());            //指定排序方式为降序
```

则 ls 的元素值是{67，45，32，8，3，3}。

其中，greater＜＞()是一个类模板对象，表现出函数的性质，所以称为函数对象。在“＜＞”运算符中指定排序的数据类型。

如果容器中存储的数据是自定义类型，必须为数据定义排序规则。排序规则可以实现为一个函数，该函数接收两个参数，函数返回值是 bool 类型。排序规则就是使得函数值为 true 的顺序。

【例 8-4】

```
#include <iostream>
#include <string>
#include <list>
#include <iomanip>
#include <functional>
using namespace std;
class Student
{
public:
    Student(string name, int age):sName(name), nAge(age){}
```

```
    friend bool StuComp(const Student&, const Student&);
    friend void PrintList(list<Student>&);
private:
    string sName;
    int nAge;
};
bool StuComp(const Student& s1, const Student& s2)
{
    return s1.nAge >s2.nAge;
}
bool Comp(int x, int y)
{
    return x >y;
}
void PrintList(list<int>& ls)
{
    for(auto it =ls.begin(); it !=ls.end(); it++)
    {
        cout <<setw(3) << * it;
    }
    cout <<endl;
}
void PrintList(list<Student>& ls)
{
    cout <<" " <<"姓名" <<" 年龄" <<endl;
    for(auto it =ls.begin(); it !=ls.end(); it++)
    {
        cout <<it->sName <<"  " <<it->nAge <<endl;
    }
    cout <<endl;
}
int main()
{
    list<int>ls1{23, 12, 4, 3, 65}, ls2;
    cout <<"原始数据:";
    PrintList(ls1);

    ls2 =ls1;
    ls2.sort();                    //默认排序,以升序排列
    cout <<"升序排列:";
    PrintList(ls2);

    ls2 =ls1;
    ls2.sort(greater<int>());      //用 greater<int>()函数指定排序规则为
                                   //降序
```

```
Line 55       cout <<"降序排列:";
Line 56       PrintList(ls2);
Line 57
Line 58       ls2 =ls1;
Line 59       ls2.sort(Comp);              //用自定义排序规则 Comp 指定排序规则为降序
Line 60       cout <<"降序排列:";
Line 61       PrintList(ls2);
Line 62       cout <<"----------------" <<endl;
Line 63
Line 64       list<Student>ls3{Student{"Jason", 17}, Student{"Kevin", 20},
                Student{"Ailsa", 18}, Student{"Amanda", 19}};
Line 65       cout <<"原始数据:" <<endl;;
Line 66       PrintList(ls3);
Line 67       //ls3.sort();                  //语法错误,不能使用默认排序规则排序
Line 68       ls3.sort(StuComp);           //用指定的规则进行排序
Line 69       cout <<"排序后:" <<endl;
Line 70       PrintList(ls3);
Line 71       return 0;
Line 72   }
```

程序运行结果如图 8-4 所示。

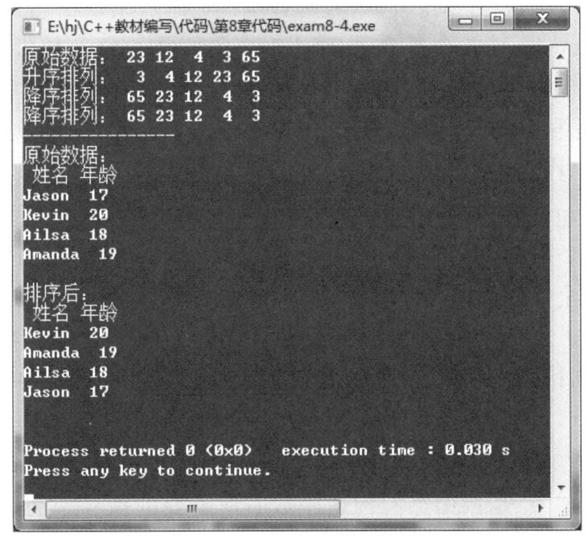

图 8-4 例 8-4 程序运行结果

使用 sort()函数对基本数据类型进行排序时,未指定排序规则,默认以升序排序,如 Line 49,这里相当于使用规则 less<int>(),即 Line 49 等价于

```
ls2.sort(less<int>());
```

less 是类模板，其声明格式如下：

```
template <class T>
struct less
{
  bool operator() (const T& x, const T& y) const {return x<y;}
  ...;
};
```

在 less 类中重载"()"运算符，使得 less 类型的对象具备类似于函数的功能。例如：

```
auto f =less<int>();
cout <<f(3, 4) <<endl;
```

上述语句输出结果是 1(true)。其中，f 是 less<int>类型的对象，而 f(3, 4)就是对象 f 调用"()"运算符，使对象 f 具备了函数的特征，我们称 f 是函数对象。

sort()函数的参数是一个函数对象，而 less<int>()就是类模板 less 声明的无名函数对象。sort()函数向该无名函数对象传递两个参数，使得函数对象返回 true 的排列顺序就是 sort()函数指定的排序规则。所以，ls2. sort(less<int>())排序结果是 3 4 12 23 65，任意两个相邻元素(如 4 和 12)都有第一个元素小于第二个元素(4<12)。

如果需要降序排序，必须显式指定排序规则。其有两种方法：一是使用头文件<functional>中声明的函数对象 greater<>()(Line 54)；二是使用自定义函数对象(Line 59)。自定义函数 Comp()对两个整数进行比较，返回第一个参数大于第二个参数的值。sort()函数能够提供给 Comp()函数两个整数作为 Comp()函数的实参，使得 Comp()函数值为 true 的规则就是第一个参数值比第二个参数值大，即排序的规则是"前面的数比后面的数大"，意思就是"降序"排序。

如果说函数 Comp()是多余的(因为可以用 greater<int>()替换 Comp())，那么 StuComp()函数就是必需的，因为 ls3. sort(greater<Student>())是错误的，greater<>()对象无法直接比较两个 Student 类型的对象，所以需要为 Student 对象自定义排序规则。

Line 54 和 Line 59 分别使用函数对象 greater<int>()和自定义函数 Comp()指定 sort()函数的排序规则，得到相同的结果。细心的读者已经发现这两个函数在调用格式上的微小差别：greater<int>()有括号，而 Comp 后面没有括号。其实，sort()函数的参数是函数对象，函数对象包括具备函数行为的对象、函数名、指向函数的指针等。greater<int>()是声明无名对象，其中括号"()"是调用类的构造函数时所需要的括号。例如：

```
cout <<greater<int>()(4, 3) <<endl;
```

输出结果是 1(true)。greater<int>()是对象，其后的(4, 3)才是调用函数时所需要的括号及参数。

而 Comp 是函数名，可以用作 sort()函数的参数，Comp 不能写成 Comp()。

2. merge()函数

merge()函数的功能是合并两个 list 容器对象，把一个 list 对象作为参数插入目标容器中。merge()函数有四种函数重载格式：

```
(1) void merge (list& x);
(2) void merge (list&& x);
(3) template <class Compare>
    void merge (list& x, Compare Comp);
(4) template <class Compare>
    void merge (list&& x, Compare Comp);
```

其中，第(2)个和第(4)个函数使用右值引用，本书从略，只介绍第(1)个和第(3)个函数。第(1)个函数在合并数据时默认使用升序方式合并，第(3)个函数使用指定的排序方式合并数据。使用 marge()函数时要注意以下几个问题。

(1) 列表容器与自身合并时不执行任何操作。

(2) 通常在调用 merge()函数之前，list1 和 list2 已经按元素值大小进行排序。

(3) 相同顺序的两个列表合并后仍然保持原有顺序。

(4) 如果在调用 merge()函数时 list1 与 list2 元素是无序的，合并之后仍然无序。

(5) 把 list2 合并到 list1 之后，list2 成为空列表。

(6) 可以用 Comp 指定列表容器数据的排序方式及合并方式。

(7) 可以把一个临时列表合并到目标列表中。

【例 8-5】

```
#include <iostream>
#include <list>
#include <iomanip>
using namespace std;
void PrintList(list<int>& ls)
{
    for(auto it =ls.begin(); it !=ls.end(); it++)
    {
        cout <<setw(3) << * it;
    }
    cout <<endl;
}
int main()
{
    list<int>ls1{1, 84, 3, 6, 99}, ls2{23, 12, 4, 96, 3, 65};
    list<int>ls3, ls4;

    ls1.merge(ls1);                    //ls1 与它自身合并,不执行任何操作
    PrintList(ls1);

    ls3 =ls1, ls4 =ls2;
    cout <<"ls3:";
```

```
Line 23      PrintList(ls3);
Line 24      cout <<"ls4:";
Line 25      PrintList(ls4);
Line 26      ls3.merge(ls4);                    //无序列表可以合并,但合并后的数据仍然无序
Line 27      cout <<"合并后: ";
Line 28      PrintList(ls3);
Line 29      cout <<boolalpha <<ls4.empty() <<endl;     //合并之后 ls4 成为空列表
Line 30
Line 31      ls3 =ls1, ls4 =ls2;
Line 32      ls3.sort();                                //按升序排列 ls3
Line 33      ls4.sort();                                //按升序排列 ls4
Line 34      ls3.merge(ls4);                            //合并后仍然按升序排列
Line 35      cout <<"升序排序后再合并:";
Line 36      PrintList(ls3);
Line 37
Line 38      ls3 =ls1;
Line 39      ls3.sort();
Line 40      ls3.merge(list<int>{1, 3, 15, 55, 61});    //把临时列表合并到 ls3 中
Line 41      cout <<"与临时列表合并:";
Line 42      PrintList(ls3);
Line 43      return 0;
Line 44  }
```

程序运行结果如图 8-5 所示。

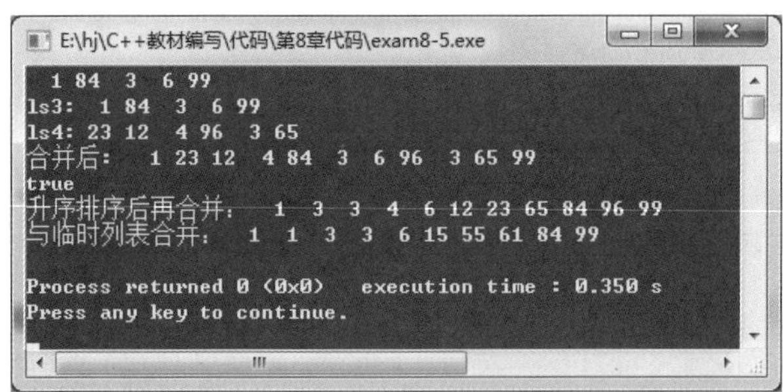

图 8-5 例 8-5 程序运行结果

本程序最令人费解的是 Line 26 的合并,在合并之前 ls3 和 ls4 都是无序的,合并之后的顺序仍然是无序的。事实上,merge()函数合并两个列表的过程如下(假设按升序合并 ls3 和 ls4)。

首先,比较第一个元素大小(1<23),所以 ls3 中的第一个元素作为合并后的第一个元素;其次,比较 ls3 的第二个元素与 ls4 的第一个元素(84>23),所以 ls4 的第一个元素作为合并之后的第二个元素;再次,比较 ls3 的第二个元素与 ls4 的第二个元素(84>12),所以 ls4 的第二个元素作为合并之后的第三个元素……直到比较到 ls3 的第二个元素与 ls4 的第四个元素(84<96),把 84 合并到列表中;最后,比较 ls3 的第三个元素与 ls4 的第四个元

素……把 ls3 中比 96 小的元素(3、6)合并到列表中,这时 ls4 的元素 96 比 ls3 的元素 99 小,把 ls4 中比 99 小的元素(96、3、65)合并到列表中,最后把 99 合并到列表中。

另外,merge()函数的第二个和第四个重载函数的参数是右值引用,它允许把一个临时列表对象合并到目标列表中(Line 40)。

通常,merge()函数合并两个列表容器后,合并后的列表数据仍然保持原有顺序。虽然 merge()函数可以合并两个无序容器,但是无序容器的合并通常使用另外一个函数 splice()完成。

3. splice()函数

merge()函数合并两个 list 容器对象后,合并的元素打乱顺序重新排列。有时合并两个列表容器时只想直接“插队”而不想重新“排列”,这时,可使用 splice()函数完成这种功能。

splice()函数的重载格式如下:

```
(1) void splice (const_iterator position, list& x);
(2) void splice (const_iterator position, list&& x);
(3) void splice (const_iterator position, list& x, const_iterator i);
(4) void splice (const_iterator position, list&& x, const_iterator i);
(5) void splice (const_iterator position, list& x, const_iterator first, const_
    iterator last);
(6) void splice (const_iterator position, list&& x, const_iterator first, const_
    iterator last);
```

以第(1)、(3)、(5)个重载格式为例说明其功能,第(2)、(4)、(6)个重载方法分别与(1)、(3)、(5)相似。

第(1)、(3)、(5)个重载函数的基本用法如下:

```
ls1.splice(position, ls2);
```

功能:把 ls2 容器中的元素插入 ls1 的 position 指示的位置前。

```
ls1.splice(position, ls2, first);
```

功能:把 ls2 容器中的 first 指示的元素插入 ls1 的 position 指示的位置前。

```
ls1.splice(position, ls2, first, last);
```

功能:把 ls2 容器中的区间[first, last)指示的元素插入 ls1 的 position 指示的位置前,与 merge()函数一样,一旦完成合并,ls2 中的元素就会被删除。

【例 8-6】

```
Line 1   #include <iostream>
Line 2   #include <list>
Line 3   #include <iomanip>
```

```
using namespace std;
void PrintList(list<int>& ls)
{
    for(auto it =ls.begin(); it !=ls.end(); it++)
    {
        cout <<setw(3) << * it;
    }
    cout <<endl;
}
int main()
{
    list<int>ls1{1, 3, 5, 7, 8}, ls2{12, 14, 16, 18, 20};
    list<int>ls3, ls4;

    ls3 =ls1, ls4 =ls2;
    ls3.splice(ls3.begin(),ls4);                    //ls4 插入 ls3 的前面
    PrintList(ls3);
    cout <<boolalpha <<ls4.empty() <<endl;          //合并之后 ls4 成为空列表

    ls3 =ls1, ls4 =ls2;
    ls3.splice(ls3.begin(), ls4, ls4.begin());
                                    //ls4 的第一个元素插入 ls3 的第一个元素的位置
    PrintList(ls3);
    PrintList(ls4);                                 //第一个元素被删除

    ls3 =ls1, ls4 =ls2;
    ls3.splice(ls3.end(), ls4, ls4.begin(), ls4.end());
                                            //ls4 的所有元素插入 ls3 的末尾
    PrintList(ls3);
    return 0;
}
```

程序运行结果如图 8-6 所示。

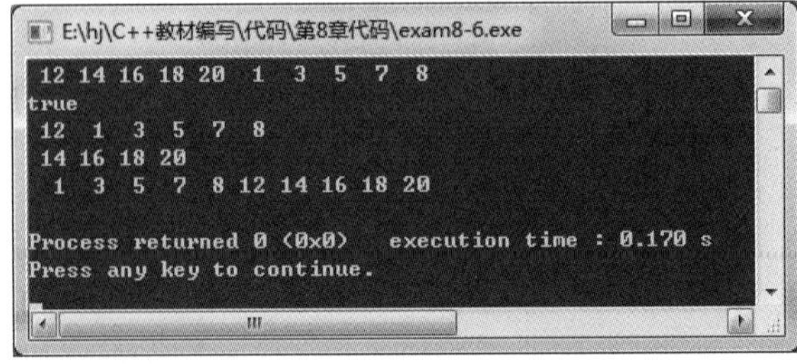

图 8-6 例 8-6 程序运行结果

8.3 容器适配器

所谓适配器，就是把一种接口转换为另一种接口。例如，笔记本电脑需要使用电源适配器把 220V 电压转为 20V。在 C++ 语言中类比了这种概念，容器适配器（Container Adaptor）封装了一些基本的容器，使之具备了新的调用接口（函数功能）。例如，把 deque 封装为一个具有 stack 功能的数据结构，这种新得到的数据结构就称为容器适配器。

C++ 语言中定义了三种容器适配器，它们让容器提供的接口变成了我们常用的三种数据结构：栈（后进先出）、队列（先进先出）和优先级队列（按照优先级（"<"）排序，而不是按照到来的顺序排序）。

8.3.1 stack

stack 是容器适配器的一种，使用 stack 需要包含头文件 <stack>。stack 称为栈，是一种后进先出（Last-in First-out，LIFO）的元素序列。栈中添加、删除及访问元素都在栈顶进行。向栈中添加元素的操作称为元素"入栈"，从栈顶删除元素的操作称为元素"出栈"。除栈顶元素外，栈中的其他元素不能直接访问，如果一定要访问栈内的某个元素，只能将其上方的元素全部从栈中删除，使之变成栈顶元素才可以。

stack 的声明格式如下：

```
template <class T, class Container =deque <T>>
class stack;
```

第一个参数指明了栈中元素的类型，而第二个参数表明在默认情况下 stack 用 deque 实现。当然，也可以指定用 vector 或 list 实现。虽然 stack 使用顺序容器实现，但前面介绍的顺序容器中常用的成员函数并不适用于 stack 容器，因为 stack 封装了适用于栈操作的成员函数。

声明 stack 对象的方法比较多，常用以下格式声明一个 stack 对象。例如：

```
stack<int>s1;                      //声明一个空栈 s1，栈中可存储整数
deque<int>d{2, 5, 4};
stack<int>s2(d);  //声明栈 s2，用 deque 对象 d 初始化。这时 s2 有三个元素，栈顶元素值是 4
stack<int, vector<int>>s3;        //声明空栈 s3，用 vector 容器存储栈中的元素
```

stack 的基本操作包括入栈（push()，在栈顶添加元素）、出栈（pop()，从栈顶删除元素）、访问栈顶元素（top()，返回栈顶元素的值）、判断栈空（empty()，若栈中没有元素，则返回 true）、返回栈中的元素个数（size()）及交换两个栈（swap()）等。stack 的常用成员函数及其功能如表 8-2 所示。

表 8-2　stack 的常用成员函数及其功能(假设 stack <int >s;)

成员函数	函 数 功 能	示　　例	结果及说明
push()	入栈,在栈顶添加元素	s. push(3)	s 的栈顶元素是 3,只有一个元素
size()	返回容器中元素的个数	s. size()	0,s 是空栈
empty()	判断栈是否为空	s. empty()	true
pop()	出栈,删除栈顶元素	s2. pop()	4,其中 s2 是前面声明的栈对象
swap()	交换两个栈	s. swap(s2)	交换 s 和 s2 的值

下面通过一个示例演示 stack 的常用成员函数。

【例 8-7】

```
#include <iostream>
#include <stack>
using namespace std;
int main()
{
    stack<int> sk1;
    sk1.push(1);                          //1 入栈
    sk1.push(3);                          //3 入栈
    cout <<"栈顶元素:" <<sk1.top() <<endl;
    cout <<"栈中元素个数:" <<sk1.size() <<endl;
    sk1.pop();                            //栈顶元素出栈
    cout <<"栈顶元素:" <<sk1.top() <<endl;
    return 0;
}
```

程序运行结果如图 8-7 所示。

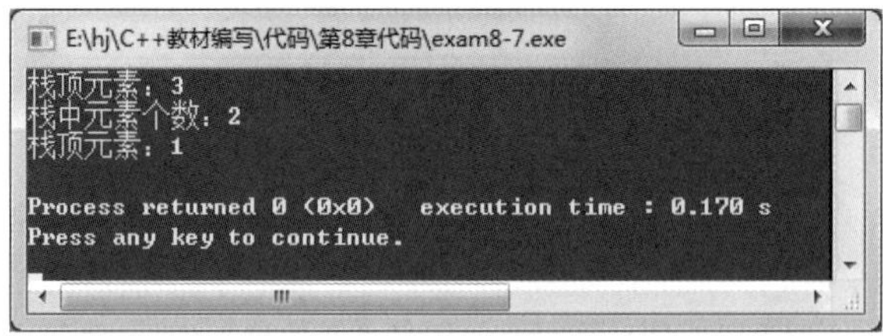

图 8-7　例 8-7 程序运行结果

8.3.2　queue

queue 也是一种容器适配器,使用 queue 需要包含头文件<queue>。queue 称为队列,是一种先进先出(First-in First-out, FIFO)的元素序列。向队列中添加元素的操作称为元素“入队”,入队操作只在队尾进行;从队中删除元素的操作称为元素“出队”,出队操作只在队头进行。除队头元素外，队中的元素不能直接访问，如果一定要访问队内的某个元素，只能将其前面的元素全部从队中删除，使之变成队头元素才可以。

与 stack 模板类似，queue 模板也需要定义两个模板参数，一个是元素类型，一个是容器类型，元素类型是必要的，容器类型是可选的，默认为 deque 类型。queue 类模板声明格式如下：

```
template <class T, class Container =deque<T>>
class queue;
```

queue 的基本操作包括入队(push()，将元素插入队列的末尾)、出队(pop()，删除队列的第一个元素)、访问队头元素(front()，返回队头元素的引用)、访问队尾元素(back()，返回队尾元素的引用)、队列中元素个数(size())、判断队列是否为空(empty())，其功能及使用方法与 stack 的成员函数类似，这里不再赘述。

【例 8-8】

```
#include <iostream>
#include <queue>
using namespace std;
int main()
{
    queue<int>q1;
    for(int i=0;i <10; i++) q1.push(i);
    cout <<"size: " <<q1.size() <<endl;
    q1.back() *=2;
    while(!q1.empty())
    {
        cout<<q1.front() <<" ";
        q1.pop();
    }
    cout<<endl;
    return 0;
}
```

程序运行结果如图 8-8 所示。

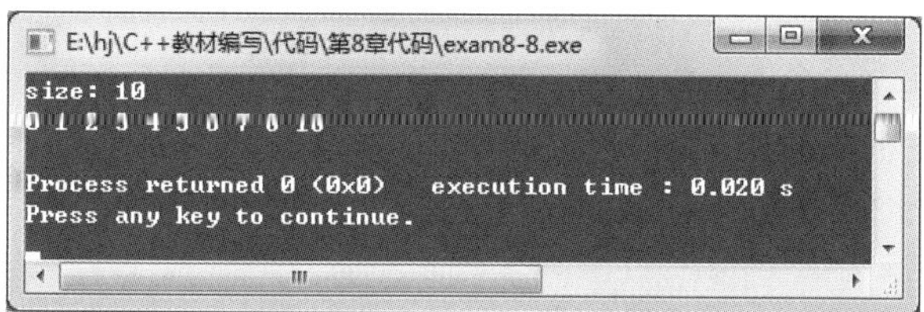

图 8-8　例 8-8 程序运行结果

8.3.3 priority_queue

priority_queue 称为优先级队列，普通队列是一种先进先出的数据结构，元素在队列尾追加，而从队列头删除。在优先级队列中，元素被赋予优先级，具有最高优先级的元素最先删除。优先级队列具有最高级先出(First-in Largest-out)的行为特征。使用 priority_queue 也需要包含头文件<queue>。priority_queue 的声明格式如下：

```
template <class T, class Container = vector<T>, class Compare = less<typename
  Container::value_type>>
class priority_queue;
```

priority_queue 默认的元素比较规则是 less<T>，即在默认情况下放入 priority_queue 的元素必须是能用“<”运算符进行比较的，而且 priority_queue 保证以下条件总是成立：对于队头的元素 x 和任意非队头的元素 y，表达式“x<y”为 false，即队头元素大于后面的元素。如果比较规则使用 greater<T>，则队头元素总是小于后面的元素。

【例 8-9】

```
#include <iostream>
#include <queue>
using namespace std;
int main()
{
    priority_queue<string>str_que;                       //默认按字符串升序排列
    priority_queue<int, vector<int>, greater<int>>pri_que;
                                                         //这样就是小顶堆
    str_que.push("hi");
    str_que.push("hello");
    str_que.push("nice");
    while(!str_que.empty())
    {
        cout <<str_que.top() <<' ';                      //输出队头元素
        str_que.pop();                                   //删除队头元素
    }
    cout <<endl;
    pri_que.push(23);
    pri_que.push(4);
    pri_que.push(35);
    pri_que.push(0);
    pri_que.push(-12);
    while(!pri_que.empty())
    {
        cout <<pri_que.top() <<' ';
```

```
Line 25         pri_que.pop();
Line 26     }
Line 27     cout <<endl;
Line 28     return 0;
Line 29 }
```

程序运行结果如图 8-9 所示。

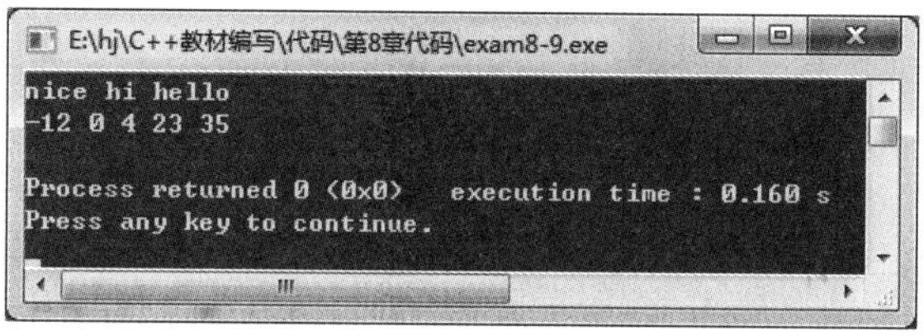

```
E:\hj\C++教材编写\代码\第8章代码\exam8-9.exe
nice hi hello
-12 0 4 23 35

Process returned 0 (0x0)   execution time : 0.160 s
Press any key to continue.
```

图 8-9　例 8-9 程序运行结果

str_que 默认以 less<string>建立优先级队列(Line 6)，前面的字符串总比后面的字符串大，所以最大的字符串先出队列。pri_que 是一个 int 类型队列，使用 vector<int>存储队列中的元素，以 greater<int>建立优先级队列(Line 7)。所以，pri_que 以升序方式排列，最小的元素先出队列。

8.4　关联容器

关联容器分为有序关联容器与无序关联容器两大类。有序关联容器和顺序容器有着根本的区别：有序关联容器中的元素用一个"键-值(Key-value)"对组成，键也称为关键字，元素的顺序是按照键的大小来决定的。有序关联容器中的元素按照键的大小组织为一棵平衡二叉树，支持高效的按键查找和访问元素的方法，但不能实现任意位置的操作。按照容器中是否允许出现重复键，有序关联容器可分为单重关联容器和多重关联容器。有序关联容器包括四个，分别是 set、multiset、map、multimap，前两种在头文件<set>中定义，后两种在头文件<map>中定义。无序关联容器与有序关联容器一样，其中的元素也是"键-值"对，并使用键来查找值。与有序关联容器的区别是，无序关联容器是基于数据结构哈希表的，旨在提高添加和删除元素的速度及提高查找算法的效率。STL 中提供了四种无序关联容器，分别是 unordered_set、unordered_multiset、unordered_map 和 unordered_multimap。前两种在头文件<unordered_set>中定义，后两种在头文件<unordered_map>中定义。STL 提供的八个关联容器如表 8-3 所示。

表 8-3　关联容器

序号	容　　器	元素有序	允许键重复	数据组织方式
1	set	是	否	平衡二叉树
2	multiset	是	是	平衡二叉树
3	unordered_set	否	否	哈希表

续表

序号	容　器	元素有序	允许键重复	数据组织方式
4	unordered_multiset	否	是	哈希表
5	map	是	否	平衡二叉树
6	multimap	是	是	平衡二叉树
7	unordered_map	否	否	哈希表
8	unordered_multimap	否	是	哈希表

这八个容器的区别主要体现在三个方面：①集合容器中的元素的键和值相等，键即是值，值也是键；而映射容器的元素是一个“键-值”对。②不带 multi 的容器的键不允许重复，带 multi 的容器的键允许重复。③以 unordered 开头的容器中的元素是无序的，无序容器使用哈希函数来组织元素；否则容器中的元素是有序的，以平衡二叉树组织元素。

8.4.1 set/multiset

set 与 multiset 都是集合，存储一组相同数据类型的元素。两者的区别是 set 存储的数据互不相同，而 multiset 允许存在相同的元素。set 和 multiset 中的元素本身是有序的，因此可以高效地在集合中查找指定元素，也可以方便地得到指定大小范围的元素在容器中所处的区间。集合中的元素可以被删除，但不能更新，即如果进行更新操作，实际上是先删除该元素，然后插入一个新元素。使用 set 或 multiset 时需要包含头文件<set>。

set 类模板的声明格式如下：

```
template <class T,                          //set::key_type/value_type
    class Compare =less<T>,                 //set::key_compare/value_compare
    class Alloc =allocator<T>>              //set::allocator_type
class set;
```

其中，T 指定键或值的类型；Compare 指定键的排序顺序，默认为升序；Alloc 指定内存分配的方法。在创建 set 类对象时主要使用前两个参数，第一个参数是必选的。multiset 类模板的声明格式与 set 类模板的声明格式是相同的。

1. 构造函数

set/multiset 类模板重载了构造函数，通常使用以下六种格式的构造函数创建对象：

```
set/multiset<T>s;                       //创建空的对象 s,默认升序排列
set/multiset<T, comp>s;                 //创建空的对象 s,用 comp 指定排序方式
set/multiset<T>s(begin, end);           //创建对象 s,用[begin, end)区间为其初始化
set/multiset<T, comp>s(begin, end);     //创建对象 s,用[begin, end)区间为其初始
                                        //化,comp 指定排序方式
set/multiset<T>s(s1);                   //创建对象 s 并用 s1 为其初始化,其中 s1 是
                                        //已经声明的对象,而且 s1 与 s 的排序方式是
                                        //相同的
```

```
set/multiset<T, comp>s(initializer_list);   //创建对象 s,使用初始化列表初始化 s,用
                                            //comp 指定排序方式
```

其中,comp 是类模板参数,通过在类中重载"()"运算符指定元素的排序方式,详细内容请参考 8.5.2 小节。

2. 插入元素

使用 insert()函数向集合容器中插入元素,其调用格式如下:

```
insert(elem);                       //插入元素 elem
insert(pos, elem);                  //在 pos 位置插入元素 elem
insert(begin, end);                 //把区间[begin, end)中的元素插入容器
insert(initializer_list);           //插入一个初始化列表
```

第一种函数调用格式的返回值是一个 pair<first, second>格式的二元组,如果插入成功,first 是指向新插入元素位置的迭代器,second 是布尔值 true;如果插入不成功,表明集合容器中已经存在 elem 元素,这时 first 是指向已经存在的元素位置的迭代器,second 是布尔值 false。第二种函数调用格式的返回值是一个迭代器,指向新插入的元素 elem 或者指向容器中已经存在的元素 elem。第三种和第四种函数调用格式没有函数返回值。set 容器中的元素不允许重复,所以如果向 set 容器中插入一个容器中已经存在的元素则插入失败。事实上,pos 是隐含的插入位置,如果插入位置指向的数据恰好在插入元素的后面,则插入操作是最优的,否则插入位置失效。multiset 容器中的元素允许重复,所以向 multiset 中插入元素的操作总会成功。

3. 删除元素

使用 erase()函数删除集合容器中的元素,其调用格式如下:

```
erase(val);                         //删除值为 val 的元素
erase(pos);                         //删除 pos 位置的元素
erase(begin, end);                  //删除区间[begin, end)中的元素
```

第一种格式的函数返回值是被删除元素的数目(对于 set 返回值是 1 或 0);第二种和第三种格式的函数返回值是指向最后被删除元素后面位置的迭代器。

4. 元素查找

使用 find()函数可以查找元素,其调用格式如下:

```
find(elem);
```

函数返回一个迭代器,如果查找到元素 elem,则返回指向该元素的迭代器;否则返回 end()。

【例 8-10】

```
Line 1    #include <iostream>
Line 2    #include <iomanip>
```

```
#include <set>
#include <functional>
using namespace std;
template <typename T, typename Comp =less<T>>
void PrintSet(set<T, Comp>& s)
{
    for(auto it =s.begin(); it !=s.end(); it++)
    {
        cout <<setw(3) << * it;
    }
    cout <<endl;
}
int main()
{
    set<int>s1{4, 8, 12, 3, 35, 7};                  //集合 s1 默认升序
    cout <<"集合 s1: ";
    PrintSet(s1);
    set<int, greater<int>>s2{10, 3, 16, 5, 4, 22};   //集合 s2 指定降序
    cout <<"集合 s2: ";
    PrintSet(s2);
    auto pa =s1.insert(5);
    if(pa.second)
    {
        cout <<"集合 s1 插入元素:" << * pa.first <<",插入成功。" <<endl;
    }
    else
    {
        cout <<"集合 s1 插入元素:" << * pa.first <<"已经存在,插入不成功。"
          <<endl;
    }
    auto lowit =s1.lower_bound(6), upit =s1.upper_bound(12);
    cout <<"集合 s1 删除元素:";
    for(auto it =lowit; it !=upit; it++)
    {
        cout << * it <<" ";
    }
    cout <<endl;
    s1.erase(lowit, upit);
    cout <<"集合 s1: ";
    PrintSet(s1);
    auto it =s2.find(10);
    if(it !=s2.end())
    {
        cout <<"找到元素" << * it <<endl;
```

```
Line 46        }
Line 47        else
Line 48        {
Line 49            cout <<"没找到元素" <<endl;
Line 50        }
Line 51        return 0;
Line 52    }
```

程序运行结果如图 8-10 所示。

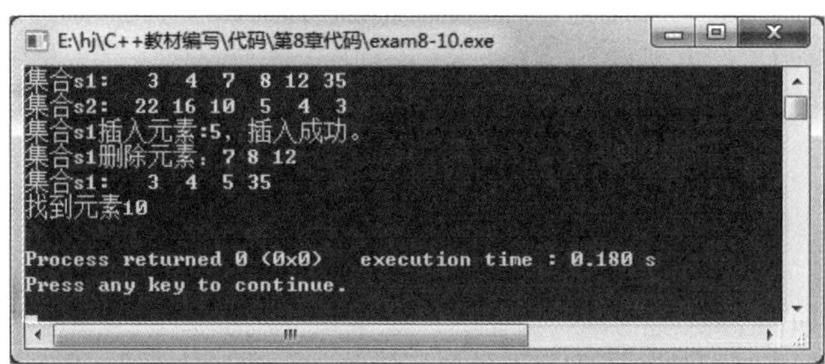

图 8-10　例 8-10 程序运行结果

Line 32 用到两个函数 lower_bound(x)和 upper_bound(x),分别返回第一个不小于 x 的迭代器、第一个大于 x 的迭代器。

接下来,通过一个示例演示 multiset 部分成员函数的功能。

【例 8-11】

```
#include <iostream>
#include <iomanip>
#include <set>
#include <functional>
using namespace std;
template <typename T, typename Comp =less<T>>
void PrintSet(multiset<T, Comp>& s)
{
    for(auto it =s.begin(); it !=s.end(); it++)
    {
        cout <<setw(3) << * it;
    }
    cout <<endl;
}
int main()
{
    multiset<int>s1{4, 8, 12, 3, 35, 7};    //用初始化列表初始化,默认为升序
    cout <<"集合 s1: ";
```

```
    PrintSet(s1);
    s1.insert(4);          //正确,可以在 multiset 容器中插入一个已经存在的元素
    cout <<"集合 s1: ";
    PrintSet(s1);
    int x =4;
    int n =s1.count(x);    //count()函数返回容器中值为 x 的元素的个数
    cout <<"集合 s1 中元素" <<x <<"有" <<n <<"个。" <<endl;
    s1.erase(4);           //删除所有值为 4 的元素
    cout <<"集合 s1 剩余元素: ";
    PrintSet(s1);
    multiset<int>s2(s1.begin(), s1.end());
    cout <<"集合 s2: ";
    PrintSet(s2);
    return 0;
}
```

程序运行结果如图 8-11 所示。

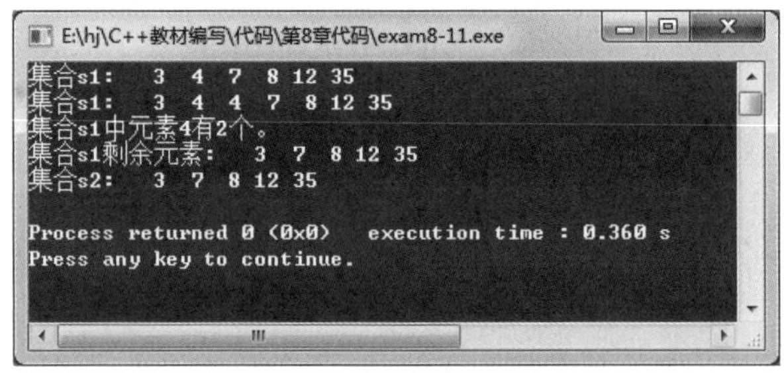

图 8-11　例 8-11 程序运行结果

8.4.2　map/multimap

map 类模板称为映射。映射与集合都是有序关联容器,在行为及使用方式上有诸多相似之处。它们的主要区别是,集合中的元素类型是键本身,键与值是相同的;而映射中的元素是"键-值"对,是由键和附加数据所构成的二元组。映射很像是一个"字典",如学生的学号及姓名组成的二元组,学号作为键,而姓名是值。在映射中查找元素时按照键进行查找,如果键存在即可以得到键对应的值。另外,可以直接使用键作为下标得到键所对应的值。map 中的键必须唯一,而 multimap 中的键允许相同。使用 map 或 multimap 类模板需要包含头文件<map>。

map 类模板的声明格式如下:

```
template <class Key,                                   //map::key_type
    class T,                                           //map::mapped_type
    class Compare =less<Key>,                          //map::key_compare
```

```
    class Alloc =allocator<pair<const Key,T>>        //map::allocator_type
>class map;
```

其中，Key 指定键的类型，其他参数的意义与 set 类模板的参数相同。multimap 类模板的声明格式与 map 类模板的声明格式是相同的。

1. 构造映射类元素

映射类容器中的元素是一个“键-值”二元组，当向容器中添加一个元素时，必须把数据构建成一个二元组。通常使用以下两种方式构建一个二元组。

(1) 使用 pair<>构建。pair 是在头文件<utility>中定义的一个类模板，主要作用是把两个数据组成一个二元组。例如，pair<int, float> p1，即创建 pair 对象 p1。pair 类有两个公有访问属性的数据成员：first 和 second，分别对应二元组的第一个数据和第二个数据。

(2) 使用 make_pair()函数构建。make_pair()函数是头文件<utility>中定义的一个专门用于辅助二元组构建的函数模板，函数定义格式如下：

```
template <typename T1, typename T2>
pair<T1, T2>make_pair(T1 x, T2 y)
{
    return pair<T1, T2> (x, y);
}
```

该函数返回一个 pair<>类型的对象，如 make_pair(1, 2.5)。从函数体中可以看出，该函数调用了 pair<>类模板。make_pair()函数构建二元组简单直观，代码清晰。

2. 创建对象

映射容器提供的构造函数与集合容器提供的构造函数相似。例如：

```
map<int, string>m1;                          //声明映射对象 m1,键是 int 类型,值是 string 类型
map<string, string>m2{make_pair("1001", "Kevin")};    //声明 m2
map<string, string>m3(m2);                   //声明 m3,调用拷贝构造函数用 m2 初始化 m3
```

3. 插入元素

使用 insert()函数向映射容器中插入元素，其格式与向集合中插入元素相似。例如：

```
m2.insert(pair<string, string> ("1002", "Jason"));   //插入一个元素
m2.insert({make_pair("1003", "Amanda"), make_pair("1004", "Eva")});
                                                      //插入两个元素
m1.insert(m2.begin(), m2.end());                      //把 m2 的所有元素插入 m1 中
```

除了使用 insert()函数外，map 类容器还可以使用下标方式插入元素，其调用格式如下：

```
m[key] =value;
```

其中，m[key]返回一个引用，指向键为 key 的元素，如果该元素已经存在，则用 value 更新原来元素的值，否则插入新元素。

例如，m1["1005"] = "Ailsa"，对象 m1 中插入新的元素，键是 1005，值为 Ailsa。

4. 删除元素

使用 erase()函数删除元素。例如：

```
m1.erase(m1.begin());            //删除 m1 的第一个元素
m1.erase("1004");                //删除键为 1004 的元素
```

5. 元素访问

如上所述，可以使用下标运算符“[]”，利用键得到元素的值，其函数原型如下：

```
mapped_type& operator[] (const key_type& key);
mapped_type& operator[] (key_type&& key);
```

参数是键，返回值是键对应的值。如果容器中存在键为 key 的元素，返回键对应的值的引用；如果容器中不存在键为 key 的元素，则在容器中插入一个键为 key 的元素。例如：

```
cout <<m1["1002"] <<endl;        //输出 Jason
```

从容器中查找键为 1002 的元素值，如果容器中存在键 1002，则返回对应元素的值；如果容器中不存在该键，则向容器中插入一个新元素，键是 1002，值为默认值(空字符串)。

还可以使用 at()成员函数得到元素的值，其函数原型如下：

```
mapped_type& at (const key_type& k);
const mapped_type& at (const key_type& k) const;
```

其中，参数 key_type 是键的类型，key 是键。如果存在键 key，则返回相应的值，否则抛出异常。例如：

```
cout <<m1.at("1002") <<endl;
```

如果键 1002 存在，则返回相应的值 Jason；如果容器中不存在键 1002，则程序抛出异常。

下标运算符重载函数和 at()成员函数的相同点是：如果存在键为 key 的元素，返回键 key 对应的元素的值；不同点是：如果不存在键为 key 的元素，下标运算符重载函数将在容器中插入一个键为 key 的元素，而 at()成员函数抛出异常。

【例 8-12】

```
#include <iostream>
#include <map>
using namespace std;
```

```
template <typename T>
void PrintMap(T& t)
{
    cout <<"键------>值" <<endl;
    for(auto it =t.begin(); it !=t.end(); it++)
    {
        auto pa = * it;
        cout <<pa.first <<"      " <<pa.second <<endl;
    }
}
int main()
{
    map<string, string>m1;
    map<string, string>m2{make_pair("1001", "Kevin")};//列表初始化
    map<string, string>m3(m2);              //用拷贝构造函数用 m2 初始化 m3
    m2.insert(pair<string, string>("1005", "Jason"));
                                            //使用 pair<>()函数构建二元组
    m2.insert({make_pair("1003", "Amanda"), make_pair("1004", "Eva")});
                                            //使用 make_pair()函数构建二元组
    cout <<"映射 m2 元素:" <<endl;
    PrintMap(m2);
    m1.insert(m2.begin(), m2.end());
    m1["1005"] ="Ailsa";           //已经存在键为 1005 的元素,其值修改为 Ailsa
    m1.erase(m1.begin());          //删除第一个元素
    cout <<"键为 1005 的元素值:" <<m1.at("1005") <<endl;
    cout <<"m1 元素个数: " <<m1.size() <<endl;
    cout <<m1["1002"] <<endl;
    cout <<"m1 元素个数: " <<m1.size() <<endl;
    return 0;
}
```

程序运行结果如图 8-12 所示。

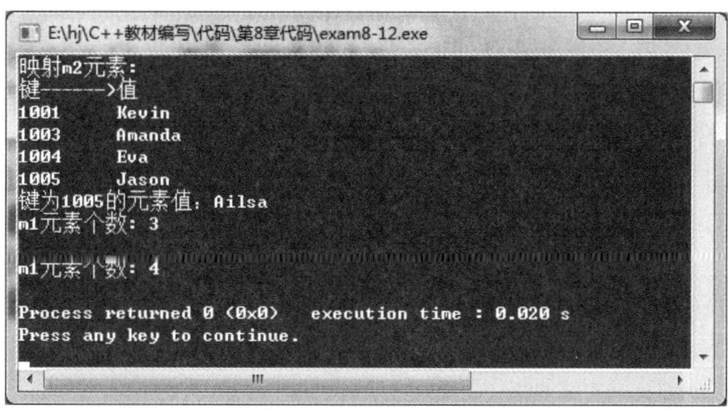

图 8-12 例 8-12 程序运行结果

map 对象中的元素是“键-值”二元组，用 make_pair()(Line 17 和 Line 20)或 pair<>()(Line 19)构建二元组。访问 map 对象的元素时，先把元素存放到一个 pair<>类型的变量中(Line 10)，然后通过 pair<>的成员 first、second 读取 map 元素的键、值(Line 11)。Line 28 的本意是要输出对象 m1 中键是 1002 的元素的值，但是 m1 中不存在键是 1002 的元素，此时编译器将向 m1 中插入一个元素，其键是 1002、值是空字符串，m1 中的元素个数增加 1(参考 Line 27 和 Line 29 的输出结果)。

8.4.3 unordered_set/unordered _multiset

unordered_set 和 unordered _multiset 称为无序集合和无序多重集合，它们与 set 和 multiset 的区别是，无序集合中的元素不是按照键排序的。在无序关联容器内部数据实现为哈希表，根据键对应的哈希函数(也称散列函数)值确定值的存储位置。也就是说，键通过哈希函数对应于一个特定的位置，用该位置存取相应值的信息，这样就能以较快的速度获取键所对应的信息。例如，我们用 10 个桶来装 15 个球，桶的编号分别是 1，2，…，10。每个球有一个键(如编号)，通过哈希函数把球的键计算为一个 1～10 的整数 n，该值对应于桶的编号，则该球放在编号为 n 的桶中。在以上的示例中我们发现，总会存在一些桶，该桶中存放至少 2 个球。事实上，不同的键通过哈希函数运算可能得到相同的结果，这时需要在相同的位置存储多个不同的值，这种情况称为“冲突”。如果大量元素发生冲突，将会降低数据查询的速度。避免冲突的方法是选择“好”的哈希函数及使用更多的存储空间。但是准确地说，冲突是不可避免的。解决冲突的常用方法包括开放地址法、再散列法、链地址法等。无序关联容器内部采用链地址法解决冲突，当有冲突发生时，把冲突数据组成一个链表，如图 8-13 所示。

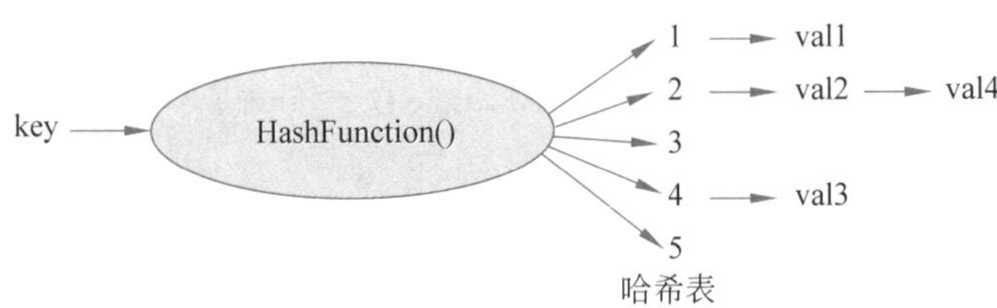

图 8-13　哈希函数中使用链地址法解决冲突

键 key 通过哈希函数(HashFunction)运算为一个哈希值，与哈希表的值相匹配，存储在相应的存储空间中。如果两个 key 运算的哈希值相同，则产生冲突。如图 8-13 所示中，两个 key 运算的哈希函数值都是 2，则冲突，通过地址指针把冲突的值链接在一起。

使用 unordered_set 和 unordered _multiset 时需要包含头文件<unordered_set>。unordered_set 的声明格式如下：

```
template <class Key,                    //unordered_set::key_type/value_type
    class Hash =hash<Key>,              //unordered_set::hasher
    class Pred =equal_to<Key>,          //unordered_set::key_equal
    class Alloc =allocator<Key>>        //unordered_set::allocator_type
class unordered_set;
```

其中，Key 表示元素的键，在集合中，键和值是相等的，而且键不允许重复。Hash 表示指定的哈希函数，该函数可以是自定义函数对象。集合中的元素顺序未必是元素插入集合中的顺序，根据该哈希函数值决定元素在哈希表中的位置。默认哈希函数使得元素的哈希函数值冲突的概率为 1.0/std::numeric_limits＜size_t＞::max()。Pred 是二元谓词(Binary Predicate)，把两个元素传递给它能返回一个布尔值。例如，Pred(a, b)，如果 a 等于 b 则返回 true。unordered_set 的元素不允许重复，即任意两个元素通过 Pred()函数对象运算后不能为 true。Alloc 指定了内存管理方式。

创建 unordered_set 对象的基本方法如下：

```
unordered_set<int>s1;                          //空集合
unordered_set<int>s2{12, 5, 20, 4, 3};         //使用列表初始化为集合赋初始值
unordered_set<int>s3(s2);                      //使用拷贝构造函数用 s2 初始化 s3
unordered_set<int>s4(s2.begin(), s2.end());    //使用区间元素初始化 s4
```

unordered_multiset 的成员函数与 unordered_set 基本相同，接下来我们以 unordered_set 为例介绍几个成员函数的使用方法。

1. bucket_count()

bucket_count()函数返回容器中使用的桶(Bucket，或译为槽)的数目。与序列容器相同，关联容器也能够自动扩展存储空间。我们把每个存储空间形容为一个桶，如当前有 10 个桶，但需要存储 100 个元素，此时，每个桶均摊存储 10 个元素，这样就会影响 unordered_set 容器的存取效率。标准库通过采用某种策略扩展当前空间，以减少冲突，提高存取效率。函数 bucket_count()返回容器当前使用的桶的数目。

2. bucket()

bucket()函数使用格式为 bucket(key)，返回存储键 key 的桶的编号。

3. bucket_size()

bucket_size()函数使用格式为 bucket_size(n)，返回编号为 n 的桶中存储的元素个数。

4. hash_function()

hash_function()函数返回容器所用的哈希函数。

【例 8-13】

```
#include <iostream>
#include <unordered_set>
using namespace std;
template <class T>
void Print(T t)
{
    for(auto it =t.begin(); it !=t.end(); it++)
    {
        cout << * it << " ";
    }
    cout <<endl;
```

```
}
int main ()
{
    unordered_set<int>s({12, 5, 23, 6, 54});
    cout <<"集合 s 中的元素:";
    Print(s);
    s.insert(30);                          //集合中插入元素 30
    cout <<"插入 30 后集合 s 中的元素:";
    Print(s);
    s.erase(s.begin());                    //删除第一个元素
    s.insert(s.begin(), 34);
    cout <<"集合 s 中的元素:";
    Print(s);
    cout <<"集合 s 中的元素数目:" <<s.size() <<endl;
    cout <<"桶的数目:" <<s.bucket_count() <<endl;
    for(int i =0; i <s.bucket_count(); i++)
    {
        if(s.bucket_size(i) !=0)
            cout <<"bucket#" <<i <<"有" <<s.bucket_size(i) <<"个元素" <<
              endl;
    }
    int x = * (s.begin());
    cout <<x <<"的哈希函数值:" <<s.hash_function()(x) <<endl;
    unordered_multiset<char>m({'h', 'e', 'l', 'l', 'o'});
    cout <<"集合 m 中的元素:";
    Print(m);
    m.insert({'g', 'o', 'o', 'd'});      //m 中插入四个元素
    cout <<"集合 m 中的元素:";
    Print(m);
    m.erase('o');
    cout <<"集合 m 中的元素:";
    Print(m);
    return 0;
}
```

程序运行结果如图 8-14 所示。

unordered_set 对象中的元素顺序不一定是元素插入对象中的顺序,根据哈希函数值确定它们的顺序,最主要的目的是实现元素的快速查找。在#1 的桶中存在三个元素,表明这三个元素的哈希函数值相同。

8.4.4 unordered_map/unordered_multimap

unordered_map 和 unordered_multimap 分别与 unordered_set 和 unordered_multiset

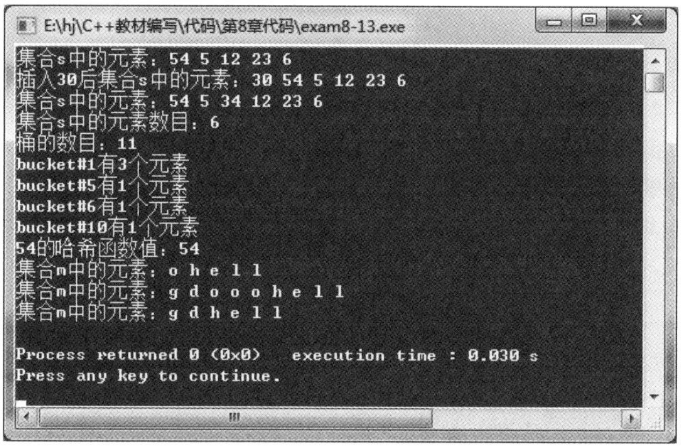

```
E:\hj\C++教材编写\代码\第8章代码\exam8-13.exe
集合s中的元素: 54 5 12 23 6
插入30后集合s中的元素: 30 54 5 12 23 6
集合s中的元素: 54 5 34 12 23 6
集合s中的元素数目: 6
桶的数目: 11
bucket#1有3个元素
bucket#5有1个元素
bucket#6有1个元素
bucket#10有1个元素
54的哈希函数值: 54
集合m中的元素: o h e l l
集合m中的元素: g d o o o h e l l
集合m中的元素: g d h e l l

Process returned 0 (0x0)   execution time : 0.030 s
Press any key to continue.
```

图 8-14 例 8-13 程序运行结果

的外部接口非常相似,相关内容在此不再赘述。下面通过一个示例演示几个成员函数的用法。

【例 8-14】

```
#include <iostream>
#include <string>
#include <unordered_map>
using namespace std;
template <typename T>
void Print(T& t)
{
    cout <<"键------->值" <<endl;
    for(auto it =t.begin(); it !=t.end(); it++)
    {
        auto pa = * it;
        cout <<pa.first <<"      " <<pa.second <<endl;
    }
}
int main ()
{
    unordered_map<string, string>m{make_pair("1001", "Kevin")};
                                        //列表初始化
    m.insert(m.begin(), pair<string, string>("1005", "Jason"));
                                        //使用 pair<>构建二元组,插入 m 的开头
    m.insert({make_pair("1003", "Amanda"), make_pair("1004", "Eva")});
                                        //插入列表
    m["1005"] ="Ailsa";                 //已经存在键为 1005 的元素,其值修改为 Ailsa
    cout <<"映射 m 的元素:" <<endl;
    Print(m);
    cout <<"m 的桶数:" <<m.bucket_count() <<endl;
```

```
    return 0;
}
```

程序运行结果如图 8-15 所示。

```
E:\hj\C++教材编写\代码\第8章代码\exam8-14.exe
映射m的元素:
键------->值
1003      Amanda
1005      Ailsa
1004      Eva
1001      Kevin
m的桶数: 5

Process returned 0 (0x0)   execution time : 0.350 s
Press any key to continue.
```

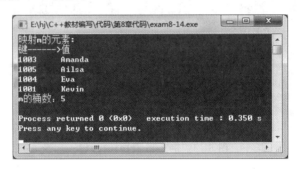

图 8-15 例 8-14 程序运行结果

8.5 迭 代 器

8.5.1 使用迭代器的原因

迭代器(Iterator)是连接容器与算法的纽带，所以正确理解迭代器是使用 STL 的关键所在。容器用于存储程序处理的数据，而容器是封装起来的类模板，能够存储任意类型的数据。这使得算法与数据类型分离，算法独立于存储的数据类型。另外，容器类型很多，容器的内部结构无从知晓，只能通过容器接口使用容器及容器中的数据。STL 中的算法是通用的函数模板，并不专门针对某一个容器。那么，算法如何取得容器中的数据呢？迭代器提供了访问容器中的数据的方法，迭代器使算法独立于使用的容器类型。容器、算法和迭代器之间的关系如图 8-16 所示。从容器的角度看，只需提供适当的迭代器就可以访问容器中的数据，不必关心容器中的数据用于何种操作；从算法的角度看，只需通过迭代器提取数据，不必关心容器为何物。

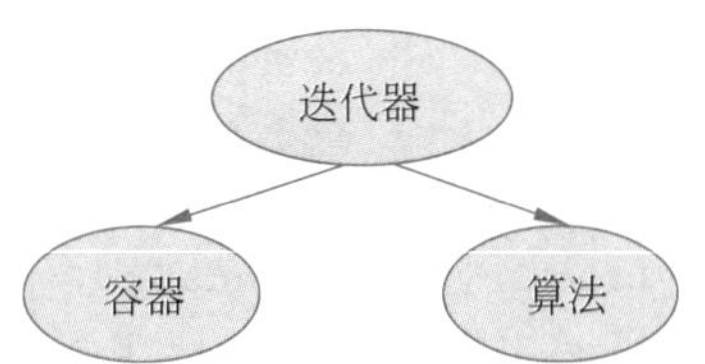

图 8-16 容器、算法与迭代器之间的关系

迭代器本身是对象，不同容器定义了不同类型的迭代器，而不同类型的迭代器也具有一些不同的操作，但基本操作是相同的。可以把迭代器看作指向容器中元素的指针变量，它具备指针变量的一些基本操作。例如，设变量 p 是指向某个容器元素的迭代器，则 p 应该可以进行如下运算。

(1) 解引用。使用“*”运算符对迭代器进行解引用操作，即 *p，访问迭代器所指向的元素。

(2) 赋值。把迭代器赋值给另外一个同类型的迭代器变量，如 q=p。

(3) 比较。一个迭代器可以与另外一个同类型的迭代器进行比较，如 q==p、q!=p、

q<p 等。

(4) 自增。迭代器应该可以指向容器中的所有元素,这可以通过定义++p 或 p++运算实现。

另外,如果 q==p,则 * q== * p。

8.5.2 迭代器的分类

不同类型的迭代器在具体实现上有稍许不同,而且不同的算法对迭代器类型的要求也不完全相同。迭代器主要分为以下五类:输入迭代器(Input Iterator)、输出迭代器(Output Iterator)、正向迭代器(Forward Iterator)、双向迭代器(Bidirectional Iterator)和随机访问迭代器(Random-access Iterator)。

(1) 输入迭代器。"输入"是从程序的角度来说的,即来自容器的数据被视作输入,就像来自键盘的数据对程序来说是输入一样。因此,输入迭代器可从容器中读取数据。通常,程序通过对输入迭代器解引用读取容器中的值,但不能修改值。因此,以输入迭代器作为参数的算法不会修改容器中的值。输入迭代器通过自增运算可移到迭代器的下一个位置,这时不能保证之前的迭代器还有效,一个典型的例子是输入流迭代器,同一个值不会被读取两次。

(2) 输出迭代器。"输出"也是从程序的角度来说的,即程序中处理的数据"输出"到容器中。与输入迭代器相似,输出迭代器解引用后让程序修改容器的值,但不能读取,而且当输出迭代器移到下一个位置后也不能保证之前的迭代器是有效的。

(3) 正向迭代器。正向迭代器是输入迭代器和输出迭代器的集合,具有输入迭代器与输出迭代器的全部功能。与输入迭代器和输出迭代器不同的是,它总是按相同的顺序遍历一系列值。正向迭代器递增后,仍然可以对前面的迭代器解引用且得到相同的值。也就是说,前后两次使用相等的正向迭代器读取同一个序列,只要序列的值在该过程中没有被改写,就会得到相同的结果。

(4) 双向迭代器。双向迭代器在正向迭代器的基础上增加了反向操作,它既可以前进,也可以后退。双向迭代器具有正向迭代器的所有功能,同时支持自减运算操作。

(5) 随机访问迭代器。随机访问迭代器具有双向迭代器的所有功能,同时支持直接随机访问操作,即直接将迭代器向前或向后移动 n 个元素,而且还支持比较运算操作。

STL 的这五种迭代器形成了一种层次结构,如图 8-17 所示。

其中,箭头表示下面的迭代器包含上面迭代器的全部功能,而且下面的迭代器还有自己的功能。

这五种迭代器的主要功能如表 8-4 所示。其中,it 表示迭代器,n 表示整数。

表 8-4 五种迭代器的主要功能

迭代器功能	输入迭代器	输出迭代器	正向迭代器	双向迭代器	随机访问迭代器
* it(读取)	有	无	有	有	有
* it(写入)	无	有	有	有	有
可重复读取	无	无	有	有	有

续表

迭代器功能	输入迭代器	输出迭代器	正向迭代器	双向迭代器	随机访问迭代器
++it、it++	有	有	有	有	有
--it、it--	无	无	无	有	有
it+n、it-n	无	无	无	无	有
==、!=	有	无	有	有	有
>、<	无	无	无	无	有

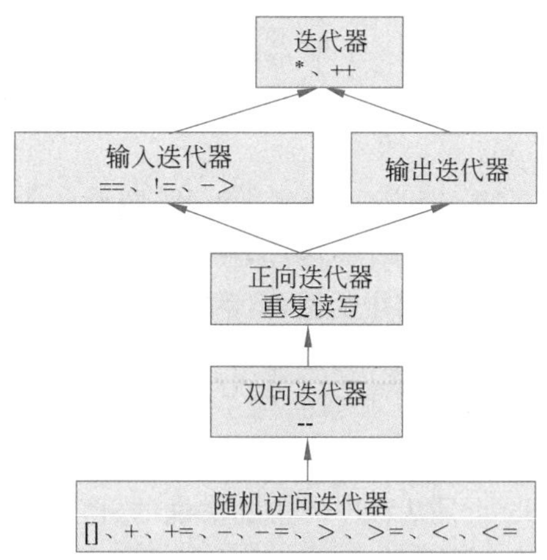

图 8-17　五种迭代器之间的关系

表 8-5 列出了 STL 中容器支持的迭代器的类型。

表 8-5　STL 中容器支持的迭代器的类型

容　　器	迭代器的类型
vector	随机访问迭代器
deque	随机访问迭代器
list	双向迭代器
set/multiset	双向迭代器
unordered_set/unordered_multiset	双向迭代器
map/multimap	双向迭代器
unordered_map/unordered_multimap	双向迭代器
stack/queue/priority_queue	不支持

8.5.3　迭代器函数

在 STL 中,算法通过迭代器与容器交互使用容器中的数据。所有容器类都提供了返回迭代器的成员函数,如表 8-6 所示。

表 8-6 各类容器提供的返回迭代器的成员函数

成员函数	功 能	适 用 容 器
begin()	返回指向第一个元素的迭代器	vector、deque、list、set、multiset、unordered_set、unordered_multiset、map、multimap、unordered_map、unordered_multimap
end()	返回超过最后一个元素的迭代器	vector、deque、list、set、multiset、unordered_set、unordered_multiset、map、multimap、unordered_map、unordered_multimap
rbegin()	返回逆向迭代器，指向最后一个元素	vector、deque、list、set、multiset、map、multimap
rend()	返回逆向迭代器，指向第一个元素之前的位置	vector、deque、list、set、multiset、map、multimap
cbegin()	返回常迭代器（const-iterator），指向第一个元素	vector、deque、list、set、multiset、unordered_set、unordered_multiset、map、multimap、unordered_map、unordered_multimap
cend()	返回常迭代器，指向最后一个元素之后的位置	vector、deque、list、set、multiset、unordered_set、unordered_multiset、map、multimap、unordered_map、unordered_multimap
crbegin()	返回常逆向迭代器，指向最后一个元素	vector、deque、list、set、multiset、map、multimap
crend()	返回常逆向迭代器，指向第一个元素之前的位置	vector、deque、list、set、multiset、map、multimap

begin()、end()、rbegin()、rend()的位置如图 8-18 所示。

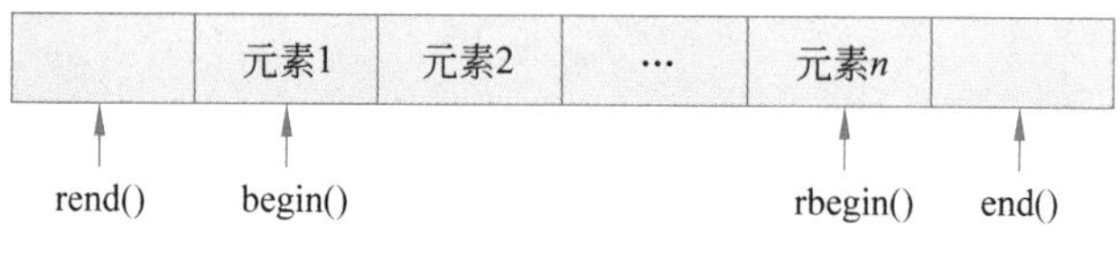

图 8-18 begin()、end()、rbegin()、rend()的位置

以上的 begin()、end()函数是容器类的成员函数，需要通过容器类对象调用它们。除此之外，STL 还提供了其他迭代器函数。

1. begin()

begin()函数原型如下：

格式一：

```
template <class Container>
auto begin (Container& cont) ->decltype (cont.begin());
```

格式二：

```
template <class Container>
auto begin (const Container& cont) ->decltype (cont.begin());
```

格式三：

```
template <class T, size_t N>
T* begin (T(&arr)[N]);
```

格式一与格式二都是操作容器对象，返回容器的第一个元素的迭代器；格式三操作数组，返回指向第一个元素的指针。

2. end()

end()函数原型如下：

格式一：

```
template <class Container>
auto end (Container& cont) ->decltype (cont.end());
```

格式二：

```
template <class Container>
auto end (const Container& cont) ->decltype (cont.end());
```

格式三：

```
template <class T, size_t N>
T* end (T(&arr)[N]);
```

格式一与格式二返回最后一个元素后面位置的迭代器；格式三返回指向最后一个元素后面位置的指针。

3. next()

next()函数原型如下：

```
template <class ForwardIterator>
ForwardIterator next (ForwardIterator it, typename iterator_traits
  <ForwardIterator>:: difference_type n =1);
```

功能：返回从 it 开始前进 n 个位置的迭代器，n 默认值是 1。

4. prev()

prev()函数原型如下：

```
template <class BidirectionalIterator>
BidirectionalIterator prev (BidirectionalIterator it,
        typename iterator_traits<BidirectionalIterator>:: difference_type n =1);
```

功能：返回 it 之前 n 个位置的迭代器，n 默认值是 1。

【例 8-15】

```
#include <iostream>
#include <vector>
using namespace std;
int main()
```

```
Line 5   {
Line 6       int arr[5] ={1, 2, 3, 4, 5};
Line 7       vector<int>v;
Line 8       cout <<"arr元素值:";
Line 9       for(auto it =begin(arr); it !=end(arr); it++)
Line 10      {
Line 11          cout << * it <<" ";
Line 12      }
Line 13      cout <<endl;
Line 14      v.assign(begin(arr), end(arr));
Line 15      cout <<"v的第1、3、5……个元素值:";
Line 16      for(auto it =begin(v); it <end(v); it =next(it, 2))
Line 17      {
Line 18          cout << * it <<" ";
Line 19      }
Line 20      cout <<endl;
Line 21      cout <<"v的最后一个元素值:" << * prev(end(v)) <<endl;
Line 22      return 0;
Line 23  }
```

程序运行结果如图 8-19 所示。

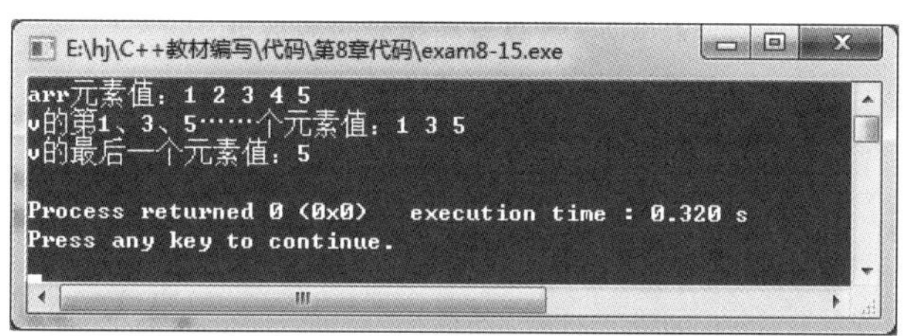

图 8-19　例 8-15 程序运行结果

arr 是整型数组(Line 6),begin(arr)返回指向第一个元素的指针,所以 Line 9 的变量 it 类型是 int *。对象 v 是整型向量,begin(v)返回第一个元素的迭代器,所以 Line 16 的变量 it 的类型是 vector<int>::iterator。函数 next(it, 2)使得迭代器 it 向后移动两个位置(Line 16),最后一个元素的迭代器通过 prev(end(v))得到(Line 21),因为 end(v)是最后一个元素后面位置的迭代器,使用 prev()函数向前移动一个位置就是最后一个元素的迭代器。

8.6 函数对象

函数对象也称函数符,常在 STL 的算法中用作参数。函数对象是指行为类似函数的对象,以函数方式与"()"运算符结合使用。函数名、指向函数的指针都可以与"()"运算符结合实现函数调用。如果在一个类中重载了"()"运算符,那么该类的对象就表现出函数的特征。例如:

```
class Greater
{
public:
    bool operator()(int x, int y) { return x >y; }
};
Greater g;
```

那么,对象 g 就是一个函数对象,在程序中完全可以用 g(3, 4)这样的方式实现函数调用。

如果函数对象在调用时不需要参数,则该函数对象称为生成器(Generator),需要一个参数的函数对象称为一元函数(Unary Function),需要两个参数的函数对象称为二元函数(Binary Function)。返回 bool 类型值的一元函数称为谓词,相应地,返回 bool 类型值的二元函数称为二元谓词。

函数对象包含两大类: STL 中预定义函数对象和用户自定义函数对象。

8.6.1 预定义函数对象

STL 中预定义了一些函数符,如比较大小的 greater、less 等。表 8-7 列出了 STL 中部分运算符和相应的函数符。使用这些预定义的函数符需要包含头文件<functional>。

表 8-7 运算符和相应的函数符

运 算 符	函 数 符	运 算 符	函 数 符
+	plus	>	greater
-	minus	>=	greater_equal
*	multiplies	<	less
/	divides	<=	less_equal
%	modulus	==	equal_to
-	negate	!=	not_equal_to
&&	logical_and	&	bit_and
||	logical_or	|	bit_or
!	logical_not	^	bit_xor

例如,类模板 plus 的声明格式如下:

```
template <class T>
struct plus
{
  T operator() (const T& x, const T& y) const {return x+y;}
  ...;
};
```

其成员函数 operator()实现两个数据相加。那么,可以用 plus 声明对象 add,然后用对象 add 调用成员函数 operator()实现数据相加：

```
plus<int>add;
cout <<add(3, 5) <<endl;                    //输出 8
```

前面我们已经多次使用 less 及 greater 函数对象，如 list 容器的 sort()函数实现数据排序时用 less(或者默认)指定数据排序规则为升序、用 greater 指定数据排序规则为降序。

【例 8-16】

```
Line 1    #include <iostream>
Line 2    #include <functional>
Line 3    #include <list>
Line 4    #include <set>
Line 5    using namespace std;
Line 6    template <typename T>
Line 7    void Print(T& t)
Line 8    {
Line 9        for(auto it =t.begin(); it !=t.end(); it++)
Line 10       {
Line 11           cout << * it <<" ";
Line 12       }
Line 13       cout <<endl;
Line 14   }
Line 15   int main()
Line 16   {
Line 17       list<double>ls1{3.14, 2.72, 0, 0.51, 5};
Line 18       ls1.sort();                        //等价于 ls1.sort(less<double>())
Line 19       cout <<"ls1 升序:";
Line 20       Print(ls1);
Line 21       cout <<"ls1 降序:";
Line 22       ls1.sort(greater<double>());
Line 23       Print(ls1);
Line 24       set<double>s1{3.14, 2.72, 0, 0.51, 5};
Line 25       set<double, greater<double>>s2{3.14, 2.72, 0, 0.51, 5};
Line 26       cout <<"s1 升序:";
Line 27       Print(s1);
Line 28       cout <<"s2 降序:";
Line 29       Print(s2);
Line 30       return 0;
Line 31   }
```

程序运行结果如图 8-20 所示。

Line 18 等价于 ls1. sort(less<double>())，Line 24 等价于 set<double，less<double>> s1{3.14，2.72，0，0.51，5}。细心的读者可以发现，list 的 sort()函数和 set

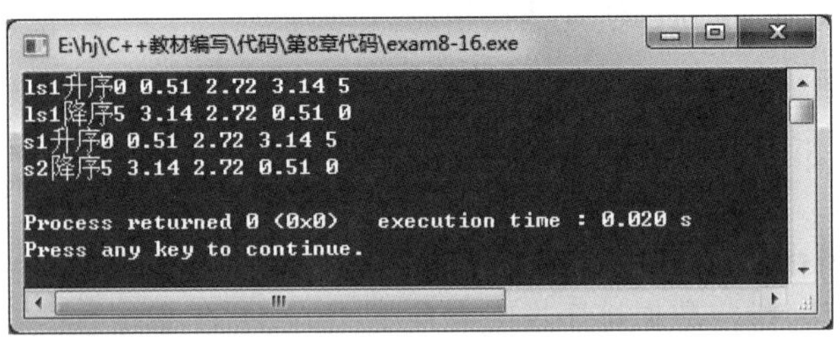

图 8-20　例 8-16 程序运行结果

声明对象时使用 less 函数对象的格式稍有不同。事实上，list 的 sort()函数声明格式如下：

格式一：

```
void sort();
```

格式二：

```
template <class Compare>
void sort (Compare comp);
```

而 set 容器是类模板，其声明格式如下：

```
template <class T,                          //set::key_type/value_type
          class Compare = less<T>,          //set::key_compare/value_compare
          class Alloc = allocator<T>        //set::allocator_type
>class set;
```

list 的 sort()函数的模板参数是对象，而 set 容器的模板参数是模板类。所以，sort()函数使用函数对象 less<double>()，这是一个匿名对象，而 set 容器使用类名 less<double>。当然，也完全可以声明一个有名函数对象，如 Line 22 可以写为

```
greater<double>ge;
ls1.sort(ge);
```

8.6.2　自定义函数对象

预定义函数对象可以直接操作内置数据类型，但是对于自定义数据类型显得无能为力。如果对自定义数据类型使用函数对象，需要用户自定义相应的函数对象。接下来我们通过一个示例详细说明自定义函数对象的方法。

例如，使用 set 容器存储学生数据，每个学生是一个 Student 类对象，Student 类包括三个数据成员：

```
string strNumber;               //学号
string strName;                 //姓名
int nAge;                       //年龄
```

以学号作为排序关键字，按学号大小进行升序排序。

方法一：使用预定义函数对象 less。

显然，直接使用以下语句声明 set 对象是错误的：

```
set<Student>s{Student("10021", "Jason", 18), Student("10001", "Kevin", 17)};
```

在声明对象 s 时，默认情况下使用预定义类模板 less 的函数对象进行排序。然而，类模板 less 的声明格式如下：

```
template <class T>struct less {
bool operator() (const T& x, const T& y) const {return x<y;}
...
};
```

所以，创建 s 对象时需要对两个 Student 类型对象用"<"进行关系比较。但是，在把运算符"<"重载到 Student 类之前，两个 Student 类型对象无法直接进行"<"关系比较。如果 Student 类重载了运算符"<"，就可以直接使用预定义函数对象 less 进行数据比较。

【例 8-17】

```
#include <iostream>
#include <iomanip>
#include <string>
#include <set>
using namespace std;
class Student
{
public:
    Student(string no, string name, int age)     //构造函数
    {
        strNumber =no;
        strName =name;
        nAge =age;
    }
    friend bool operator< (const Student& s1, const Student& s2);
    template <typename T>
    friend void Print(T& t);
private:
    string strNumber;                             //学号
    string strName;                               //姓名
    int nAge;                                     //年龄
};
bool operator< (const Student& s1, const Student& s2)
{
```

```
Line 25       return s1.strNumber <s2.strNumber;
Line 26   }
Line 27   template <typename T>
Line 28   void Print(T& t)
Line 29   {
Line 30       cout <<"学号  姓名    年龄" <<endl;
Line 31       for(auto it =t.begin(); it !=t.end(); it++)
Line 32       {
Line 33           cout << (* it).strNumber <<" "
Line 34               <<setw(6) <<left << (* it).strName <<" "
Line 35               << (* it).nAge <<endl;
Line 36       }
Line 37   }
Line 38   int main()
Line 39   {
Line 40       set< Student> s{Student("1002", "Jason", 18), Student("1001", "Kevin",
            17)};
Line 41       Print(s);
Line 42       return 0;
Line 43   }
```

程序运行结果如图 8-21 所示。

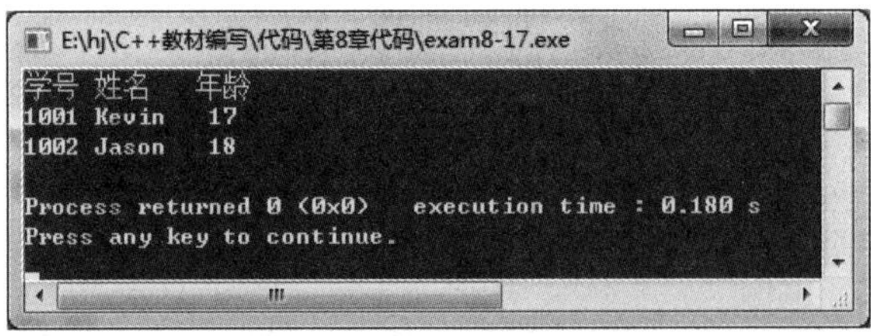

图 8-21 例 8-17 程序运行结果

需要注意的是,运算符重载函数"operator<"中的形参必须是类 Student 的常引用,关键字 const 不能省掉,因为 less 类模板的 operator()函数需要传递常引用。如果不使用 const 关键字(去掉 Line 15 和 Line 23 的 const),编译时出现语法错误,主要的错误提示信息如下:

```
error: no match for 'operator< ' (operand types are 'const Student ' and 'const
  Student')
```

大意是:没有与'operator<'(operand types are 'const Student' and 'const Student')匹配的函数,该函数的两个参数都是 const Student。同时,编译器打开了头文件<stl_function.h>,光标定位到如下语句:

```
template<typename _Tp>
   struct less : public binary_function<_Tp, _Tp, bool>
```

```
{
    ...;
    operator()(const _Tp& __x, const _Tp& __y) const
    { return __x < __y; }            //定位到这一行
};
```

分析语句中的变量_x 和_y，发现它们都用 const 关键字进行修饰，即它们是常变量。我们不去深究编译器背后的处理过程，直接给出问题的解决方法：在 Student 类中重载"<"运算符时，函数的形参使用 const 关键字声明为常引用。

方法二：使用自定义函数对象。

我们可以参考 less 类模板自定义 LessStu 类，在类中重载"()"运算符，比较两个 Student 类型的对象，实现函数对象的功能。LessStu 类的声明格式如下：

```
class LessStu
{
public:
    bool operator()(const Student& s1, const Student& s2)
    {
        return s1.GetNo() <s2.GetNo();
    }
};
```

则"set< Student, LessStu> s{Student("1002", "Jason", 18), Student("1001", "Kevin", 17)};"也是正确的。

如果算法中需要的参数是函数对象，不是类模板，那么在使用该算法时需要向算法传递一个函数对象，该对象可以是匿名函数对象或者有名函数对象。例如：

```
list<Student>ls{Student("10021", "Jason", 18), Student("10001", "Kevin", 17)};
ls.sort(LessStu());                //使用匿名对象
LessStu le;                        //声明对象 le,或者 auto le =LessStu()
ls.sort(le);                       //使用有名对象
```

方法三：使用普通函数。

函数名也是函数对象，可以直接作为参数传递给需要函数对象的算法。例如，定义函数 CompStu()如下：

```
bool CompStu(const Student& s1, const Student& s2)
{
    return s1.GetNo() <s2.GetNo();
}
```

则

```
list<Student>ls{Student("10021", "Jason", 18), Student("10001", "Kevin", 17)};
ls.sort(CompStu);                  //直接使用自定义函数做参数
```

也是正确的。

8.6.3 lambda 函数

lambda 函数通常称为 lambda 表达式，是一种简单的匿名函数对象。与在类中重载函数调用运算符()并定义函数对象相比，使用 lambda 表达式更简单、方便，使得代码编写更灵活。lambda 表达式的语法格式如下：

```
[capture_list] (parameter_list) mutable exception ->return_type
{
    //函数体
}
```

其中，capture_list 是捕获列表，用于捕获 lambda 表达式所在作用域中的局部变量，缺省 capture_list 表示不捕获任何变量，但是 lambda 表达式的引用符“[]”不能省略。parameter_list 是参数列表，其意义与普通函数定义中的形参列表相同。与普通函数不同的是，lambda 表达式如果没有声明任何参数，可以省略“()”。关键字 mutable 是可选项，使用 mutable 表明在函数体中可以修改被捕获的变量的副本的值(被捕获的变量本身没有变化)。如果变量按值捕获，缺省 mutable 时不能修改被捕获的变量值。可选项 exception 指定函数抛出的异常。如使用 throw(int)抛出整型异常，若不抛出任何异常要使用关键字 noexcept。可选项－＞return_type 说明 lambda 表达式的返回值类型。例如：

```
[n](int x)->bool                    //lambda 返回 bool 值
{
    return x >n;
}
```

捕获列表的使用方式比较灵活，可以使用如下几种方式，如表 8-8 所示。

表 8-8 捕获列表的使用方式

使用方式	说明
[]	不捕获任何外部变量
[变量列表]	指定能够捕获的变量，变量列表之间用逗号分隔
[=]	以值捕获方式捕获所有外部变量
[&]	以引用方式捕获所有外部变量
[x, &y]	x 以传值方式捕获，y 以引用方式捕获
[=, &x]	x 以引用方式捕获，其他变量以传值方式捕获
[&, x]	x 以值的方式捕获，其他变量以引用方式捕获

事实上，也可以定义有名 lambda 表达式，例如：

```
auto f =[n](int x)->bool{return x >n;};
```

则可以直接通过 f 引用 lambda 表达式，如 f(m)，把 m 的值传递给形参变量 x，返回 m > n 的结果。

【例 8-18】

```
Line 1   #include <iostream>
Line 2   using namespace std;
Line 3   int main()
Line 4   {
Line 5       int a =1, b =2, c =3;
Line 6       auto f = [](int x){return 2 * x;};
Line 7       cout <<"line7:" <<f(c) <<endl;                          //输出 6
Line 8       cout <<"line8:" << [b](int x){return b * x;}(c) <<endl;   //输出 6
Line 9       cout <<"line9:" << [a](){ return a;}() <<endl;            //输出 1
Line 10      //cout << [a](){a =0; return a;}() <<endl;       //语法错误，a 只读不能修改
Line 11      cout <<"line11:" << [a]()mutable{a =0; return a;}() <<endl;    //输出 0
Line 12      cout <<"line12:" <<a <<endl;                            //输出 1
Line 13      cout <<"line13:" << [&a]{a =0; return a;}() <<endl;      //输出 0，省掉()
Line 14      cout <<"line14:" <<a <<endl;                            //输出 0
Line 15      a =1, b =2, c =3;
Line 16      cout <<"line16:" << [=]{return a+b+c;}() <<endl;         //输出 6
Line 17      cout <<"line17:" <<boolalpha << [a, b]()->bool{return a >b;}() <<endl;
Line 18      cout <<"line18:" << [](int x, int y){return x >y;}(a, b) <<endl;
Line 19      return 0;
Line 20  }
```

程序运行结果如图 8-22 所示。

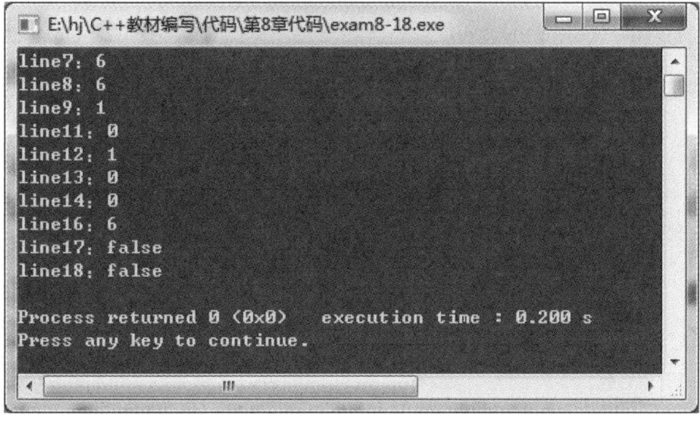

图 8-22　例 8-18 程序运行结果

Line 6 声明函数对象 f。Line 7 通过 f 调用 lambda 表达式，f(c)是函数调用，把变量 c 的值传递给 lambda 表达式的形参变量 x。Line 8 直接使用了 lambda 表达式，被捕获的变量是 b，按值的方式使用变量 b 的副本，由于该 lambda 表达式带有一个参数，因此需要使用(c)的形式给它传递一个参数。Line 11 中虽然使用 mutable 后允许修改被捕获的变量 a 的

值，但仅是修改 a 的副本的值，变量 a 本身的值没有变化(Line 12 仍然输出 1)。如果按引用方式捕获变量 a(Line 13)并且修改引用 a 的值，则变量 a 本身的值也会被修改。

8.7 算　　法

8.7.1 算法概述

STL 中的算法(Algorithms)实际上是一系列的函数模板，通常使用迭代器标识要处理的数据区间及存储的位置，并可能接收一个函数对象。例如，for_each()算法的函数声明格式如下：

```
template <class InputIterator, class Function>
Function for_each (InputIterator first, InputIterator last, Function fn);
```

其中，标识符 InputIterator 是函数模板的模板参数，正如 T、U 一样。STL 文档使用模板参数名称表示参数模型的概念。所以，上述声明告诉我们区间参数必须是输入迭代器或更高级别的迭代器。另外，fn 接收一个函数对象，用它处理每个元素。

STL 算法可分为四类。

(1) 非修改式序列算法(Nonmodifying Sequence Algorithms)。这类算法不改变容器中元素的顺序，也不修改元素的值，如 for_each()、find()等。

(2) 修改式序列算法(Modifying Sequence Algorithms)。这类算法可能会改变容器中元素的位置，也可能修改元素的值，如 copy()、random_shuffle()等。

(3) 排序和搜索算法(Sorting and Searching)。这类算法与排序有关，其中包括对容器中元素进行排序、合并、搜索等，通过对元素进行比较操作来完成，如 sort()、merge()等。

(4) 数值算法(Numerical Algorithms)。这类算法主要对容器中的元素进行数值计算，如 accumulate()、iota()等。

使用前三类算法需要包含头文件<algorithm>，第四类算法需要包含头文件<numeric>。

STL 中的算法数量非常庞大，仅<algorithm>中就包含大约 85 个算法。显然，我们不能把所有算法全部介绍一遍。接下来，我们介绍几个常用算法，以领略 STL 的算法魅力。

8.7.2 常用算法

1. for_each()

for_each()函数原型如下：

```
template <class InputIterator, class Function>
Function for_each (InputIterator first, InputIterator last, Function fn);
```

功能：对[first, last)区间中的每个元素调用函数对象 fn 进行操作，算法返回函数对象

fn。例如：

```
vector<int>v{1, 2, 3, 4, 5};
for_each(v.begin(), v.end(), [](int& x){x *=2;});
```

则向量 v 中的每个元素值都乘 2 倍。这里使用 lambda 表达式作为函数对象，形参是整型引用，按引用方式传递实参，在函数体中修改引用的值，相当于修改实参的值。

我们也可以定义如下函数：

```
void fn (int& x)
{
    x *=2;
}
```

在 for_each()算法中使用 fn：

```
for_each(v.begin(), v.end(), fn);
```

该语句的功能是使向量 v 中的每个元素值都乘 2 倍。对比使用 lambda 表达式作为函数对象，我们发现这种函数对象的使用方法不如使用 lambda 表达式简洁。

2. copy()

copy()函数原型如下：

```
template <class InputIterator, class OutputIterator>
OutputIterator copy (InputIterator first, InputIterator last, OutputIterator
result);
```

功能：把[first, last)区间的元素复制到 result 中，算法返回指向 result 最后元素后面位置的迭代器。例如：

```
vector<int>v1{1, 2, 3, 4, 5}, v2(5);
copy(v1.begin(), v1.end(), v2.begin());
```

把向量 v1 中的元素复制到向量 v2 中。

3. find()

find()函数原型如下：

```
template <class InputIterator, class T>
InputIterator find (InputIterator first, InputIterator last, const T& val)
```

功能：在[first, last)区间中查找值为 val 的元素，若 val 存在，返回指向第一个值为 val 的元素的迭代器；否则返回 last。

4. sort()

sort()函数原型如下：

格式一：

```
template <class RandomAccessIterator>
void sort (RandomAccessIterator first, RandomAccessIterator last);
```

格式二：

```
template <class RandomAccessIterator, class Compare>
void sort (RandomAccessIterator first, RandomAccessIterator last, Compare comp)
```

格式一对区间[first，last)中的元素按升序方式进行排序；格式二按照 comp 指定的排序方式进行排序，comp 是函数对象，是二元谓词。格式二更常用。

sort()函数使用随机迭代器，因此只适用于 vector 和 deque 容器。list 容器不支持随机访问迭代器，因此不能使用该函数。但是，list 容器提供了 sort()成员函数，实现 list 容器中的元素排序。

【例 8-19】

```
#include <iostream>
#include <string>
#include <vector>
#include <algorithm>
using namespace std;
class Student
{
public:
    Student(string id, string sn):sno(id), sname(sn){};
    string GetId(){return sno;}
    string GetName(){return sname;}
private:
    string sno;
    string sname;
};
int main ()
{
    vector<int>v{13, 2, 33, 14, 5};
    sort(v.begin(), v.end());            //默认升序排序
    for(auto x : v)
    {
        cout <<x <<" ";
    }
    cout <<endl;

    vector<Student>vs{Student("10021", "Kevin"), Student("10002",
      "Jason"), Student("10003", "Ailsa"), Student("10011","Amanda")};
```

```
Line 27     sort(vs.begin(), vs.end(), [](Student& s1, Student& s2){return s1.
              GetId()>s2.GetId();});         //指定排序方式,按照学号进行降序排序
Line 28     cout<<"学号"<<"  姓名"<<endl;
Line 29     for(auto x : vs)
Line 30     {
Line 31         cout<<x.GetId()<<" "<<x.GetName()<<endl;
Line 32     }
Line 33     return 0;
Line 34 }
```

程序运行结果如图 8-23 所示。

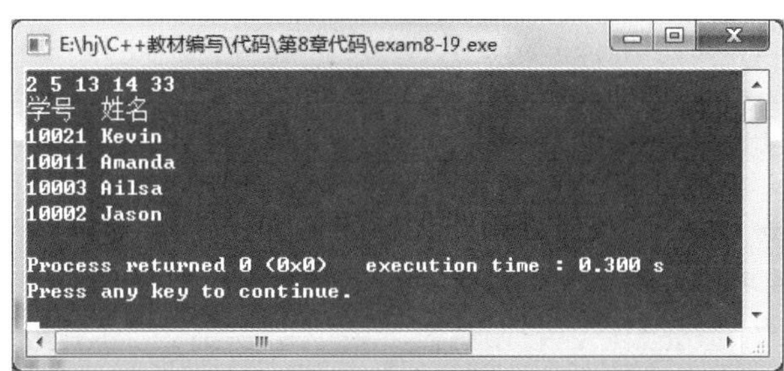

图 8-23 例 8-19 程序运行结果

Line 27 使用了 lambda 表达式作为函数对象,指定数据排序的方式。sort()函数进行排序时比较两个元素的大小,它向函数对象传递两个元素的值,因此 lambda 表达式带有两个参数,返回 bool 类型值。

5. iota()

iota()函数原型如下:

```
template <class ForwardIterator, class T>
void iota (ForwardIterator first, ForwardIterator last, T val);
```

功能:创建一个初始值为 val 的递增序列,存储在[first, last)区间中。iota()是头文件<numeric>中定义的算法。

【例 8-20】

```
#include <iostream>
#include <vector>
#include <numeric>                              //使用 iota
#include <iterator>                             //使用 ostream_iterator
#include <algorithm>
using namespace std;
void Prime(int x)
{
    int i=2;
```

```
Line 10        for(; i <x; i++)
Line 11        {
Line 12            if(x %i ==0) break;
Line 13        }
Line 14        if(i ==x) cout <<x <<" ";
Line 15    }
Line 16    int main()
Line 17    {
Line 18        vector<int>v;
Line 19        for(int i =1; i <=10; i++) v.push_back(i);
Line 20        cout <<"1:v 的元素:";
Line 21        for(auto x : v) cout <<x <<" ";
Line 22        cout <<endl;
Line 23        iota(v.begin(), v.end(), 10);
Line 24        ostream_iterator<int>outit(cout, " ");    //创建输出流迭代器对象 outit
Line 25        cout <<"2:v 的元素:";
Line 26        copy(v.begin(), v.end(), outit);          //把 v 中的元素输出到 outit
Line 27        cout <<endl <<"3:v 中的素数:";
Line 28        for_each(v.begin(), v.end(), Prime);
Line 29        cout <<endl;
Line 30        auto result =find(v.begin(), v.end(), 13);
Line 31        if(result !=v.end()) cout <<"v 中存在值为 13 的元素。" <<endl;
Line 32        else cout <<"v 中不存在值为 13 的元素。" <<endl;
Line 33        return 0;
Line 34    }
```

程序运行结果如图 8-24 所示。

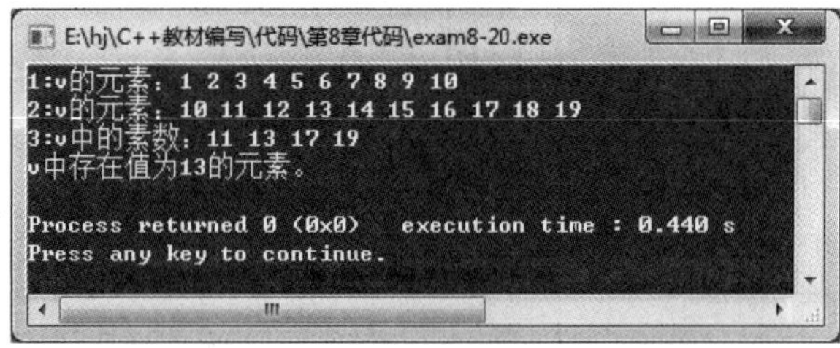

图 8-24　例 8-20 程序运行结果

Line 24 使用了输出流迭代器,用于向流中写入数据,直接使用"<<"运算符把数据写入流中。使用迭代器对象需要包含头文件<iterator>。输出流迭代器的构造函数有如下三种格式。

```
(1) ostream_iterator (ostream_type& s);
(2) ostream_iterator (ostream_type& s, const char_type * delimiter);
(3) ostream_iterator (const ostream_iterator& x);
```

其中,第一种构造输出流迭代器,把数据输出到流对象 s 中;第二种用参数 delimiter 指定两个输出数据之间的分隔符；第三种是拷贝构造函数，构造一个与 x 一样的输出流迭代器。

小　　结

C++ 语言的 STL 提供了大量的类模板、函数模板，程序员可以毫不费力地完成复杂的任务。正是 STL 成就了 C++ 语言在程序设计语言中的重要地位，成为众多程序设计语言中的佼佼者。

STL 主要包括容器、迭代器、函数对象和算法。其中，容器、迭代器是类模板，算法是函数模板，函数对象是通过在类中重载"()"运算符实现函数功能的对象。根据应用选择合适的容器可以使程序的性能得到优化。例如，需要频繁地插入或删除元素时，选择列表(list)而不使用向量(vector)；需要高效地查找元素但不需要对元素进行排序时，选择无序集合(unordered_set)更优于有序集合(set)。

容器和算法都是由其提供或需要的迭代器类型表征的，在选择算法时需要考虑迭代器是否提供了算法要求的迭代器。例如，sort()算法要求使用随机访问迭代器，而 list 容器不支持这种迭代器，所以 sort()算法不能使用 list 对象。熟练地使用算法可以在进行程序设计时事半功倍，但是这不是一件容易做到的事情，只有在不断的实践中大量地使用算法才能逐渐掌握 STL 的精髓。

第9章 输入/输出流

任何高级语言都必须支持数据的输入与输出功能：程序的本质是数据处理，程序处理的数据需要通过输入命令输入程序中，而程序处理的结果需要通过输出命令输出。数据的输入(Input)和输出(Output)操作简称 I/O 操作。C++ 语言兼容 C 语言，所以 C++ 语言支持两种 I/O 操作：一种是与 C 语言兼容的 I/O 函数；另一种是 C++ 语言标准库中面向对象的 I/O 流类库。同 C 语言一样，C++ 语言也没有输入/输出语句，I/O 流不是 C++ 语言的一部分，而是 C++ 语言标准库的一部分。同 C 语言中的 I/O 函数实现数据的输入/输出相比，C++ 语言中的 I/O 流实现数据的输入/输出更安全，同时也具有可扩展性。例如，调用 scanf() 函数从键盘输入一个整数赋值给变量 n 的正确代码如下：

```
scanf("%d", &n);
```

如果漏掉了取地址运算符"&"，程序虽然能够通过编译，但是不能正确执行。显然，使用 cin＞＞n 更简洁安全。另外，用 scanf() 函数和 printf() 函数输入/输出数据时，不能处理自定义数据类型。然而，通过在自定义数据类型中重载运算符"＞＞"和"＜＜"，C++ 语言即可直接实现自定义数据类型的输入/输出。本章详细介绍 I/O 流的概念及基本操作。

9.1 输入/输出流概述

"流"是对数据移动过程的抽象：数据从一个对象移动到另一个对象的过程抽象为流，数据如流水一样从一处流向另一处。程序从输入流中获取数据的操作称为提取操作，向输出流中添加数据的操作称为插入操作。

C++ 语言为了实现数据的输入与输出，定义了一个庞大的流类库，通过继承与派生组织成为图 9-1 所示的层次结构。

我们把 C++ 语言中的 I/O 操作划分为三类。

1. 标准 I/O

标准 I/O 是指程序与标准输入/输出设备进行数据通信的过程。标准输入设备是指键盘，标准输出设备是指显示器，即标准 I/O 是指从键盘向程序输入数据，程序向显示器输出数据。当实现标准输入操作时需要使用输入流类 istream，实现标准输出操作时需要使用输出流类 ostream。C++ 语言预定义了八个输入/输出流对象实现标准 I/O 操作，包括 cin、cout、cerr、clog、wcin、wcout、wcerr、wclog。其中，cin 是 istream 类型的对象，cout、cerr 和 clog 是 ostream 类型的对象，后四个用于宽字符的输入与输出。使用这些预定义对象时需要包含头文件＜iostream＞。注意，包含头文件＜iostream＞后，＜ios＞、＜streambuf＞、

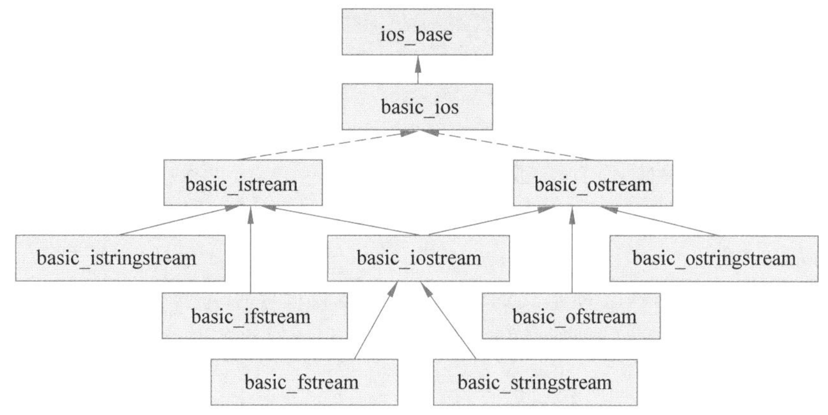

图 9-1 C++ 语言的部分流类及其继承关系(虚线表示虚继承)

<istream>、<ostream>和<iosfwd>也自动包含到源文件中。类 iostream 是在头文件<istream>中定义的。

2. 文件 I/O

文件 I/O 是指以磁盘(或光盘)文件为操作对象的输入/输出,即从文件中输入数据,向文件输出数据的操作过程。当实现文件输入操作时需要使用输入文件流类 ifstream,实现文件输出操作时需要使用输出文件流类 ofstream,同时实现文件的输入与输出时使用输入/输出文件流类 fstream。

实现文件输入与输出时需要包含头文件<fstream>,它包含 ifstream、ofstream、fstream、filebuf 等类的声明。另外,头文件<fstream>还提供了四个与宽字符操作相关的类:wifstream、wofstream、wfstream、wfilebuf。

3. 串 I/O

串 I/O 是指把一段内存空间指定为输入/输出对象的操作,通常用一个字符数组表示这段内存空间。C++ 语言有两种字符串流,一种是基于 C 语言字符串 char * 的字符串流;另一种是基于 C++ 语言的 string 类型的字符串流。本书主要介绍第二种,即基于 C++ 语言的 string 类型的字符串流。与串 I/O 相关的流类包括 istringstream、ostringstream、stringstream 等,在使用它们时需要包含头文件<sstream>。头文件<sstream>还定义了 stringbuf 类,以及与宽字符操作相关的类:wistringstream、wostringstream、wstringstream 和 wstringbuf。

为了配合 I/O 流的使用,C++ 语言提供了一个缓冲区流类库,以 streambuf 为基类,包括三个派生类:stdiobuf 类、filebuf 类和 stringbuf 类。

缓冲区是在内存中为数据流开辟的一个用来存放数据的地方,主要作用是提高输入/输出的处理效率。因为 CPU 的程序执行速度非常快,而外部设备的读/写速度比较慢,所以程序直接与外部设备交换数据的效率是非常低的。通过设置缓冲区的方法,把大量数据先存储到缓冲区中,程序再从缓冲区中读取数据,提高了 CPU 的利用率。另外,用户从键盘输入数据时可能需要修改输入的数据,在按 Enter 键之前都允许更正输入,显然设置输入缓冲区是明智之举。

9.2 使用 cout 输出数据

标准 I/O 流的对象和操作方法都是由 istream 和 ostream 两个类提供的，它们预定义了标准 I/O 流对象，并提供了多种形式的输入/输出功能。本节先介绍标准输出流对象 cout 输出数据的基本方法。

cout 是输出流类 ostream 预定义的流对象，只要源程序中包含了头文件＜iostream＞，程序员就可以使用 cout 输出数据。在默认情况下，cout 把数据输出到标准输出设备，即显示器，但可以用重定向把数据输出到磁盘文件。

9.2.1 “＜＜”运算符

“＜＜”运算符的本义是左移操作。C++ 语言把“＜＜”运算符重载到类 ostream 中实现数据的输出功能，“＜＜”运算符称为插入运算符（Insertion Operator）或输出运算符。ostream 类中重载“＜＜”运算符的原型如下：

```
(1) ostream& operator<< (bool val);
(2) ostream& operator<< (short val);
(3) ostream& operator<< (unsigned short val);
(4) ostream& operator<< (int val);
(5) ostream& operator<< (unsigned int val);
(6) ostream& operator<< (long val);
(7) ostream& operator<< (unsigned long val);
(8) ostream& operator<< (long long val);
(9) ostream& operator<< (unsigned long long val);
(10) ostream& operator<< (float val);
(11) ostream& operator<< (double val);
(12) ostream& operator<< (long double val);
(13) ostream& operator<< (void* val);
(14) ostream& operator<< (streambuf* sb );
(15) ostream& operator<< (ostream& (*pf) (ostream&));
(16) ostream& operator<< (ios& (*pf) (ios&));
(17) ostream& operator<< (ios_base& (*pf) (ios_base&));
```

前 13 个重载函数用于基本数据类型；第 14 个重载函数直接从缓冲器中提取数据插入输出流中；最后三个重载函数建立了支持 ostream 环境和支持 ios 环境的用户自定义数据类型的输出，它们与操纵子相关，可以在输出流中直接使用操纵子。

由于“＜＜”运算符已经为基本数据类型实现了重载，可以直接使用 cout 对象调用运算符重载函数实现数据输出。例如：

```
cout <<123;              //123 是整型数据，调用 ostream& operator<< (int val)输出整数 123
```

另外，运算符重载函数的返回值是 ostream&，所以"<<"运算符可以连续调用，输出多个数据。例如：

```
cout <<123 <<3.14;                    //分别调用 int、double 参数类型的重载函数输出 123 和 3.14
```

事实上，输出 123 时还有另外一种不常用的写法：

```
cout.operator<< (123);
```

这种写法也是正确的，因为 operator<<是类 ostream 的成员函数，它当然可以用 ostream 定义的对象 cout 直接调用。但是，我们更习惯使用 cout << 123。事实上，编译器依然把 cout << 123 解释为 cout.operator<<(123)来处理。

细心的读者可能发现，ostream 中并没有为 char 和 const char * 类型重载运算符"<<"。那么，我们为什么可以编写如下代码输出字符型及字符串呢？

```
cout <<'A' <<"hello";
```

事实上，C++ 语言定义了全局函数 operator<<，能够处理 char 和 const char * 类型。其原型如下：

```
ostream& operator<< (ostream& os, char c);
ostream& operator<< (ostream& os, signed char c);
ostream& operator<< (ostream& os, unsigned char c);
ostream& operator<< (ostream& os, const char* s);
ostream& operator<< (ostream& os, const signed char* s);
ostream& operator<< (ostream& os, const unsigned char* s);
```

当输出 char 和 const char * 类型数据时还可以使用如下代码：

```
operator<< (cout, 'A');
operator<< (cout, "Hello");
```

9.2.2 刷新输出流

用 cout 输出数据时，数据首先存储到输出流缓冲区中，当刷新输出流缓冲区时数据才输出到显示器上。刷新输出流缓冲区的方法主要有三种。

(1) 使用操纵子 endl。这是比较常用的一种方法，可以直接在输出流中插入 endl(End of Line)，其作用是输出换行，同时刷新输出流缓冲区。例如：

```
cout <<endl;
```

(2) 使用操纵子 flush。仅实现输出流缓冲区的刷新，可以直接在输出流中插入 flush

实现。例如：

```
cout <<flush;
```

(3) 使用 flush()成员函数。flush()函数原型如下：

```
ostream& flush();
```

功能：刷新输出流缓冲区。例如，标准输出流缓冲区的刷新语句如下：

```
cout.flush();
```

9.2.3 使用成员函数

ostream 类的成员函数有 flush()、operator<<、put()、seekp()、tellp()和 write()。其中，operator<<和 flush()前面已经介绍过了。seekp()和 tellp()本章稍后介绍。接下来介绍使用 put()和 write()函数输出数据的基本方法。

1. put()

put()函数原型如下：

```
ostream& put (char c);
```

功能：把一个字符型变量的值输出到显示器上，函数返回 ostream 类对象的引用，所以该函数可以被连续调用。例如：

```
char c ='a';
cout.put(c);                    //输出 a
cout.put('a').put('b');         //输出 ab
```

2. write()

write()函数原型如下：

```
ostream& write (const char* s, streamsize n);
```

功能：把一个字符串(指针 s 表示)的 n 个字符插入输出流。如果字符串的长度不小于 n，则只输出字符串的前 n 个字符，否则输出所有字符。函数返回 ostream 类对象的引用，所以该函数可以被连续调用。例如：

```
char* ps ="Hello, world.";      //字符串的长度是 13
cout.write(ps, 5);              //输出 Hello
cout.write(ps, 15);             //输出 Hello, world.
```

9.2.4　控制输出格式

前面使用 cout 输出数据时都以默认格式把数据转换为字符序列，但有时程序员需要控制更多输出细节。例如，输出小数时控制小数的位数、以十六进制形式输出整数等。C++ 语言主要提供两种输出格式控制方法。

1. cout 调用格式化成员函数

ios_base 类提供了一组设置格式化状态标志的成员函数，包括 setf()、unsetf()和 flags()。格式化状态标志通过一个二进制位设置，如果设置了某个状态标志，则对应位为 1；否则为 0。ios_base 类中用于设置输出格式的状态标志如表 9-1 所示。

表 9-1　输出格式的状态标志

状态标志	说　明	状态标志	说　明
dec	以十进制输出整数	boolalpha	以 true 或 false 输出布尔值
oct	以八进制输出整数	showpoint	输出浮点型数时总是输出小数点
hex	以十六进制输出整数	showpos	在正数前输出正号"+"
fixed	以定点小数形式输出实数	skipws	输入时跳过前导空白符
scientific	以科学计数法输出实数	unitbuf	每次输出操作之后都刷新
internal	在符号与值之间填充	uppercase	以大写形式输出结果中的字母
left	在域内左对齐	basefield	与整数基数有关的标志组
right	在域内右对齐	floatfield	与浮点数输出有关的标志组
showbase	整数前输出前缀	adjustfield	与域调整有关的标志组

其中，与 basefield 相关的状态标志包括 dec、oct 和 hex，与 floatfield 相关的状态标志包括 fixed 和 scientific，与 adjustfield 相关的状态标志包括 internal、left 和 right。

接下来介绍几个与格式控制相关的函数。

1) setf()

setf()函数用于设置状态标志，把指定位的状态标志设置为 1。setf()函数原型如下。

格式一：

```
fmtflags setf (fmtflags flag);
```

格式二：

```
fmtflags setf (fmtflags flag, fmtflags mask);
```

格式一功能：用 flag 设置流格式，保留流中原有格式，相当于在原有流状态标志的基础上添加 flag 标志。例如：

```
cout.setf(ios::fixed);                          //设置定点小数
```

说明

ios 是 ios_base 的派生类,ios 中继承了 ios_base 类的状态标志(它们是静态常成员)。ostream 继承了 ios_base 的成员函数。综上所述,设置输出格式时直接使用 ostream 的预定义对象 cout 调用成员函数,用"ios::"引用继承的静态常成员(写 ios 比写 ios_base 更简单)。如果愿意,用 ios_base 替换 ios 也可以。下同。

格式二功能:用 flag 和 mask 共同设置流格式,清除 mask 状态标志位中不属于 flag 的标志。例如:

```
cout.setf(ios::oct, ios::basefiled);           //设置整数的进制数为八进制
```

说明

第二个参数不可以省略。因为如果省略了第二个参数,设置形式同格式一,意思是设置整数的八进制状态标志位为 1,同时保留原有的十进制状态标志。此时,相当于既设置了八进制格式,又设置了十进制格式。这样,设置的八进制格式将不起作用。

另外,setf()函数一次可以设置多个状态,用位"或"("|")运算符连接要设置的各个状态标志。例如:

```
cout.setf(ios::uppercase | ios::scientific);     //以科学计数法输出浮点型数,字母 E 大写
```

2) unsetf()

unsetf()函数清除状态标志,即把指定的状态标志位设置为 0。其函数原型如下:

```
void unsetf (fmtflags mask);
```

例如:

```
cout.unsetf(ios::showbase);                    //输出整数时不输出前导符
```

3) flags()

flags()函数有两种格式。其函数原型如下:

格式一:

```
fmtflags flags() const;
```

格式二:

```
fmtflags flags (fmtflags flag);
```

格式一返回当前流状态标志;格式二用 flag 设置流状态标志,返回设置前的状态标志,然后清除这些状态标志位。例如:

```
ios::fmtflags ff =cout.flags();                 //ff 是当前输出流状态标志
cout.flags(ff);                                 //用 ff 设置输出流状态
cout.flags(ios::scientific | ios::uppercase);   //以科学计数法输出浮点型数,字母 E 大写
```

4) width()

输出域宽是指数据输出时所占的字节数,即占多少列。用 width()函数设置输出域宽。width()函数原型如下。

格式一:

```
streamsize width() const;
```

格式二:

```
streamsize width (streamsize n);
```

格式一返回当前的域宽,未设置前域宽默认值是 0;格式二设置域宽为 n,返回设置前的域宽,设置的域宽仅对其后的第一个输出有效,输出数据后域宽重新设置为 0。例如:

```
cout.width(5);                     //设置下一个数据输出时域宽占五列
```

5) precision()

precision()函数原型如下。

格式一:

```
streamsize precision() const;
```

格式二:

```
streamsize precision (streamsize n);
```

格式一返回当前的输出精度;格式二设置输出精度为 n 位,返回设置前的精度,设置的精度始终有效,直到重新设置精度为止。精度值 n 的最小值为 1,如果 n 等于 0,其行为未定义,不同的编译器处理结果不同。例如,vs2013 按默认精度显示,而 Code::Blocks 按科学计数法形式只输出一个有效数位。

在默认格式下,参数 n 是指有效数位的个数。例如:

```
float pi =3.1415926;
cout.precision(3);                 //输出 3.14,输出三位有效数字
```

在 fixed 和 scientific 格式下,参数 n 是指小数位数。例如:

```
float pi =3.1415926;
cout.setf(ios::fixed);
cout.precision(3);                 //输出 3.142,输出三位小数
```

6) fill()

当输出数据的位数小于域宽时需要用字符来填充,使之满足输出域宽的要求,默认填充符是空格。fill()函数原型如下。

格式一:

```
char fill() const;
```

格式二:

```
char fill(char ch);
```

格式一返回当前填充字符;格式二设置填充字符为 ch,返回设置前的填充字符。

【例 9-1】

```
#include <iostream>
using namespace std;
int main()
{
    int a =12;
    float pi =3.14159;
    bool b =true;
    ios::fmtflags ff =cout.flags(); //保存默认设置
    cout.setf(ios::hex, ios::basefield);
    cout <<a <<endl;                  //输出 c
    cout.setf(ios::showbase);
    cout <<a <<endl;                  //输出 0xc
    cout.flags(ios::showpos);         //设置输出正数时输出正号,清除其他状态
    cout <<pi <<endl;                 //输出+3.14159
    cout.unsetf(ios::showpos);
    cout <<a <<endl;                  //输出 12
    cout.width(5);
    cout.fill('*');
    cout.setf(ios::right);
    cout <<a <<endl;                  //输出***12
    cout <<pi <<endl;                 //输出 3.14159
    cout.precision(3);
    cout <<pi <<endl;                 //输出 3.14
    cout.setf(ios::fixed);
    cout.precision(3);
    cout <<pi <<endl;                 //输出 3.142
    cout.setf(ios::boolalpha);
    cout <<b <<endl;                  //输出 true
    cout.flags(ff);                   //恢复默认输出格式
    cout <<a <<endl;
    cout <<pi <<endl;
    cout <<b <<endl;
```

```
    return 0;
}
```

程序运行结果如图 9-2 所示。

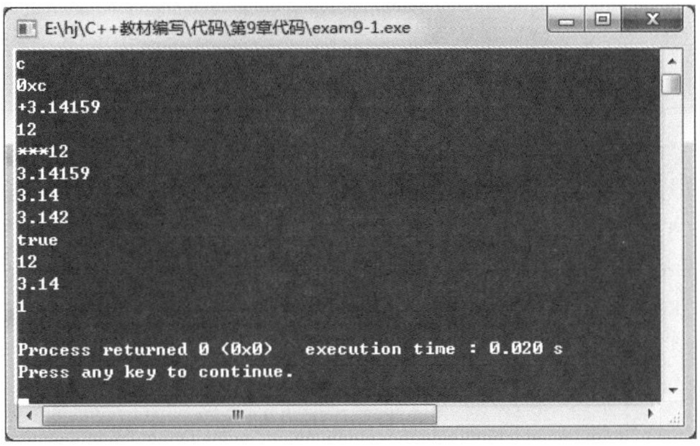

```
E:\hj\C++教材编写\代码\第9章代码\exam9-1.exe
c
0xc
+3.14159
12
***12
3.14159
3.14
3.142
true
12
3.14
1

Process returned 0 (0x0)   execution time : 0.020 s
Press any key to continue.
```

图 9-2　例 9-1 程序运行结果

2. 使用操纵子

操纵子(Manipulator)也称操作符,是一种功能和类 ios_base 的成员函数相同,但使用更方便的格式控制函数,程序员可以直接在输出流中插入操纵子控制程序的输出格式,既简化了程序的编写,又使程序的结构变得更清晰。C++ 语言提供了两种操纵子:无参操纵子(见表 9-2)和有参操纵子(见表 9-3)。

表 9-2　无参操纵子

操　纵　子	说　　明	操　纵　子	说　　明
boolalpha	以 true 或 false 表示布尔值	noboolalpha	以 1 或 0 表示布尔值
showbase	整数前输出前缀	noshowbase	整数前不输出前缀
showpoint	总是输出小数点	noshowpoint	不输出小数点
showpos	在正数前输出正号"+"	noshowpos	不在正数前输出正号"+"
unitbuf	每次输出操作之后都刷新	nounitbuf	每次输出操作之后不强制刷新
uppercase	以大写形式输出结果中的字母	nouppercase	以小写形式输出结果中的字母
dec	以十进制输出整数	scientific	以科学计数法输出实数
hex	以十六进制输出整数	internal	在符号与值之间填充
oct	以八进制输出整数	left	在域内左对齐
fixed	以定点小数形式输出实数	right	在域内右对齐
endl	插入换行并刷新	ends	插入空字符
flush	刷新流缓冲区		

表 9-3　有参操纵子(需要包含头文件<iomanip>)

操　纵　子	说　　明	示　　例
setiosflags(fmtflags flag)	用 flag 设置格式标志	setiosflags(ios::showbase)
resetiosflags(fmtflags flag)	清除 flag 格式标志	resetiosflags(ios::showbase)

续表

操　纵　子	说　　明	示　　例
setprecision(int n)	设置精度为 n	setprecision(2)
setbase(int n)	设置基数,n=(8, 10, 16),n 取其他值时清除基数设置	setbase(8)//设置为八进制 setbase(3)//设置为十进制
setfill(char c)	用字符 c 填充字符	setfill('*')//用 * 填充
setw(int n)	设置域宽为 n	setw(4)//设置域宽是 4

【例 9-2】

```
#include <iostream>
#include <iomanip>
using namespace std;
int main ()
{
    int n =20;
    cout <<n <<endl;                              //20
    cout <<oct <<n <<endl;                        //24
    cout <<dec <<setw(4) <<n <<endl;              //   20(20 前两个空格)
    cout <<setbase(16) <<n <<endl;                //14
    cout <<setbase(4) <<n <<endl;                 //20,相当于清除进制设置
    cout <<setw(5) <<setfill('*') <<right <<n <<endl;     //***20
    cout <<setiosflags(ios::showpos) <<n <<endl;          //+20
    cout <<resetiosflags(ios::showpos) <<n <<endl;        //20
    double pi =3.14159265;
    cout <<pi <<endl;                             //3.14159(默认六个有效数位)
    cout <<setprecision(8) <<pi <<endl;           //3.1415927(输出八个有效数位)
    cout <<fixed <<setprecision(2) <<pi <<endl;           //3.14
    cout <<scientific <<uppercase <<pi <<endl;            //3.14E+000
    return 0;
}
```

程序运行结果如图 9-3 所示。

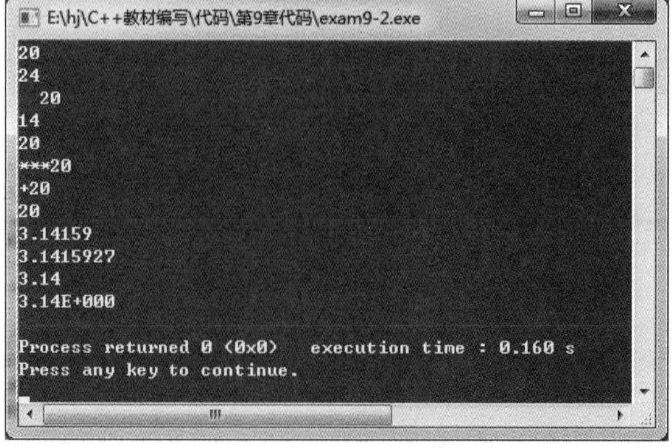

图 9-3　例 9-2 程序运行结果

9.3　使用 cin 输入数据

cin 是输入流 istream 类预定义的对象，它从标准输入设备，即键盘获取数据。从键盘输入数据时以 Enter 键结束，输入回车符后输入的数据被送入缓冲区形成输入流。

9.3.1　“>>”运算符

“>>”运算符本义是右移运算，被重载到 istream 流中实现数据的输入，称为提取运算符或输入运算符，cin 配合“>>”运算符即可实现数据的输入。“>>”运算符重载函数的函数声明如下：

```
(1) istream& operator>> (bool& val);
(2) istream& operator>> (short& val);
(3) istream& operator>> (unsigned short& val);
(4) istream& operator>> (int& val);
(5) istream& operator>> (unsigned int& val);
(6) istream& operator>> (long& val);
(7) istream& operator>> (unsigned long& val);
(8) istream& operator>> (long long& val);
(9) istream& operator>> (unsigned long long& val);
(10) istream& operator>> (float& val);
(11) istream& operator>> (double& val);
(12) istream& operator>> (long double& val);
(13) istream& operator>> (void* & val);
(14) istream& operator>> (streambuf* sb );
(15) istream& operator>> (istream& (* pf) (istream&));
(16) istream& operator>> (ios& (* pf) (ios&));
(17) istream& operator>> (ios_base& (* pf) (ios_base&));
```

其中，前 13 个重载函数用于基本数据类型的输入；第 14 个重载函数把输入数据流直接插入缓冲区中；最后 3 个重载函数与操纵子相关，可以在输入流中直接使用操纵子，控制输入数据的格式。

cin 是输入流 istream 预定义的对象，所以 cin 可以直接调用提取运算符实现数据输入，从输入流中提取数据为变量赋值。这些重载函数的返回值是 istream 流类对象的引用，所以“>>”运算符可以被连续调用，实现多个数据的输入。但是，需要注意的是，当连续输入多个数据时，空格键、Enter 键及 Tab 键被视为数据与数据之间的分隔符，所以“>>”运算符从输入流中提取数据时通常会跳过这些空白符。

另外，C++ 语言还提供了全局函数 operator>>，以实现其他数据的输入，包括：

```
istream& operator>> (istream& is, char& c);
istream& operator>> (istream& is, signed char& c);
```

```
istream& operator>>(istream& is, unsigned char& c);
istream& operator>>(istream& is, char* s);
istream& operator>>(istream& is, signed char* s);
istream& operator>>(istream& is, unsigned char* s);
template<class charT, class traits, class T>
basic_istream<charT,traits>& operator>>(basic_istream<charT,traits>&& is, T&
val);
```

1. 输入单个字符

声明 char 类型的变量后使用 cin>>即可输入单个字符。例如：

```
char ch;
cin >>ch;
```

即使输入流是 abc,也只提取字符 a 赋值给变量 ch,剩余字符仍然留在输入流中。在默认输入格式下无法提取空格等空白符,空白符会被跳过。但是,可以使用操纵子 noskipws 读取空白符,例如：

```
cin >>noskipws >>ch;
```

如果输入流是 abc(第一个字符是空格),则第一个字符能够被读入 ch 中,剩余字符仍然留在输入流中。另外,还可以使用输入流类的成员函数 get()读取空白符,详见 9.3.3 小节。

2. 输入数值

当需要输入数值型数据时,输入流中被读取的数据必须是数字,否则读取失败。例如：

```
int n;
cin >>n;
```

如果输入流是 abc,则读取失败。此时,istream 类的成员函数 fail()返回值为 true。而且,这会导致后续的读取操作全部失败。

如果输入流是 123abc,则把 123 提取出来,转换成整数赋值给变量 n,abc 仍然留在输入流中。

在输入整数时,可以通过流状态标志位或操纵子控制输入的格式。例如：

```
int n;
cin >>hex >>n;              //以十六进制形式输入
cout <<n;                   //以十进制输出
```

如果输入流是 2a,则输出 42。

3. 输入字符串

从输入流中连续提取多个字符组成一个字符串。字符串可以存储在 string 对象中,也可以存储在字符数组中。例如：

```
string s1;
char s2[10];
cin >>s1 >>s2;
```

在具体使用中要注意以下两点：①输入的字符串中不含有空格；②向 s2 输入字符串时输入的字符个数不能超过 10 个，否则会破坏内存中的数据。这两个问题可以通过调用 getline()函数解决。具体地，以下语句能够输入带空格的字符串：

```
getline(cin, s1);                   //s1 是 string 类型的对象
cin.getline(s2, 10);                //s2 是 char * 类型的字符数组
```

关于 getline()函数的详细内容参考 9.3.3 小节。

9.3.2 流状态

ios 类提供了一组用于检测当前流状态的成员函数，其中包括 good()、bad()、fail()和 eof()四个常用函数。流状态用四个常成员表示：goodbit、badbit、failbit 和 eofbit。其中，每个成员值是一个二进制位，要么被设置为 1，要么被清除为 0。上述四个成员函数用于判断相应的流状态标志位是否被设置为 1，若是则函数值为 true；否则为 false。

goodbit：若其他三个流状态没有被设置，即状态标志位是 0，则 goodbit 值设为 1，表明流状态正常。

badbit：发生系统级的错误，如不可恢复的读/写错误时被设置为 1。

failbit：发生可恢复的错误，如期望读取一个数值，却读出一个字符等错误时被设置为 1。

eofbit：当到达文件末尾(End-Of-File)并试图执行读/写操作时被设置为 1。

good()函数：如果流正常(goodbit 位为 1，其他状态标志位的值为 0)，函数值为 true。

bad()函数：如果 badbit 被设置，函数值为 true。

fail()函数：如果 badbit 或 failbit 被设置，函数值为 true。

eof()函数：如果 eofbit 被设置，函数值为 true。

当从输入流中提取数据失败时，流的错误状态标志被设置为 1，在这种情况下，其后的输入操作也会失败。

【例 9-3】

```
#include <iostream>
using namespace std;
int main ()
{
    int m, n;
    cin >>m;
    cout <<"m:" <<m <<endl;
    cout <<"fail():" <<cin.fail() <<endl;
    cin >>n;
```

```
Line 10        cout <<"n:" <<n <<endl;
Line 11        return 0;
Line 12  }
```

当输入 a 1 时程序运行结果如图 9-4 所示。

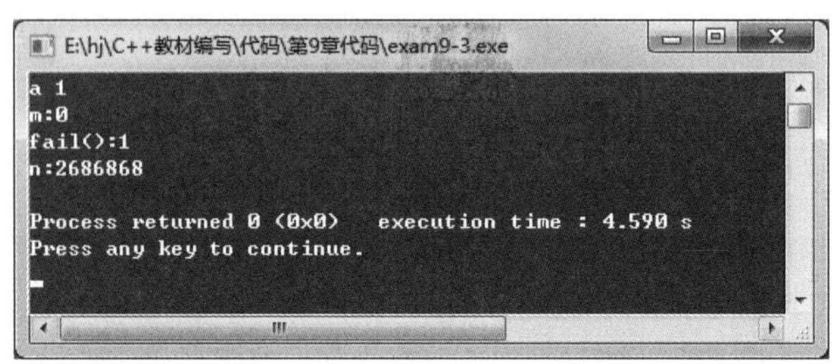

图 9-4　例 9-3 程序运行结果

Line 6 要求输入一个十进制整数，但是输入流的第一个数据是字母 a，数据读取失败，此时输入流状态标志 failbit 设置为 1，函数 fail()值为 true。在这种错误状态下，其后的输入也是错误的：事实上，变量 n 的值没有正确地读取到整数 1。

当输入出错时，程序员需要修改流的错误状态标志，使输入流状态处于正常，才能继续其后的输入过程。ios 类提供了两个修改流状态的成员函数：setstate()和 clear()。

1. setstate()

setstate()函数原型如下：

```
void setstate (iostate state);
```

功能：设置错误状态标志 state，不影响其他状态标志。例如：

```
setstate(eofbit);          //设置状态标志 eofbit 为 1,其他状态标志没有变化
```

2. clear()

clear()函数原型如下：

```
void clear (iostate state =goodbit);
```

功能：设置错误状态标志 state，同时清除其他状态标志。例如：

```
clear();                 //相当于 clear(goodbit),设置 goodbit 状态为 1,清除其他状态标志
clear(ios::failbit);     //设置 faibit 状态为 1,清除其他状态标志
```

【例 9-4】

```
#include <iostream>
using namespace std;
```

```
Line 3  int main ()
Line 4  {
Line 5      int m;
Line 6      cout <<"input m: ";
Line 7      cin >>m;
Line 8      while(cin.fail())
Line 9      {
Line 10         cin.clear();
Line 11         cin.sync();
Line 12         cout <<"input stream is error, input again: ";
Line 13         cin >>m;
Line 14     }
Line 15     cout <<"m =" <<m <<endl;
Line 16     return 0;
Line 17 }
```

程序运行结果如图 9-5 所示。

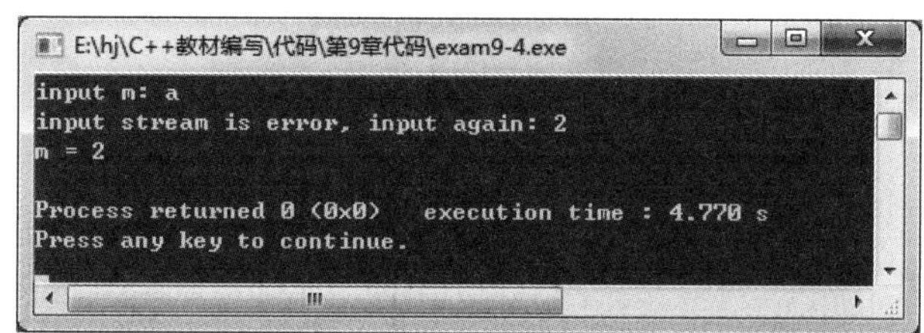

图 9-5 例 9-4 程序运行结果

从输入流中提取数据时一直判断 failbit 状态标志(Line 8)。如果 failbit 状态标志被设置为 1,即 cin. fail()函数值为 true,则做两件事情:一是清除错误状态(Line 10),恢复为正常状态;二是调用 cin. sync()函数,清空输入缓冲区(Line 11)。

输入流可以直接用作条件,在这种情况下,如果输入流状态是 good(),则条件成立。例如:

```
int n;
while(cin >>n)
{
    //处理变量 n...
}
```

当正确地为变量 n 输入数据时,则输入流状态正常,while()循环条件成立;如果输入失败,则输入流状态异常,while()循环条件不成立,结束循环。

9.3.3 使用成员函数

istream 流类提供了多种输入方式,如使用“>>”运算符输入各种类型的数据,这也是常用的一种输入方式。另外，istream 流类还提供了多个成员函数实现数据的输入。下面介绍几个常用的成员函数。

1. get()

使用 get()函数可以输入一个或多个字符，有多种重载格式。其函数原型如下：

```
(1) int get();
(2) istream& get (char& c);
(3) istream& get (char* s, streamsize n);
(4) istream& get (char* s, streamsize n, char delim);
(5) istream& get (streambuf& strbuf);
(6) istream& get (streambuf& strbuf, char delim);
```

其中，前两个函数可以从输入流中读取一个字符，第(1)个函数返回值是读取的字符的ASCII 值，第(2)个函数把读取的字符存储在变量 c 中；第(3)个和第(4)个函数从输入流中读取 n－1 个字符，或者遇到换行符'\n'(第(3)个函数)、遇到 delim(第(4)个函数)表示的终止符结束，读取的字符存储到 C 语言风格的字符串 s 中，在字符串 s 的末尾自动添加空字符'\0'；最后两个函数从输入流中读取字符插入 strbuf 表示的输出流中，遇到'\n'或 dclim 表示的终止符结束。

注意

多余的字符、换行符'\n'和终止符 delim 仍然留在输入流中。

例如：

```
char ch;
ch =cin.get();                   //使用第(1)个函数
cin.get(ch);                     //使用第(2)个函数
char str[20];
cin.get(str, 20);                //最多读取 19 个字符,或者遇到换行符'\n'结束
cin.get(str, 20, '*');           //最多读取 19 个字符,或者遇到'*'结束
cin.get(*cout.rdbuf());          //从输入流中读取字符并输出到显示器上,遇到换行符'\n'结束
cin.get(*cout.rdbuf(), '*');     //从输入流中读取字符并输出到显示器上,遇到'*'结束
```

其中，函数 rdbuf()是指向流缓冲区的指针，详细内容稍后介绍。

```
cin.get(str, 5, '*');
cin.get(ch);
```

如果输入流是 abc*123，则以上两句读取的结果是 str 的值是"abc"，而 ch 的值是'*'。

2. getline()

getline()函数从输入流中提取多个字符。其函数原型如下：

```
(1) istream& getline (char* s, streamsize n);
(2) istream& getline (char* s, streamsize n, char delim);
```

从输入流中读取 n－1 个字符，遇到换行符'\n'结束（第（1）个函数）或者遇到终止符 delim（第（2）个函数）结束，把读取的字符存储在 C 语言风格的字符串 s 中，在 s 的末尾自动添加空字符'\0'。

与 get()函数不同的是，getline()函数的换行符'\n'和终止符 delim 从输入流中读出并丢弃，不存储在字符串 s 中。

如果未读取到字符，或者读取 n－1 个字符后仍然没有遇到终止符，流状态标志 failbit 被设置。如果终止符恰好是第 n 个字符，即读取 n－1 个字符后恰好遇到终止符，流状态标志 failbit 不会被设置。

注意

用 get()函数或 getline()函数读取多个字符构成的字符串只能存储到 C 语言风格的字符数组中，如果用 string 对象存储字符串，则不能使用上述两个 istream 的成员函数，应该使用全局函数 getline()。其函数原型如下：

```
(1) istream& getline (istream&is, string& str);
(2) istream& getline (istream&is, string& str, char delim);
(3) istream& getline (istream&& is, string& str);
(4) istream& getline (istream&& is, string& str, char delim);
```

我们主要使用前两个重载函数，其功能是从输入流 is 中读取字符存储到 string 类型的对象 str 中，遇到换行符'\n'（第（1）个函数）或终止符 delim（第（2）个函数）时结束。例如：

```
sring s;
getline(cin, s);                //从标准输入流中提取字符串存储到 string 类型的对象 s 中
```

3. read()

read()函数原型如下：

```
istream& read (char* s, streamsize n);
```

函数功能：从输入流中读取 n 个字符存储到首地址是 s 的内存空间中。如果还未读取 n 个字符就到文件末尾，则把实际读取的字符串存储到 s 中，流状态标志 eofbit 和 failbit 被设置。

9.4 文件操作

应用程序通常使用文件存储数据，以文件作为操作对象。例如，有 500 个四位数的整数存储在磁盘文件 d:\data. txt 文件中，设计程序：从磁盘文件中读取这 500 个整数，把具有特征 a＋b＝c＋d 的整数找出来并存储在磁盘文件 d:\result. txt 中。其中，a、b、c、d 分别表示整数的千位数、百位数、十位数和个位数，如 2314 满足特征 a＋b＝c＋d，即 2＋3＝1＋4。该程序要解决的主要问题包括：如何从磁盘文件 d:\data. txt 中读取这 500 个整数、如何找

出满足特征的整数、如何把结果保存到磁盘文件 d:\result.txt 中。

9.4.1 文件流

文件流是以外存文件(通常是磁盘文件,本书未特别说明则指本地磁盘文件)作为输入/输出对象的数据流。C++ 语言提供了三个类支持文件的读/写,分别如下。

(1) ifstream。输入文件流类,实现程序从文件中读取数据的相关操作,即实现文件的输入。

(2) ofstream。输出文件流类,实现把程序的运行结果输出到文件中的相关操作,即实现文件的输出。

(3) fstream。输入/输出文件流类,实现程序既能从文件中读取数据也能向文件输出数据的相关操作,即同时实现文件的输入/输出。

使用这三个类时需要包含头文件<fstream>。

C++ 语言中要实现文件的读写操作,需要完成以下几个步骤。

(1) 创建文件流对象。

(2) 打开文件,使文件流对象与文件建立关联。

(3) 对文件进行读/写。

(4) 关闭文件,断开文件流对象与文件的关联。

具体步骤介绍如下。

1. 创建文件流对象

文件流不像标准 I/O 流预定义了输入/输出流对象,文件流对象必须由程序员创建。创建文件流对象就是调用文件流类的构造函数声明文件流对象。

ifstream 类的构造函数声明如下:

```
(1) ifstream();                                        //默认构造函数
(2) explicit ifstream (const char * filename, ios_base::openmode mode = ios_base::
    in);
(3) explicit ifstream (const string& filename, ios_base::openmode mode = ios_base::
    in);
(4) ifstream (const ifstream&) = delete;               //删除拷贝构造函数
(5) ifstream (ifstream&& x);                           //移动构造函数
```

其中,第(1)个默认构造函数声明一个不带任何参数的文件流对象,第(2)个和第(3)个重载函数是显式构造函数,其中 filename 是文件名,是与文件流对象关联的文件;mode 指定文件的打开模式。调用第(2)个和第(3)个构造函数声明文件流对象,同时打开文件,流对象与文件建立关联。关于打开模式的详细内容稍后介绍。最后两个构造函数本书从略。

ofstream 类的构造函数声明如下:

```
(1) ofstream();
(2) explicit ofstream (const char * filename, ios_base::openmode mode = ios_base::
    out);
```

```
(3) explicit ofstream (const string& filename, ios_base::openmode mode =ios_base::
    out);
(4) ofstream (const ofstream&) =delete;
(5) ofstream (ofstream&& x);
```

fstream 类的构造函数声明如下：

```
(1) fstream();
(2) explicit fstream (const char * filename, ios_base::openmode mode =ios_base::in
    | ios_base::out);
(3) explicit fstream (const string& filename, ios_base::openmode mode =ios_base::
    in | ios_base::out);
(4) fstream (const fstream&) =delete;
(5) fstream (fstream&& x);
```

例如：

```
ifstream fin;                       //创建输入文件流对象 fin
ofstream fout;                      //创建输出文件流对象 fout
fstream fio;                        //创建输入/输出文件流对象 fio
ifstream fin("d:\\data.txt");       //创建输入文件流对象 fin,同时打开文件 d:\data
                                    //.txt,fin 与 d:\data.txt 建立关联
ofstream fout("d:\\result.txt");    //创建输出文件流对象 fout,同时打开文件 d:\result
                                    //.txt,fout 与 d:\result.txt 建立关联
fstream fio("d:\\data.txt");        //创建输入/输出文件流对象 fio,同时打开文件 d:\data
                                    //.txt,fio 与 d:\data.txt 建立关联
```

2. 打开文件

如果调用默认构造函数创建了文件流对象，该文件流对象未与任何文件建立关联，则在操作文件之前还需调用 open()函数打开文件，建立文件流对象与文件之间的关联。

ifstream、ofstream 和 fstream 都提供了成员函数 open()，用于打开文件。

ifstream 的成员函数 open()的函数声明如下：

```
void open (const char * filename, ios_base::openmode mode =ios_base::in);
void open (const string& filename, ios_base::openmode mode =ios_base::in);
```

ofstream 的成员函数 open()的函数声明如下：

```
void open (const char * filename, ios_base::openmode mode =ios_base::out);
void open (const string& filename, ios_base::openmode mode =ios_base::out);
```

fstream 的成员函数 open()的函数声明如下：

```
void open (const char * filename, ios_base::openmode mode =ios_base::in | ios_
  base::out);
```

```
void open (const string& filename, ios_base::openmode mode = ios_base::in | ios_
  base::out);
```

其中,filename 表示文件名;mode 表示文件的打开方式。文件的打开方式有多种,在 ios_base 类中定义,如表 9-4 所示。

表 9-4　文件的打开方式

打开方式	全　词	说　明
ios_base::in	input	以输入方式打开,若不存在则打开失败
ios_base::out	output	以输出方式打开,文件存在则清空文件内容,不存在则创建新文件
ios_base::app	append	以输出方式打开,在文件尾添加数据
ios_base::ate	at end	以输入/输出方式打开并查找到文件尾
ios_base::trunc	truncate	文件存在则清空文件内容,不存在则创建新文件。只指定 out 时默认以此方式打开
ios_base::binary	binary	以二进制方式打开文件

这些打开方式可以组合搭配使用,用位或运算符"|"进行组合。例如:

```
ifstream fin;
fin.open("data.txt", ios_base::in | ios_base::binary);
```

ifstream 对象、ofstream 对象和 fstream 对象打开文件的默认方式分别是 ios_base::in(只读)、ios_base::out(只写)和 ios_base::in|ios_base::out(既可读也可写)。

注意

ios 类是 ios_base 类的派生类,ios 类继承了 ios_base 类的打开方式。所以,也可以用"ios::"代替"ios_base::"。

如果打开文件失败,则文件流的错误状态标志 failbit 被设置,文件流类的成员函数 fail()值为 true。另外,文件流类还提供了 is_open()函数,可用于判断文件打开是否成功。is_open()函数原型如下:

```
bool is_open() const;
```

如果文件被打开并与文件流对象建立关联,函数返回值为 true,否则返回值为 false。

3. 对文件进行读/写

打开文件后就可以对文件进行读/写操作,详细内容见 9.4.2 小节。

4. 关闭文件

文件操作结束后要关闭文件,其目的是释放缓冲区和其他资源,并刷新文件流缓冲区,确保数据及时保存到文件中。关闭文件的方法很简单,只需调用文件流类的成员函数 close()即可。例如:

```
fin.close();
```

9.4.2 文件读/写

在 Windows 操作系统中，文件通常分为文本文件与二进制文件。文本文件是指文件中的内容表示为文本字符，当把内存中的数据(原本是一个 0、1 序列)存储到文本文件时，操作系统需要进行字符转换；反之亦然。二进制文件是指把内存中的数据原样保存到文件中。例如数字 1，如果保存在文本文件中，1 表示为字符'1'，然后保存其 ASCII 编码值(假设以 ASCII 编码字符)，所以 1 保存在文本文件中的数据是 0x31(十六进制)；如果用二进制保存数字 1，则二进制文件中存储的数据是 0x00000001(假设整数用 4 个字节表示)。当然，如果 1 本身是按字符表示的，如 char ch = '1'，则在二进制文件中存储的 ch 的值就是其 ASCII 编码值。所以，对于字符来说，二进制表示和文本表示是一样的，都是字符的 ASCII 编码的二进制表示；但对于数字来说，二进制表示与文本表示有很大的差别。综上所述，文本文件与二进制文件在计算机上的物理表示形式没有区别，都是 0、1 序列，只是其逻辑存储上有区别，即编码形式上有区别。

文本文件的特点是便于读取，可以使用文本编辑器(如记事本)读取和编辑文本文件。二进制格式对于数字来说比较精确，因为它存储的是值的内部表示，不会有转换误差或舍入误差。而且，二进制格式保存数据更快。

1. 文本文件的读/写

文件流类 fstream、ifstream 和 ofstream 中没有直接定义文件操作的成员函数，但是它们继承了 ios、istream 和 ostream 的数据读/写的成员函数。所以，9.2 节和 9.3 节中介绍的运算符"<<"和">>"，以及相关的成员函数，如 put()、write()、get()、getline()、read()等都可以直接被文件流对象调用，完成数据的输出/输入操作。例如：

```
fin >>ch;                    //从输入文件流中提取一个字符存储到变量 ch 中
fout <<n;                    //把变量 n 的值插入输出文件流
fin.get(ch);                 //从输入文件流中提取一个字符存储到变量 ch 中
fout.put(ch);                //把变量 ch 的值插入输出文件流
fin.getline(str, 20);        //从输入文件流中读取 19 个字符，存储到字符数组 str 中
fin.read(str, 20);           //从输入文件流中读取 20 个字符，存储到字符数组 str 中
fout.write(str, 20);         //把内存地址 str 开始的连续 20 个字节的数据插入输出流
```

注意

假设以上流对象及相关变量都已经正确定义。

另外，9.3.2 小节中介绍的错误流状态标志、错误处理函数在文件流类中也可以直接使用。

下面用几个示例说明文本文件的读/写操作。随机生成 500 个四位数的整数，保存到文件 d:\data.txt 中。令 a、b、c、d 分别表示整数的千位数、百位数、十位数和个位数，把满足 a+b=c+d 的整数挑选出来保存在文件 d:\result.txt 中。输出格式要求：每两个整数之间用空格分隔，每行输出 10 个整数。

【例 9-5】

```
#include <iostream>
#include <fstream>
#include <cstdlib>
#include <ctime>
using namespace std;
void InitData(int cnt)
{
    ofstream fout("d:\\data.txt", ios_base::out);
    int n;
    srand(time(0));                     //设置随机数据种子
    for(int i =1; i <=cnt; i++)
    {
        n =1000 +rand() %9000;          //生成一个四位数
        fout <<n;
        if(i %10 ==0) fout <<endl;      //一行输出 10 个数
        else fout <<" ";                //两个整数之间用空格分隔
    }
    fout.close();                       //关闭文件
}
int main()
{
    InitData(500);                      //初始化数据文件,生成 500 个四位数的整数
    ifstream fin;                       //创建输入文件流对象
    ofstream fout;                      //创建输出文件流对象
    fin.open("d:\\data.txt", ios_base::in);
    fout.open("d:\\result.txt", ios_base::out);
    if(fin.is_open() && fout.is_open())     //打开文件成功
    {
        int n;
        int cnt =0;                     //记录符合条件的整数的个数
        int a, b, c, d;
        while(fin>>n)
        {
            d =n %10;
            c =n / 10 %10;
            b =n / 100 %10;
            a =n / 1000;
            if(a +b ==c +d)
            {
                fout <<n;
                cnt++;
                if(cnt %10 ==0) fout <<endl;
                else fout <<" ";
```

```
Line 44                 }
Line 45             }
Line 46             fout.close();
Line 47             fin.close();
Line 48         }
Line 49         else
Line 50         {
Line 51             cout <<"打开文件失败!" <<endl;
Line 52         }
Line 53         return 0;
Line 54     }
```

程序执行之后 d:\result. txt 文件中的内容如图 9-6 所示。

6280 5005 4233 7319 8677 5528 2947 5270 7126 3241
5490 6271 4444 5142 2828 8439 2819 1560 2644 9191
8989 6143 6648 6024 9090 3452 1423 3021 4114 6217
8062 6464 3223 1955 5775 6565 6547 2332 2305

图 9-6　程序执行例 9-5 后 d:\result. txt 文件中的内容

初始化 d:\data. txt 文件时，需要把 500 个整数写进 d:\data. txt 文件中，所以建立输出文件流对象 fout 并与 d:\data. txt 文件关联(Line 8)，生成一个整数后调用"<<"运算符把整数写到文件中(Line 14)。最后调用 close()函数关闭文件(Line 18)。从 d:\data. txt 文件中读取数据时，首先建立输入文件流对象 fin(Line 23)，调用 open()函数打开 d:\data. txt 文件，使 fin 与 d:\data. txt 文件建立关联(Line 25)。如果文件打开成功(Line 27)，依次从 d:\data. txt 文件中读取一个整数(Line 32)并进行处理。当读到文件流末尾时，while 循环条件不成立，结束循环。

本例需要注意如下两点。

(1) 输入文件流中的数据可以看作由整数组成的文本文件，每个整数可以直接被读取到整型变量 n 中。

(2) Line 32 while 循环条件"fin>>n"为假时结束循环。当文件读到文件末尾时，fin>>n 导致输入流异常，循环条件不成立。此时，fin. eof()函数值为真。

接下来，我们编写程序，实现文件复制。

【例 9-6】

```
#include <iostream>
#include <fstream>
using namespace std;
int main()
{
```

```
Line 6      ifstream fin;                                   //创建输入文件流对象
Line 7      ofstream fout;                                  //创建输出文件流对象
Line 8      fin.open("d:\\data.txt", ios_base::in);
Line 9      fout.open("d:\\data_copy.txt", ios_base::out);
Line 10     if(fin.is_open() && fout.is_open())             //打开文件成功
Line 11     {
Line 12         char ch;
Line 13         fin.get(ch);
Line 14         while(!fin.eof())
Line 15         {
Line 16             fout <<ch;
Line 17             fin.get(ch);
Line 18         }
Line 19         fout.close();
Line 20         fin.close();
Line 21     }
Line 22     else
Line 23     {
Line 24         cout <<"打开文件失败!" <<endl;
Line 25     }
Line 26     return 0;
Line 27 }
```

Line 13 代码看上去有点多余，为什么需要在 while 循环体之前做一次读操作，而在 while 循环体的最后再做一次读操作呢？如果 Line 13～Line 18 的代码改为

```
while(!fin.eof())
{
    fin.get(ch);
    fout <<ch;
}
```

则被复制的副本文件比源文件多 1 个字节，如图 9-7 所示。

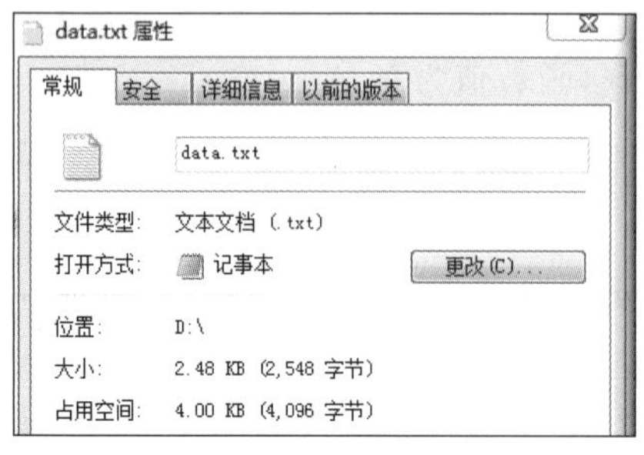

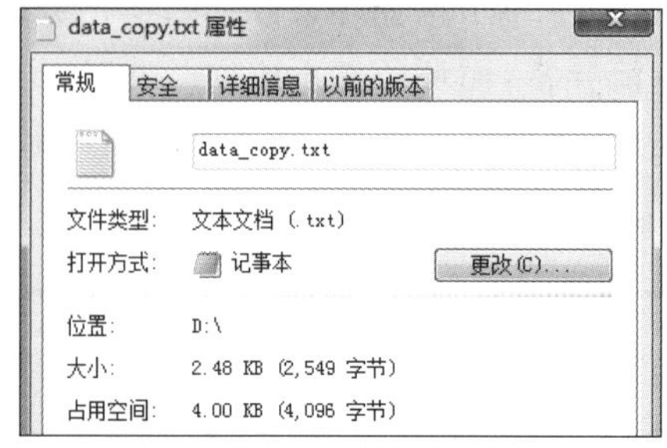

图 9-7　副本文件比源文件多 1 个字节

打开这两个文件仔细对比，发现文件末尾处稍有不同，如图 9-8 所示。

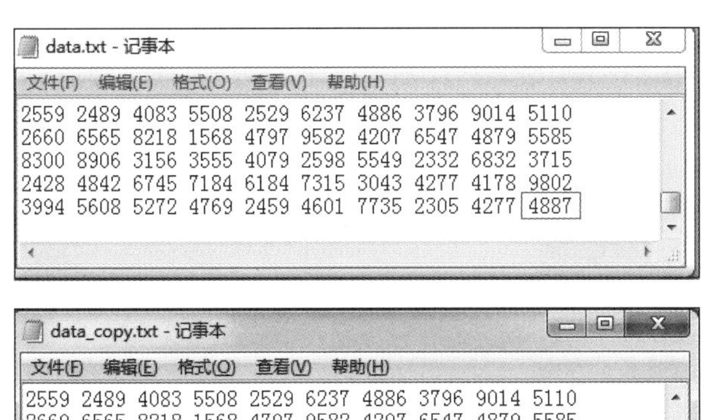

图 9-8 副本文件与源文件内容不同

接下来，我们分析产生这种结果的原因。

程序的重点在 while 循环中，当没有到达文件末尾时，从源文件中复制一个字符，然后复制到目标文件中。当 fin.eof()为 true 时循环结束，而 eof()函数的作用是判断错误状态流标志 eofbit 是否被设置，若被设置则 eof()函数为 true。

那么，eofbit 什么时候被设置呢？首先了解一个概念：文件位置指针。文件位置指针可以虚拟化为一个指针，该指针指向文件当前的读/写位置。文件刚刚打开时，文件位置指针指向文件首部，随着读/写操作的进行，文件位置指针自动移动。当文件位置指针移动到文件末尾时，eofbit 还未被设置，此时 eof()函数值为 false；当文件位置指针已经到达文件末尾，并尝试进行读/写操作时，eofbit 被设置，eof()函数值为 true。

所以，修改后的代码最后的执行过程如下。

当复制完最后一个字符(图例是数字字符 7，变量 ch 的值是字符 7)后，文件位置指针到达文件末尾，然而此时的 fin.eof()函数为 false，所以 while 循环条件依然成立；进入循环体后执行 fin.get(ch)操作，这步操作导致 eofbit 被设置，流处于出错状态，eof()函数值为 true。但是，该操作却没有向 ch 中读入任何数据，此时 ch 的值仍然是它原来的值(字符 7)，然后执行 fout << ch 操作，把字符 7 写入目标文件。

2. 二进制文件的读/写

打开二进制文件时指定打开模式为 ios_base::binary，否则默认以文本文件格式打开文件。例如：

```
ifstream fin("d:\\data.dat", ios_base::binary | ios_base::in);
```

以二进制、只读方式打开文件 d:\data.dat。

不能使用“>>”“<<”运算符及 get()、getline()等函数对二进制文件进行读/写，虽然这样做是符合语法规则的，但是这种操作通常没有实际意义。C++ 语言为二进制文件提供了两个特殊的成员函数 read()和 write()实现读/写操作。事实上，read()是 istream 类提供的成员函数，输入文件流类继承了该函数。而 write()是 ostream 类提供的成员函数，被输

出文件流类继承。前面已经介绍过这两个函数，这里不再赘述。

【例 9-7】

```
Line 1   #include <iostream>
Line 2   #include <cstring>
Line 3   #include <fstream>
Line 4   using namespace std;
Line 5   class Student
Line 6   {
Line 7   public:
Line 8       Student(){}
Line 9       Student(char* no, char* name){strcpy(sNo, no); strcpy(sName, name);}
Line 10      char* GetNo(){return sNo;}
Line 11      char* GetName(){return sName;}
Line 12  private:
Line 13      char sNo[6];
Line 14      char sName[10];
Line 15  };
Line 16  int main ()
Line 17  {
Line 18       Student stu [5] = {Student ("10001", "Jason"), Student ("10021",
                "Kevin"), Student("10101", "Amanda"), Student("10011", "Jerry"),
                Student("10031", "Ailsa")};
Line 19      ofstream fout("d:\student.dat", ios_base::binary);
Line 20      fout.write(reinterpret_cast<char *>(stu), sizeof(stu));
Line 21      fout.close();
Line 22      ifstream fin("d:\student.dat", ios_base::binary);
Line 23      Student s[5];
Line 24      fin.read(reinterpret_cast<char *>(s), sizeof(s));
Line 25      fin.close();
Line 26      cout <<"学号姓名 " <<endl;
Line 27      for(int i =  0; i <5; i++)
Line 28      {
Line 29          cout <<s[i].GetNo() <<" " <<s[i].GetName() <<endl;
Line 30      }
Line 31      return 0;
Line 32  }
```

程序运行结果如图 9-9 所示。

以二进制文件格式读/写文件时，文件打开方式指定为 ios_base::binary(Line 19 和 Line 22)，否则默认情况下以文本文件方式打开文件。write()函数的第一个参数的类型是 const char *，所以用 reinterpret_cast<char *>把 Student * 类型的指针转换为 char * 指针(Line 20)。类似地，Line 24 为 read()函数的第一个参数进行类型转换。

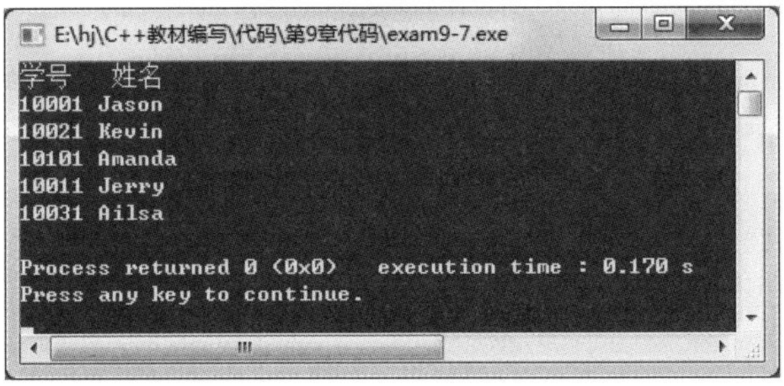

```
E:\hj\C++教材编写\代码\第9章代码\exam9-7.exe
学号　姓名
10001 Jason
10021 Kevin
10101 Amanda
10011 Jerry
10031 Ailsa

Process returned 0 (0x0)   execution time : 0.170 s
Press any key to continue.
```

图 9-9　例 9-7 程序运行结果

3. 随机读/写

磁盘文件的随机读/写是指可以在文件的任意指定位置实现读/写操作。如前所述，对文件进行读/写操作时，在文件中有一个虚拟的文件位置指针，读/写操作是在当前文件位置指针进行的，即读取当前文件位置指针所指向的数据，在当前文件位置指针处写入数据。所以，要实现文件的随机读/写，首先完成文件位置指针的随机移动。

在输入流类 istream 中定义了两个成员函数 seekg()和 tellg()，seekg()函数用于移动文件位置指针，即文件位置指针的定位；tellg()函数用于计算当前文件位置指针的位置。在输出流类 ostream 中定义了两个成员函数 seekp()和 tellp()，它们分别与 seekg()函数和 tellg()函数的功能类似。

1） seekg()

C++ 语言提供了 seekg()函数的两个重载格式。其函数原型如下。

格式一：

```
istream& seekg (streampos pos);
```

把文件位置指针定位到 pos 的位置，pos 是长整型，以字节为单位，它以文件开始处为参考点，这种位置也称绝对位置。例如：

```
fin.seekg(100);      //与输入文件流对象 fin 关联的文件位置指针移动到第 100 个字节的位置
```

格式二：

```
istream& seekg (streamoff off, ios_base::seekdir way);
```

实现文件位置指针的相对移动，位置指针移动到以 way 为基准点偏移 off 个字节的位置。其中，off 是长整型，表示位置指针的偏移量。off 可正可负可为零，为正时表示位置指针向文件尾部移动，为负时表示位置指针向文件首部移动，为零时表示位置指针相对于参照点来说不变化。way 是类 ios_base 中定义的枚举常量，有三种取值。

ios_base::beg：表示文件开头。

ios_base::cur：表示当前文件位置指针所处的位置。

ios_base::end：表示文件末尾。

例如：

```
fin.seekg(100, ios_base::beg);      //文件位置指针定位到第 100 个字节的位置
fin.seekg(0, ios_base::end);        //文件位置指针移动到文件末尾
fin.seekg(-50, ios_base::cur);      //文件位置指针向前(文件首方向)移动 50 个字节
```

2) tellg()

tellg()函数原型如下：

```
streampos tellg();
```

功能：返回当前文件位置指针。

为了理解这四个函数的功能，更好地掌握它们的使用方法，接下来介绍两个示例。

【例 9-8】(实现二进制文件的复制)

```
#include <iostream>
#include <fstream>
using namespace std;
int main()
{
    ifstream fin;                                 //创建输入文件流对象
    ofstream fout;                                //创建输出文件流对象
    fin.open("d:\\student.dat", ios_base::in | ios_base::binary);
    fout.open("d:\\student_copy.dat", ios_base::out | ios_base::binary);
    if(fin.is_open() && fout.is_open())           //打开文件成功
    {
        char * pfstream;
        fin.seekg(0, ios_base::end);
        int len =fin.tellg();
        pfstream =new char[len];
        fin.seekg(0, ios_base::beg);
        fin.read(pfstream, len);
        fout.write(pfstream, len);
        fout.close();
        fin.close();
    }
    else
    {
        cout <<"打开文件失败!" <<endl;
    }
    return 0;
}
```

程序设计的基本思路：计算源文件的大小、申请内存、把源文件内容复制到内存中、把

数据保存到目标文件中。

计算文件大小的方法：文件位置指针移动到文件末尾(Line 13)，然后计算位置指针所处的位置(Line 14)，调用成员函数 read()和 write()实现文件的读/写。

该程序思路简单，容易实现。但是，存储文件内容的内存空间是用 new 运算符申请的，内存空间的大小与文件大小相等。因此，对于小文件的复制通常是正确的，对于大文件的复制可能不一定正确。如果源文件比较大，new 运算符申请内存空间时可能会出错。

一个更好的设计思路是，把大文件切分为较小的数据块后再复制，即分块完成复制。

【例 9-9】

```
Line 1   #include <iostream>
Line 2   #include <fstream>
Line 3   using namespace std;
Line 4   int main()
Line 5   {
Line 6       ifstream fin;                              //创建输入文件流对象
Line 7       ofstream fout;                             //创建输出文件流对象
Line 8       fin.open("d:\\student.dat", ios_base::in | ios_base::binary);
Line 9       fout.open("d:\\student_copy.dat", ios_base::out | ios_base::binary);
Line 10      if(fin.is_open() && fout.is_open())    //打开文件成功
Line 11      {
Line 12          char str[80];
Line 13          fin.seekg(0, ios_base::end);
Line 14          int len =fin.tellg();
Line 15          while(len >=80)
Line 16          {
Line 17              fin.read(str, 80);
Line 18              fout.write(str, 80);
Line 19              len -=80;
Line 20          }
Line 21          fin.read(str, len);
Line 22          fout.write(str, len);
Line 23          fout.close();
Line 24          fin.close();
Line 25      }
Line 26      else
Line 27      {
Line 28          cout <<"打开文件失败!" <<endl;
Line 29      }
Line 30      return 0;
Line 31  }
```

首先以二进制方式打开文件(Line 8 和 Line 9)，计算源文件的大小(Line 14)。在复制文件时，每次只复制 80 个字节，直到剩余未复制的数据不足 80 个字节为止(Line 15)，最后只复制 len 个字节即可(Line 21 和 Line 22)。

【例 9-10】

```
Line 1   #include <iostream>
Line 2   #include <fstream>
Line 3   using namespace std;
Line 4   int main()
Line 5   {
Line 6       fstream fio("d:\\hello.txt");
Line 7       if(fio.is_open())                    //打开文件成功
Line 8       {
Line 9           cout <<"文件中原来的内容:" <<fio.rdbuf();
Line 10          char ch;
Line 11          fio.seekg(7, ios_base::beg);
Line 12          fio.get(ch);
Line 13          cout <<"\n 第 8 个字符是:" <<ch <<endl;
Line 14          ch =ch-32;
Line 15          fio.seekp(7, ios_base::beg);
Line 16          fio.put(ch);
Line 17          fio.seekg(0, ios_base::beg);
Line 18          cout <<"文件修改后的内容:" <<fio.rdbuf();
Line 19          fio.close();
Line 20      }
Line 21      else
Line 22      {
Line 23          cout <<"打开文件失败!" <<endl;
Line 24      }
Line 25      return 0;
Line 26  }
```

程序运行结果如图 9-10 所示。

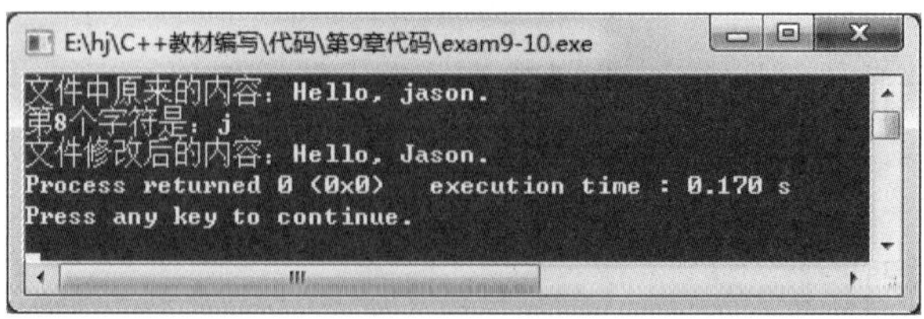

图 9-10　例 9-10 程序运行结果

程序需要对文本文件 d:\hello. txt 执行读/写操作，所以创建 fstream 流对象 fio 并打开文件 d:\hello. txt 与之建立关联，从而形成文件流。Line 11 把读操作的文件位置指针定位到第7个字节的位置,接下来要读的是第8个字节,把第8个字节读取到变量ch中(Line 12),然后把ch改为大写字母(Line 14)。写操作的文件位置指针定位到第7个字节(Line 15),把ch写入文件(Line 16)。

Line 9和Line 18中文件流对象fio调用了成员函数rdbuf(),返回指向文件缓冲区的指针。这两条语句的意思是把输入文件流缓冲区中的数据输出到屏幕上。Line 17把文件位置指针移动到文件头,确保Line 18输出缓冲区的所有数据。

9.5 字符串流

字符串流是以内存中用户定义的字符数组为输入/输出对象的数据流。目前,C++语言新标准中规定的字符串流包括输入字符串流istringstream、输出字符串流ostringstream和输入/输出字符串流stringstream,使用这三个类时需要包含头文件＜sstream＞。C++语言新标准规定的字符串流使用string风格的字符串。旧版字符串流包括输入字符串流istrstream、输出字符串流ostrstream和输入/输出字符串流strstream,使用这三个类时需要包含头文件＜strstream＞。旧版字符串流使用C语言风格的字符串。本节只介绍新标准规定的字符串流。

1. istringstream类构造函数

istringstream类构造函数的原型如下:

```
(1) explicit istringstream (ios_base::openmode mode =ios_base::in);
(2) explicit istringstream (const string& str, ios_base::openmodemode =ios_base::
    in);
(3) istringstream (const istringstream&) =delete;
(4) istringstream (istringstream&& x);
```

这四个构造函数分别是默认构造函数、初始化构造函数、拷贝构造函数和移动构造函数。例如:

```
istringstream is;       //创建输入字符串流对象is,默认为只读方式
istringstream is(str);  //创建输入字符串流对象is,is与str建立关联,即以str的内容作
                        //为输入字符串流。其中,str是string类型的对象
```

2. ostringstream类构造函数

ostringstream类构造函数的原型如下:

```
(1) explicit ostringstream (ios_base::openmode which =ios_base::out);
(2) explicit ostringstream (const string& str, ios _base:: openmode which = ios _
    base::out);
(3) ostringstream (const ostringstream&) =delete;
(4) ostringstream (ostringstream&& x);
```

例如：

```
ostringstream os;      //创建输出字符串流对象 os,默认为只写方式
ostringstream os(str); //创建输出字符串流对象 os,os 与 string 类对象 str 建立关联,即
                       //把字符串流存储到 str 对象中
```

3. stringstream 类构造函数

stringstream 类构造函数的原型如下：

```
(1) explicit stringstream (ios_base::openmode which = ios_base::in | ios_base::
    out);
(2) explicit stringstream (const string& str, ios_base::openmode which =ios_
    base::in | ios_base::out);
(3) stringstream (const stringstream&) =delete;
(4) stringstream (stringstream&& x);
```

例如：

```
stringstream ss;      //创建输入/输出字符串流对象 ss,可从字符串流中读数据,也可把数
                      //据写入字符串流中
stringstream ss(str); //创建输入/输出字符串流对象 ss,ss 与 string 类对象 str 建立关
                      //联,既可把字符串存储到 str 对象中(输出),也可把 str 中的内容
                      //作为输入字符串流
```

那么,如何理解字符串流？字符串流中的数据就是一个字符串吗？事实上,不完全是。例如,创建输入字符串流,并且与 string 对象 pi 建立关联：

```
string pi = "3.14159";
istringstream is(pi);
```

从内存角度看,is 中存储的就是一串字符,3.14159 就是输入字符串流的内容；从用户角度看,它既是一个字符串,也是一个浮点型数据,甚至它是整数 3、字符'.'和整数 14159……所以,把它看作什么完全是从应用的角度考虑,即需要它是什么它就是什么。请看下面的示例。

【例 9-11】

```
#include <iostream>
#include <sstream>
using namespace std;
int main ()
{
    string pi = "3.14159";
```

```
Line 7      istringstream ss(pi);
Line 8      double f;
Line 9      ss >>f;
Line 10     cout <<"浮点数 f:" <<f <<endl;
Line 11
Line 12     ss.seekg(0, ios_base::beg);
Line 13     string str;
Line 14     ss >>str;
Line 15     cout <<"字符串 str:" <<str <<endl;
Line 16
Line 17     ss.seekg(0, ios_base::beg);
Line 18     int n, m;
Line 19     char ch;
Line 20     ss >>n;
Line 21     ss.get(ch);
Line 22     ss >>m;
Line 23     cout <<"整数 n:" <<n <<",字符 ch:" <<ch <<",整数 m:" <<m <<endl;
Line 24     return 0;
Line 25 }
```

程序运行结果如图 9-11 所示。

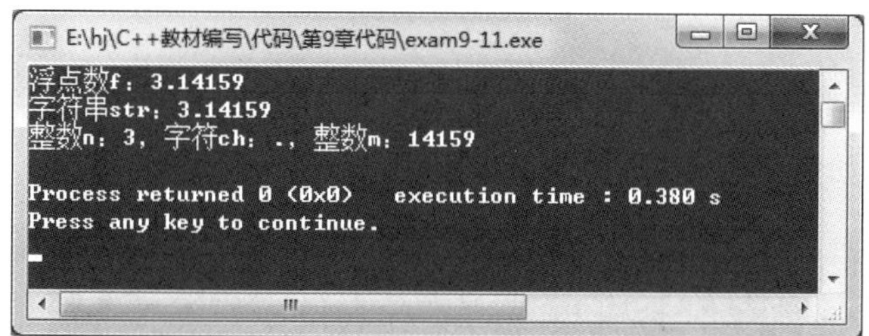

图 9-11 例 9-11 程序运行结果

Line 7 创建输入字符串流,并且与字符串对象 pi 建立关联,则输入字符串流是 3.14159。Line 9 从输入/输出字符串流 ss 中提取数据存储到 double 类型变量 f 中,而输入流 3.14159 完全可以作为 double 类型数据,所以从输入流中提取出来的浮点型数据是 3.14159。Line 12 和 Line 17 的目的是把输入字符串流的起始位置移到流的开头。Line 14 从字符串流中读取一个字符串,存储到 string 对象 str 中。显然,此时把字符串流中的数据看作字符串。Line 20 从输入流中提取整数存储到变量 n 中,第一个字符是 3,可以作为整数;而第二个字符是'.',不能解释为整数,所以只把 3 读进变量 n 中。接下来 Line 21 从流中读取一个字符'.'存储到变量 ch 中,然后把剩余的数字作为整数读到变量 m 中。在本例中,同一个字符串流 ss,流中的内容是固定的(3.14159)。我们既可以把它看作 double 类型数据,也可以把它看作字符串,还可以把它看作整数 3、字符'.'、整数 14159。

字符串流常用作数据类型的转换，如把字符串转换成整数。

【例 9-12】

```
Line 1   #include <iostream>
Line 2   #include <sstream>
Line 3   using namespace std;
Line 4   int str2int(string s)
Line 5   {
Line 6       stringstream ss;
Line 7       ss <<s;
Line 8       int n;
Line 9       ss >>n;
Line 10      return n;
Line 11  }
Line 12  int main ()
Line 13  {
Line 14      string s ="123";
Line 15      int n =str2int(s);
Line 16      cout <<n <<endl;
Line 17      cout <<str2int("12ab") <<endl;
Line 18      return 0;
Line 19  }
```

程序运行结果如图 9-12 所示。

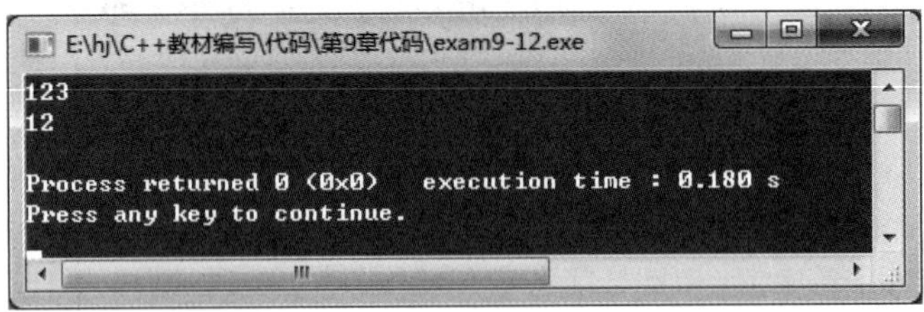

图 9-12　例 9-12 程序运行结果

函数 str2int()的设计思路：利用输入/输出字符串流作为中介，把要转换的字符串写入字符串流，然后从字符串流中把数据提取出来赋值给整型变量。Line 17 的函数调用实参是字符串常量，首先通过 string 类的构造函数把字符串常量赋值给 str2int()函数的形参对象 s。Line 7 把 s 的数据插入字符串流，字符串流的内容是 12ab。Line 9 把字符串流读取出来赋值给整型变量 n，因为第三个字符是字符 a，无法转换成整数，所以仅把整数 12 提取出来赋值给变量 n。

小　结

输入流对象 cin 和输出流对象 cout 是最常用的数据输入/输出工具，配合提取运算符“>>”和插入运算符“<<”实现输入数据和输出数据。得益于输入/输出流类的继承体系，标准输入/输出流、文件流和字符串流有统一的数据输入/输出的方法。例如，cin >> x、fin >> x、ssin >> x 分别从标准输入设备、输入文件流和字符串流中读取一个整数赋值给变量 x(假设它们都已经正确定义)。流状态标志及其相关函数 eof()、fail()、good()和 bad()等经常用于判断流的状态，读者要熟练使用它们。

第10章 异常与断言

在程序设计时通常会遭遇两类错误：语法错误和语义错误。任何程序设计语言都有语法规则，当违反某个语法规则时就会出错，这种错误称为语法错误。例如：

```
If(y ==0)
{
    cout <<"y is Zero";
}
```

上述语句存在语法错误，关键字 if 不能写成 If。通常编译器具有语法检查的功能，能够检查程序中的语法错误。

语义错误是指不正确的逻辑运算，或者不能正确地描述数据的运算过程。例如：

```
if(y =0)
{
    cout <<"y is Zero";
}
```

上述语句存在语义错误，或许这根本实现不了程序员的本意(如果 y 等于零，则输出 y is Zero)，因为无论 y 取何值(即使 y 的确等于零)都不会输出信息 y is Zero。

异常(Exception)是指程序虽然没有语法错误，能够通过编译，但在运行中却无法得到预期的结果，甚至导致程序不能正常终止的行为。例如，要求从键盘上输入两个整数，输出这两个整数的商(整除运算)，主要代码如下：

```
int x, y;
cin >>x >>y;
cout <<x / y;
```

显然，我们永远不能保证 y 的值不等于零。然而，零不能做除数，如果输入 1 和 0 程序将出错①，如图 10-1 所示。

程序出现了崩溃性错误，这就是异常。常见的异常包括除零错误、数组越界、指针访问受保护的内存空间、内存申请失败及打开一个不存在的文件等。为了提高程序的健壮性，在程序设计时必须对任何可能存在的异常情况进行处理，防止系统崩溃。有些异常是可预见的，如上述异常，程序员只需在程序中添加相应的容错代码即可规避这些异常：

---

① 对于除零的情况，不同编译器处理方式不同。有些编译器通过生成一个表示无穷大的浮点值来处理，如 Inf、inf、INF 等；而有些编译器可能出现崩溃性错误结果。

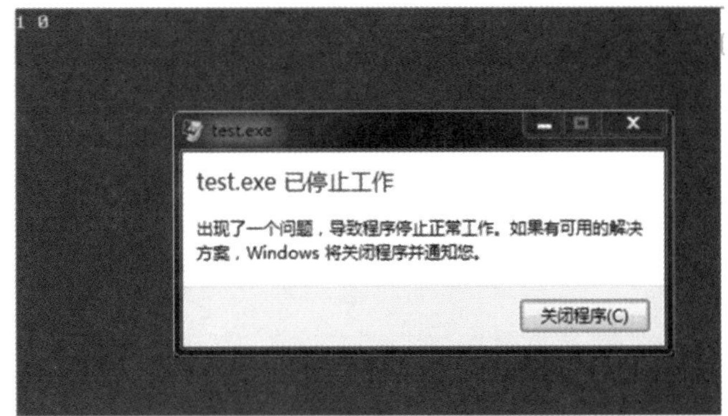

图 10-1　零做除数时程序出错

```
int x, y;
cin >>x >>y;
if(y ==0)
{
    cout <<"error, y is zero!";
    exit(0);
}
cout <<x / y;
```

但是，有些异常是不可预见的，如系统环境的变化导致文件打开失败、内存空间不足等。这时，必须使用 C++ 语言中提供的一些内置语言特性来处理。C++ 语言提供了这种异常处理机制。

10.1　异常处理机制

异常处理机制提供了一种转移程序控制权的方式，将控制权从程序的一个模块传递到另一个模块。在大型程序设计中，模块化程序设计能够简化程序的设计过程。C++ 语言中的模块化程序设计是通过函数调用实现的，函数之间存在明确的调用关系。当在一个函数中出现异常并且该函数不具备异常处理能力时，该函数可以向它的调用者抛出(Throw)一个异常，调用者能够捕获(Catch)异常。此时，程序控制权从出现异常的函数转移到捕获异常的调用者，该调用者可以处理该异常。如果该调用者不能处理该异常，它可以把异常继续抛给它的上一级的调用者处理。

C++ 语言中异常处理包括两部分。

(1) try 语句块。在 try 语句块中检测异常的发生，如果发生异常，使用 throw 命令抛出异常。

(2) catch 语句块。使用 catch 命令捕获异常，在 catch 语句块内按照一定的策略处理异常。

C++ 语言通过 try、throw 和 catch 结构实现异常的检测、抛出及捕获。简单的异常处理结构如下：

```
try
{
    //可能出现异常的代码
    throw 表达式;
}
catch(异常类型 1)
{
    //异常处理语句
}
catch(异常类型 2)
{
    //异常处理语句
}
...
```

其中，catch 语句块必须跟随在 try 语句块的后面，而且 catch 语句块可能有多个。当有多个 catch 子句时，把 throw 后的表达式的类型按顺序依次与 catch 后的异常类型进行匹配。一旦找到匹配一致的 catch 子句，则执行 catch 子句中的代码，按一定的规则处理异常。

接下来，通过一个示例说明异常处理的结构及异常处理机制。两个整数的调和平均数定义为这两个整数的倒数的平均值的倒数。两个整数 m、n 的调和平均数 h 定义为

$$h=\frac{1}{\frac{1}{2}\left(\frac{1}{m}+\frac{1}{n}\right)}=\frac{2mn}{m+n}$$

显然，这两个整数都不能是零，而且这两个整数的和不等于零，否则这两个整数不存在调和平均数。编写程序，从键盘输入两个整数，求这两个整数的调和平均数。

【例 10-1】

```
#include <iostream>
using namespace std;
int main()
{
    int m, n;
    double h;
    cin >>m >>n;
    try
    {
        if(m ==0 || n ==0 || m+n ==0)
        {
            throw 0;
        }
        else
```

```
Line 15         {
Line 16             h =2.0 * m * n / (m +n);
Line 17             cout <<m <<"和" <<n <<"的调和平均数是:" <<h <<endl;
Line 18         }
Line 19     }
Line 20     catch(int)
Line 21     {
Line 22         cout <<m <<"和" <<n <<"不存在调和平均数。" <<endl;
Line 23     }
Line 24     return 0;
Line 25 }
```

如果输入 1 和 2,程序运行结果如图 10-2 所示。

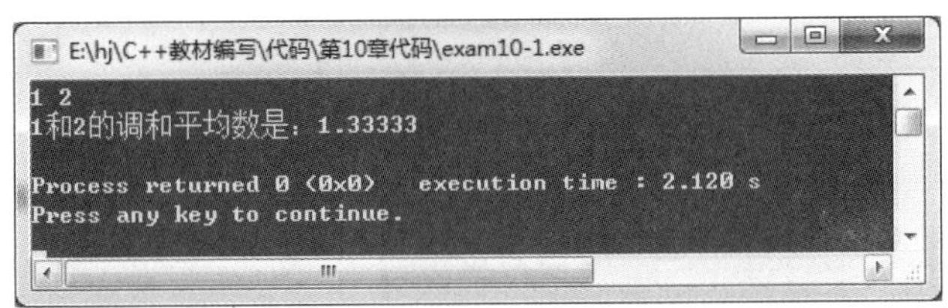

图 10-2 例 10-1 输入 1 和 2 的程序运行结果

如果输入 1 和 0,程序运行结果如图 10-3 所示。

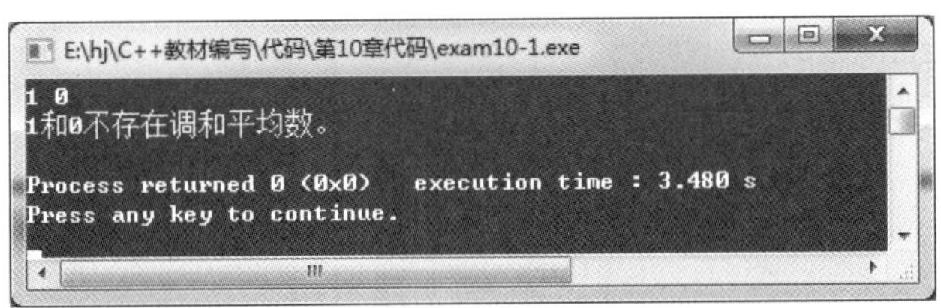

图 10-3 例 10-1 输入 1 和 0 的程序运行结果

例 10-1 对除法运算中分母为零的情况进行了特殊处理,如果分母为零(Line 10)则抛出异常(Line 12),然后程序对异常做出反应,处理异常(Line 20)。

异常处理的基本流程如下。

(1) try 语句块内进行异常检测,如果 try 语句块内没有引起异常(Line 10 条件不满足),则执行 Line 16 和 Line 17 代码,try 语句块执行完毕之后跟在 try 后面的 catch 结构不会执行,随后执行 catch 子句后面的语句,并继续向下执行。

(2) 如果在 try 语句块内检测到异常,在异常发生的位置通过 throw 命令抛出异常(Line 12),创建一个异常对象。此时,程序控制权将从 throw 命令的语句处跳转到 try 语句块的后面。

(3) 当用 throw 命令抛出异常后,程序控制权转移到 try 语句块的后面,依次判断跟随在 try 语句块后面的 catch 子句的异常类型是否与 throw 抛出的对象的类型一致,若一致则该 catch 子句捕获异常。由于 throw 命令抛出一个整数零,与 catch 子句的异常类型 int 一致,因此该 catch 子句捕获异常,执行 catch 子句的代码。

10.2 异常处理机制的剖析

1. 检测异常 try

使用 try 结构检测异常,把可能发生异常的代码放入 try 结构的语句块内,该语句块必须用一对大括号({})括起来。抛出异常的 throw 语句可能在 try 语句块内,也可能在 try 语句块内的被调用函数中。事实上,为了实现模块的重用,抛出异常的模块通常与处理异常的模块不同,即抛出异常与异常处理实现分离。含有抛出异常的函数只注重函数功能的实现,把可能出现的异常交给调用者来处理。

【例 10-2】

```
#include <iostream>
using namespace std;
double hmean(int m, int n)
{
    if(m ==0 || n ==0 || m+n ==0)
    {
        throw 0;
    }
    else
    {
        return 2.0 * m * n / (m +n);
    }
}
int main()
{
    int m, n;
    double h;
    cin >>m >>n;
    try
    {
        h =hmean(m, n);
        cout <<m <<"和" <<n <<"的调和平均数是:" <<h <<endl;
    }
    catch(int)
    {
        cout <<m <<"和" <<n <<"不存在调和平均数。" <<endl;
    }
    return 0;
}
```

该示例中抛出异常与捕获异常分离，程序的执行过程如下。

try语句块中调用函数hmean()，如果函数hmean()中发生异常，抛出整数0，程序控制权从hmean()函数转移到try语句块后的catch()语句，执行相应的catch语句块，然后执行main()函数的剩余语句。

2. 抛出异常throw

用throw语句抛出异常，其语法格式如下：

```
throw 表达式;
```

其中，throw后面的表达式可以是常量、变量或对象。该表达式的类型比表达式的值更重要，因为catch子句在捕获异常时是根据throw抛出的表达式的类型进行判断的，而不是表达式的值。所以，Line 7的代码throw 0与throw 1没有任何区别。如果需要通过throw抛出多个异常，应该通过throw后的表达式的不同类型进行区分。例如：

```
throw 0;          //抛出 int 类型异常,可用 catch(int)捕获该异常
throw 'a';        //抛出 char 类型异常,可用 catch(char)捕获该异常
```

3. 捕获异常catch

catch语句块能够捕获抛出的异常并按照处理规则进行处理，其语法格式如下：

```
catch(异常类型声明)
{
    异常处理语句;
}
```

catch语句块必须紧跟try语句块使用，当throw抛出异常后，程序控制权跳转到catch语句块，如果catch后面的异常类型声明与throw后的表达式的类型一致，则该catch语句块捕获异常。如果需要处理多个不同类型的异常，应该使用多个catch语句块，此时根据catch的排列顺序依次对抛出的异常进行测试，若throw后的表达式的类型与某个catch语句块的异常类型一致，则进入该catch语句块完成异常处理。如果throw后表达式的类型与所有catch后面的异常类型声明都不一致，则该异常无法处理，此时默认情况下系统会调用terminate()函数，而terminate()函数会调用abort()函数终止程序，但也可以修改这种行为。

在catch子句中，还有一种形式用于捕获所有类型的异常，其语法格式如下：

```
catch(...)
{
    异常处理语句;
}
```

这种结构类似于switch语句中的default结构，它用来处理与前面所有catch结构都不匹配的剩余类型的异常。但是，需要注意的是，当有多个catch子句时，这种结构的catch子

句必须放在最后。如果放在前面，因为它能够捕获任何类型的异常，将导致其后的其他catch子句失去作用。

例10-1和例10-2中导致异常的情况有三种：整数m等于零、整数n等于零或者m与n互为相反数。在例10-1和例10-2中没有对这几种情况分别进行讨论。下面，我们将例10-1和例10-2中导致异常的情况划分为两类：整数m或n等于零、m与n互为相反数，对这两种异常分别给予不同的提示。

【例 10-3】

```
#include <iostream>
using namespace std;
double hmean(int m, int n)
{
    if(m ==0 || n ==0)
    {
        throw 0;
    }
    else if(m+n ==0)
    {
        throw 'a';
    }
    else
    {
        return 2.0 * m * n / (m +n);
    }
}
int main()
{
    int m, n;
    double h;
    cin >>m >>n;
    try
    {
        h =hmean(m, n);
        cout <<m <<"和" <<n <<"的调和平均数是:" <<h <<endl;
    }
    catch(int)
    {
        cout <<m <<"或" <<n <<"存在零,而零的调和平均数不存在。" <<endl;
    }
    catch(char)
    {
        cout <<m <<"和" <<n <<"互为相反数,它们的调和平均数不存在。" <<endl;
    }
```

```
Line 36      return 0;
Line 37  }
```

当输入 1 和 0 时，程序运行结果如图 10-4 所示，输入 1 和 −1 时的程序运行结果如图 10-5 所示。

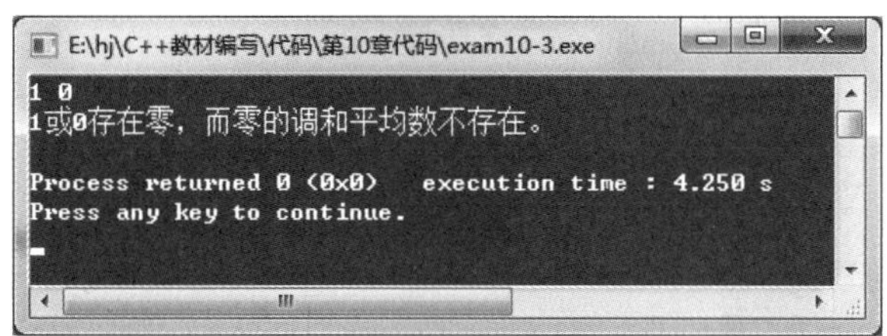

图 10-4　例 10-3 输入 1 和 0 的程序运行结果

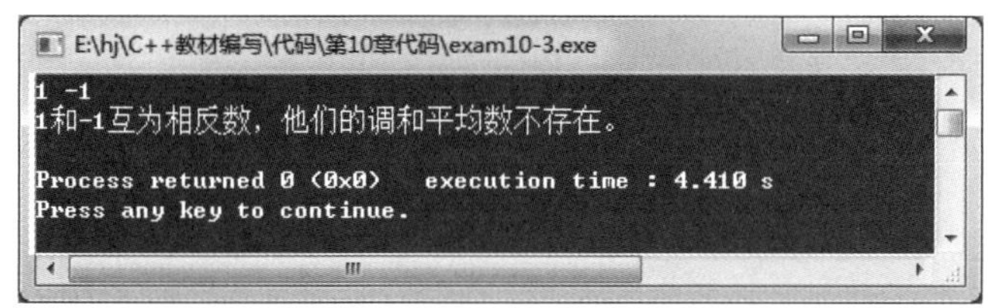

图 10-5　例 10-3 输入 1 和 −1 的程序运行结果

如果例 10-3 的 Line 11 代码修改为 throw("a")，其他代码不变，此时将抛出字符串常量，对应的类型为 char const *。如果发生异常，没有 catch 语句能够捕获该异常，程序会调用 terminate()函数终止程序。

需要说明的是，不同的编译器对这种问题的处理结果略有不同。例如，当输入 1 和 −1 时，程序抛出异常但无法处理该异常，Code::Blocks、Dev-C++ 和 Visual Studio 2013 的程序运行结果不同，分别如图 10-6～图 10-8 所示。

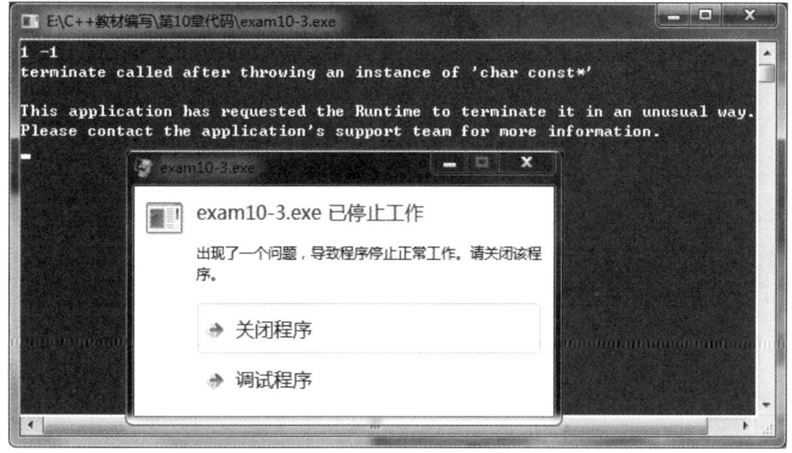

图 10-6　Code::Blocks 程序运行结果

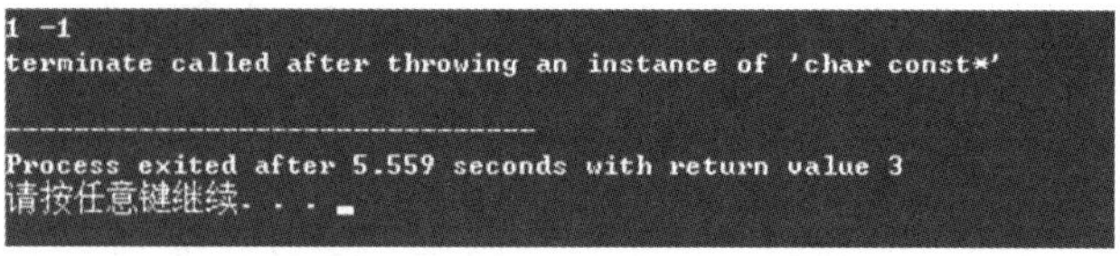

```
1 -1
terminate called after throwing an instance of 'char const*'

--------------------------------
Process exited after 5.559 seconds with return value 3
请按任意键继续. . .
```

图 10-7　Dev-C++ 程序运行结果

图 10-8　Visual Studio 2013 程序运行结果

4. 捕获异常值

当异常发生时，throw 语句抛出异常，throw 后表达式的值称为异常值，该异常值可以传递到 catch 子句，并由 catch 子句处理。这时，catch 子句的语法格式如下：

```
catch(异常类型说明符 变量名)
{
    异常处理语句;
}
```

其中，变量名用于接收 throw 后表达式的值，而且该变量只具有局部作用域，仅在 catch 子句中有效。

10.3 异　常　类

当程序发生异常时，用 throw 抛出的异常值可以是内置数据类型或自定义数据类型的对象。抛出异常类对象可以处理更多的异常信息。通常，发生异常的函数将向其直接调用者或者间接调用者传递一个对象，其目的有两点：一是使用不同的异常类型区分不同的异常；二是对象可以携带更多的信息，程序员可以根据这些信息确定发生异常的原因。

【例 10-4】

```
#include <iostream>
#include <string>
```

```
using namespace std;
class Zero_Hmean
{
public:
    Zero_Hmean(string s):msg(s){};
    string ErrMsg(){return msg;}
private:
    string msg;
};
class Oppo_Hmean                              //opposite number
{
public:
    Oppo_Hmean(int x,int y):m(x), n(y){};
    string ErrMsg()
    {
        return to_string(m)+string{"和"}+to_string(n)+string{"互为相反数,不存在调和平均数。"};
    }
private:
    int m;
    int n;
};
double hmean(int m, int n)
{
    if(m ==0 || n ==0)
    {
        throw Zero_Hmean("其中一个整数是零,不存在调和平均数。");
    }
    else if(m+n ==0)
    {
        throw Oppo_Hmean(m, n);
    }
    else
    {
        return 2.0 * m * n / (m +n);
    }
}
int main()
{
    int m, n;
    double h;
    cin >>m >>n;
    try
    {
        h =hmean(m, n);
```

```
Line 47            cout <<m <<"和" <<n <<"的调和平均数是:" <<h <<endl;
Line 48        }
Line 49        catch(Zero_Hmean zeroHmean)
Line 50        {
Line 51            cout <<zeroHmean.ErrMsg() <<endl;
Line 52        }
Line 53        catch(Oppo_Hmean oppoHmean)
Line 54        {
Line 55            cout <<oppoHmean.ErrMsg() <<endl;
Line 56        }
Line 57        return 0;
Line 58    }
```

程序运行结果如图 10-9 所示。

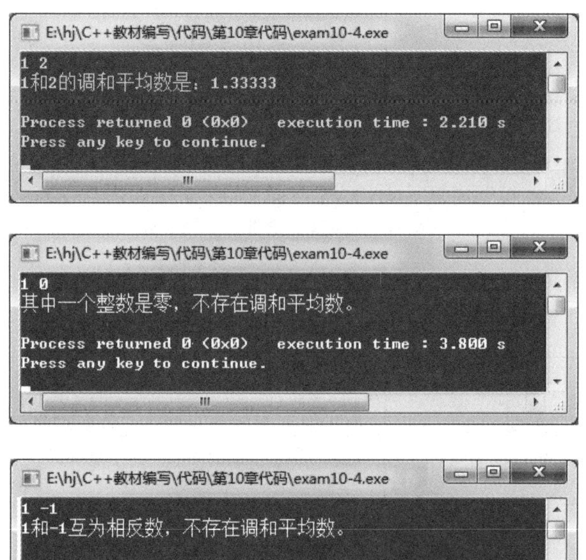

图 10-9　例 10-4 程序运行结果

上例中，当发生异常时抛出类 Zero_Hmean 的对象(Line 28)或者类 Oppo_Hmean 的对象(Line 32)。此时，编译器会调用相应的构造函数实例化对象。抛出异常后，程序的控制权跳转到 catch 子句并执行 catch 子句的代码，执行完 catch 子句的所有代码后，程序的控制权不会重新跳转回抛出异常的函数中。那么，C++ 语言的异常处理机制应该能够自动调用类的析构函数撤销对象。

Line 49 和 Line 53 分别声明了类 Zero_Hmean 的对象和类 Oppo_Hmean 的对象作为形参，接收 throw 抛出的异常对象。当发生异常时，编译器会调用相应类的拷贝构造函数实现对象的复制。接下来，我们修改例 10-4 的类 Zero_Hmean(为了简单起见，Oppo_Hmean 类没有修改)，当输入 0 和 1 时查看程序的运行过程。

【例 10-5】

```
#include <iostream>
#include <string>
using namespace std;
class Zero_Hmean
{
public:
    Zero_Hmean(string s):msg(s){cout <<"调用 Zero_Hmean()构造函数..." << endl;}
    ~Zero_Hmean(){cout <<"调用 Zero_Hmean()析构函数..." <<endl;}
    Zero_Hmean(Zero_Hmean& zh){
        cout <<"调用 Zero_Hmean()拷贝构造函数..." <<endl;
        msg = zh.msg;
    }
    string ErrMsg(){return msg;}
private:
    string msg;
};
class Oppo_Hmean                              //opposite number
{
public:
    Oppo_Hmean(int x,int y):m(x), n(y){};
    string ErrMsg()
    {
        return to_string(m)+string{"和"}+to_string(n)+string{"互为相反数,不存在调和平均数。"};
    }
private:
    int m;
    int n;
};
double hmean(int m, int n)
{
    if(m ==0 || n ==0)
    {
        Zero_Hmean zh("其中一个整数是零,不存在调和平均数。");
        throw zh;
        cout <<"if 语句结束..." <<endl;
    }
    else if(m+n ==0)
    {
        throw Oppo_Hmean(m, n);
    }
    else
```

```
Line 42        {
Line 43            return 2.0 * m * n / (m +n);
Line 44        }
Line 45    }
Line 46    int main()
Line 47    {
Line 48        int m, n;
Line 49        double h;
Line 50        cin >>m >>n;
Line 51        try
Line 52        {
Line 53            h =hmean(m, n);
Line 54            cout <<m <<"和" <<n <<"的调和平均数是:" <<h <<endl;
Line 55        }
Line 56        catch(Zero_Hmean zeroHmean)
Line 57        {
Line 58            cout <<zeroHmean.ErrMsg() <<endl;
Line 59        }
Line 60        catch(Oppo_Hmean oppoHmean)
Line 61        {
Line 62            cout <<oppoHmean.ErrMsg() <<endl;
Line 63        }
Line 64        return 0;
Line 65    }
```

当输入 0 和 1 时,程序运行结果如图 10-10 所示。

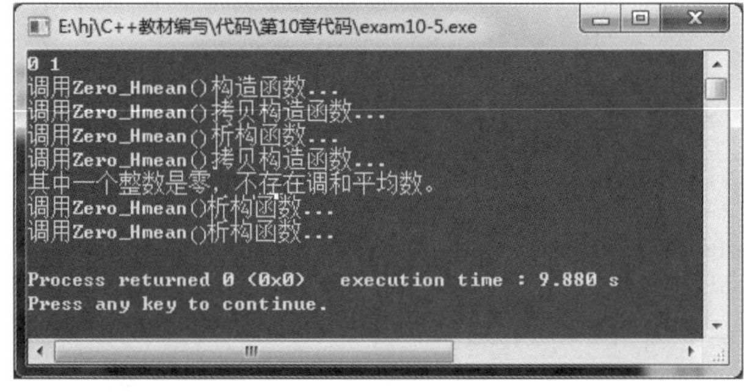

图 10-10　例 10-5 输入 0 和 1 的程序运行结果

可以看出,当程序执行到 Line 33 时,调用 Zero_Hmean()的构造函数实例化对象 zh,然后执行 Line 34,抛出异常对象 zh。事实上,在引发异常时,编译器总会创建一个对象的副本,所以调用拷贝构造函数创建副本对象。执行 throw 命令抛出异常后,C++ 语言的异常处理机制自动调用析构函数撤销对象。try 语句块后面的 catch 子句捕获异常并且把抛出的临时对象传递给 catch 子句中声明的对象,此时调用拷贝构造函数,用副本对象实例化 catch 子句中声明的对象。异常处理完毕后调用析构函数撤销抛出的副本对象和 catch 子句中声明的对象。另外，从程序的执行结果可以看出，catch 子句处理完异常后不会重新返回 throw 命令处(Line 34)。

如果愿意，当发生异常时可以直接抛出一个无名对象，即修改 Line 33 和 Line 34 代码，合并为一句：

```
throw Zero_Hmean("其中一个整数是零,不存在调和平均数。");
```

但是，需要修改类 Zero_Hmean()的拷贝构造函数的参数为常引用(Line 9 代码)：

```
Zero_Hmean(const Zero_Hmean& zh)
```

这里必须使用常引用的理由是，左值引用只能引用变量，而抛出的异常是无名临时对象，当调用拷贝构造函数创建无名临时对象的副本时引用了临时对象。常引用可以引用一个临时对象。事实上，拷贝构造函数的参数使用常引用永远是最好的选择。

但是，需要注意的是，这种情况下不同的编译器处理过程稍有不同，这里不再详细讨论。例如，当输入 1 和 0 时，Code::Blocks 程序运行结果与 Visual Studio 2013 程序运行结果分别如图 10-11 和图 10-12 所示。

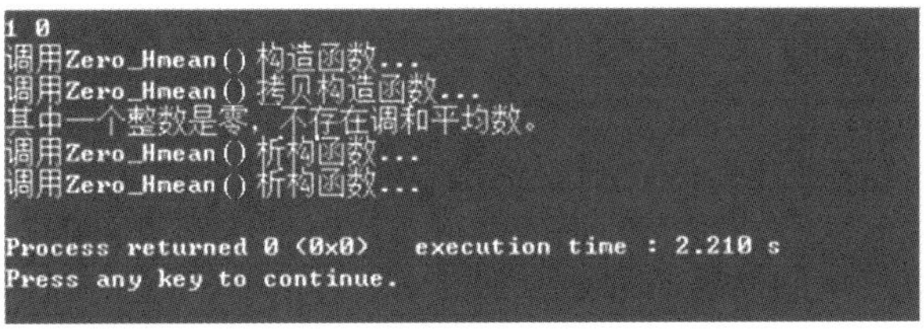

```
1 0
调用Zero_Hmean()构造函数...
调用Zero_Hmean()拷贝构造函数...
其中一个整数是零，不存在调和平均数。
调用Zero_Hmean()析构函数...
调用Zero_Hmean()析构函数...

Process returned 0 (0x0)   execution time : 2.210 s
Press any key to continue.
```

图 10-11　Code::Blocks 程序运行结果

```
1 0
调用Zero_Hmean()构造函数...
调用Zero_Hmean()拷贝构造函数...
调用Zero_Hmean()拷贝构造函数...
调用Zero_Hmean()析构函数...
其中一个整数是零，不存在调和平均数。
调用Zero_Hmean()析构函数...
调用Zero_Hmean()析构函数...
请按任意键继续. . .
```

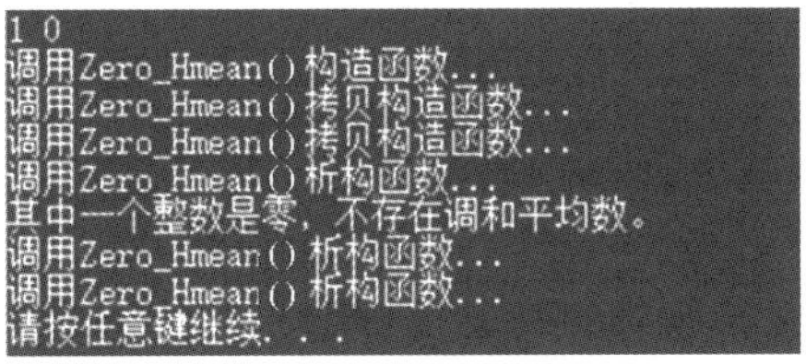

图 10-12　Visual Studio 2013 程序运行结果

前面曾经提出，能够使用类对象的引用作为形参时就不要直接使用类对象作为形参，这么做的目的是减少对象的复制操作，提高程序执行效率。显然，例 10-5 的 Line 56 和 Line 60 修改为如下形式是更好的处理方式：

```
catch(Zero_Hmean& zeroHmean)
catch(Oppo_Hmean& oppoHmean)
```

即使用类对象的引用作为参数。

此时，当输入 1 和 0 时，程序运行结果如图 10-13 所示。

与例 10-5 相比，这样做可以减少对象的复制，也无须调用析构函数撤销 catch 子句的形

```
1 0
调用Zero_Hmean()构造函数...
调用Zero_Hmean()拷贝构造函数...
调用Zero_Hmean()析构函数...
其中一个整数是零，不存在调和平均数。
调用Zero_Hmean()析构函数...

Process returned 0 (0x0)   execution time : 2.250 s
Press any key to continue.
```

图 10-13　使用类引用作为参数的程序运行结果

参对象。

事实上,在 catch 子句中通常都是使用类对象的引用作为形参而不直接使用类对象作为形参。把 catch 子句中的形参声明为对象的引用还有一个重要的作用：基类引用可以引用派生类对象,进而可以使用类的运行时多态性。假设有一组通过继承关联起来的异常类型,尤其是一个异常类层次结构,需要分别处理不同的异常类型,使用基类引用能够捕获任何异常对象。例如：

```
class BaseA{...;}
class DerivedA : public BaseA{...;}
...
try{
    ...;
    throw DerivedA();
    ...;
    throw BaseA();
    ...;
}
catch(BaseA& ba)      //既能捕获基类 BaseA 的对象,也能捕获派生类 DerivedA 对象
{
    cout <<ba.what();
}
```

如果基类 BaseA 中设计了虚函数 what(),在派生类 DerivedA 中重定义虚函数 what(),则对虚函数 what()的调用即可实现运行时多态。

注意

如果有一个异常类继承层次结构,要正确排列 catch 子句的顺序：把捕获位于层次结构最下面的异常类的 catch 子句放在最前面,把捕获基类异常的 catch 子句放在最后面。

10.4 重抛异常

前面提到,通常抛出异常与处理异常进行分离,即抛出异常的函数与处理异常的函数不是同一个函数,这样做的目的是使得抛出异常的函数集中实现函数的功能,而把异常的处理交给调用该函数的上层模块。如果捕获异常的模块没有能力处理捕获的异常,可以通过

throw 命令重新抛出异常，把异常的处理继续交给上层模块。这种行为称为重抛异常，其基本语法格式如下：

```
throw;
```

如果抛出的异常值是某个异常类的对象，将不会创建临时对象，不进行对象的复制。

【例 10-6】

```
#include <iostream>
#include <string>
using namespace std;
class BaseA
{
public:
    BaseA(string s):msg(s){cout <<"调用基类 BaseA 的构造函数..." <<endl;}
    ~BaseA(){cout <<"调用基类 BaseA 的析构函数..." <<endl;}
    string ErrMsg(){return msg;}
private:
    string msg;
};
class DerivedB : public BaseA
{
public:
    DerivedB(string s):BaseA(s){cout <<"调用派生类 DerivedB 的构造函数..." <<endl;}
    ~DerivedB(){cout <<"调用派生类 DerivedB 的析构函数..." <<endl;}
};
void FuncB()
{
    cout <<"函数 FuncA()调用 FuncB(),执行函数 FuncB()..." <<endl;
    int x;
    cin >>x;
    if(x ==0)
    {
        throw DerivedB("输入 0,发生异常,抛出 DerivedB 类对象...");
    }
    if(x ==1)
    {
        throw BaseA("输入 1,发生异常,抛出 BaseA 类对象...");
    }
    cout <<"输入" <<x <<"未有异常" <<endl;
}
void FuncA()
```

```
Line 35 {
Line 36     cout <<"主函数调用 FuncA(),执行函数 FuncA()..." <<endl;
Line 37     try
Line 38     {
Line 39         FuncB();
Line 40     }
Line 41     catch(DerivedB& b)
Line 42     {
Line 43         cout <<"内层 catch,捕获派生类 DerivedB 类异常..." <<endl;
Line 44         cout <<"很遗憾,无法处理的异常,重新抛出..." <<endl;
Line 45         throw;
Line 46     }
Line 47 }
Line 48 int main()
Line 49 {
Line 50     try
Line 51     {
Line 52         FuncA();
Line 53     }
Line 54     catch(BaseA& a)
Line 55     {
Line 56         cout <<"外层 catch,捕获基类 BaseA 类异常..." <<endl;
Line 57         cout <<a.ErrMsg() <<endl;
Line 58     }
Line 59     return 0;
Line 60 }
```

当输入 0 时,程序运行结果如图 10-14 所示。

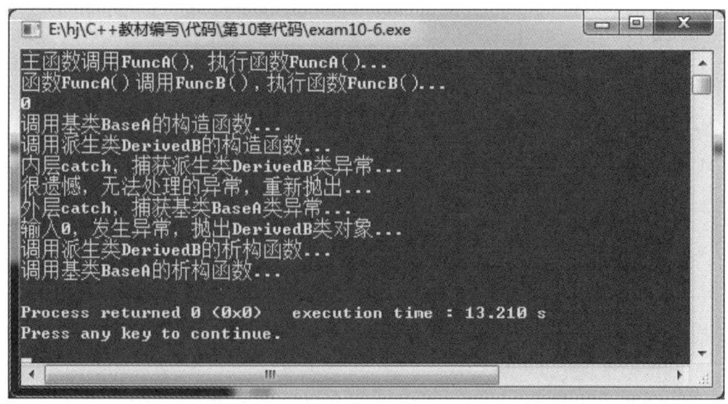

图 10-14　例 10-6 输入 0 的程序运行结果

当输入 1 时,程序运行结果如图 10-15 所示。

当输入其他数时,程序运行结果如图 10-16 所示。

当输入 0 时,抛出 DerivedB 类对象(Line 26)。因为 DerivedB 由基类 BaseA 派生,先调用基类 BaseA 的构造函数,然后调用派生类 DerivedB 的构造函数实例化对象。查找与

```
E:\hj\C++教材编写\代码\第10章代码\exam10-6.exe
主函数调用FuncA()，执行函数FuncA()...
函数FuncA()调用FuncB()，执行函数FuncB()...
1
调用基类BaseA的构造函数...
外层catch，捕获基类BaseA类异常...
输入1，发生异常，抛出BaseA类对象...
调用基类BaseA的析构函数...

Process returned 0 (0x0)   execution time : 2.050 s
Press any key to continue.
```

图 10-15　例 10-6 输入 1 的程序运行结果

图 10-16　例 10-6 输入 3 的程序运行结果

Line 26 的 throw 最近的 catch 子句的类型是否与 DerivedB 类对象匹配，显然与 Line 41 的 catch 子句的类型匹配，该 catch 子句捕获异常并处理该异常。执行到 Line 45 重新抛出异常，查找与 Line 45 的 throw 最近的 catch 子句的类型是否与 DerivedB 类对象匹配。Line 54 是基类 BaseA 的引用，可以捕获派生类对象。处理完异常后先调用派生类的析构函数，再调用基类的析构函数撤销派生类对象。

当输入 1 时，抛出 BaseA 类对象(Line 30)，调用基类 BaseA 的构造函数实例化对象。查找与 Line 30 的 throw 最近的 catch 子句的类型是否与 DerivedB 类对象匹配。显然，Line 41 的 catch 子句中派生类的引用无法捕获基类对象。继续到外层查找与 BaseA 类对象匹配的 catch 子句。显然，Line 54 是基类 BaseA 的引用，可以捕获基类对象。处理完异常后，调用基类的析构函数撤销基类对象。

10.5　exception 类

C++ 语言标准库提供了一系列标准异常类，以类 exception 为基类。exception 类定义在头文件<exception>中，其接口如下：

```
class exception {
public:
  exception () noexcept;
  exception (const exception&) noexcept;
  exception& operator= (const exception&) noexcept;
```

```
    virtual ~exception();
    virtual const char* what() const noexcept;
};
```

其中,关键字 noexcept 表示成员函数不抛出任何异常。虚函数 what()返回字符串,用来描述抛出的异常的相关信息。在 exception 的派生类中可以重新定义 what()函数,以便更好地描述派生类的异常对象所包含的信息。

由基类 exception 直接派生出 bad_alloc、bad_cast 等九个派生类,有些派生类继续派生其他的派生类。C++ 语言提供的标准异常类之间的层次关系如图 10-17 所示。

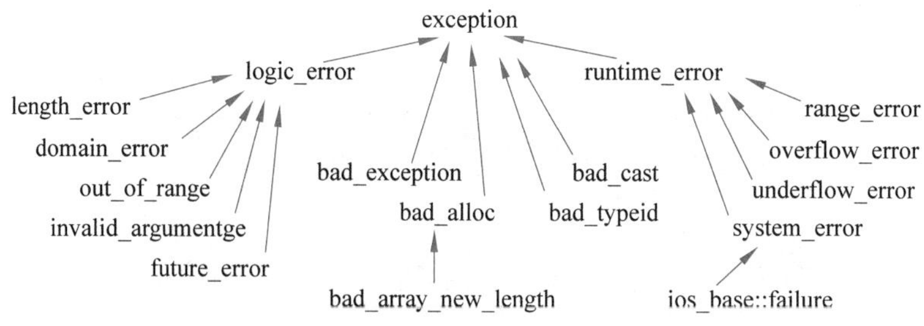

图 10-17 异常类的继承与派生关系

读者无须全部掌握这些标准异常类,本书也不打算对它们做过多的介绍。接下来我们通过两个示例简单介绍标准异常类的使用方法。

1. bad_array_new_length 类

当使用运算符 new 申请数组内存空间失败时,编译器抛出 bad_array_new_length 类型的异常,如申请的空间大小小于零、申请的空间大小超过具体实现时的上界、初始化列表中的元素个数超过数组元素的个数等。使用 bad_array_new_length 类时需要包含头文件<new>。

【例 10-7】

```
#include <iostream>
#include <new>
using namespace std;
int main()
{
    try
    {
        double* pa =new double[-1];
    }
    catch(bad_array_new_length& ba)
    {
        cerr <<"内存申请失败: " <<ba.what() <<endl;
    }
    return 0;
```

```
Line 15 }
```

程序运行结果如图 10-18 所示。

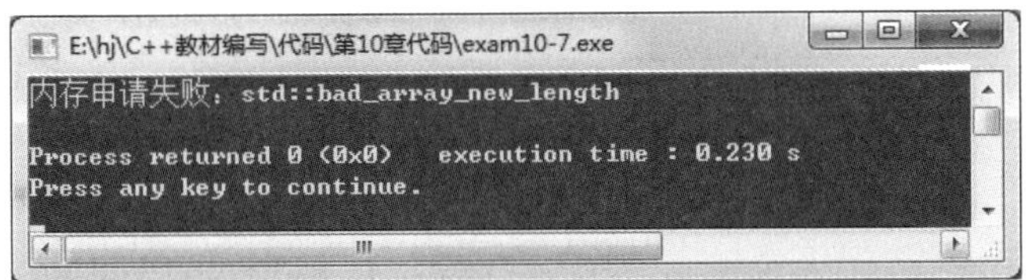

图 10-18 例 10-7 程序运行结果

特别指出，例 10-7 的 Line 8 在不同编译器下编译的结果不同。例如在 Code::Blocks 20.03 版本、Visual Studio 2013 等编译器下编译时提示语法错误：

```
Code::Blocks 20.03 提示：error: size of array is negative
Visual Studio 2013 提示：error C2148: 数组的总大小不得超过 0x7fffffff 字节
```

如果提示 Line 8 有语法错误，无法编译，读者可以把－1 改为一个非常大的整数，如 INT_MAX(需要包含头文件 climits)。

2. out_of_range 类

当下标越界时会抛出 out_of_range 类，使用 out_of_range 类时需要包含头文件 <stdexcept>。例如，在使用数组元素时编译器不对数组元素的下标做越界检查，程序员可以设计程序检查下标是否越界，如果越界可抛出 out_of_range 类异常。

【例 10-8】

```
#include <iostream>
#include <stdexcept>
using namespace std;
int main()
{
    int data[10] ={1, 2, 3, 4, 5, 6, 7, 8, 9, 10};
    int index;
    try
    {
        cin >>index;
        if(index >9) throw out_of_range("数组下标越界!");
        cout <<data[index] <<endl;
    }
    catch(out_of_range& outrange)
    {
        cerr <<"发生异常: " <<outrange.what() <<endl;
    }
    return 0;
}
```

程序运行结果如图 10-19 所示。

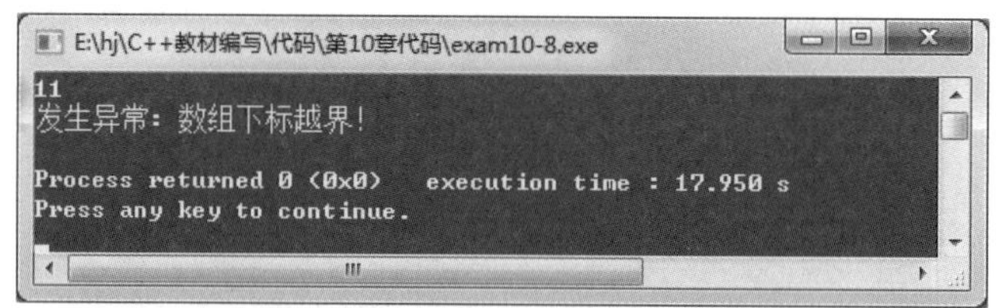

图 10-19　例 10-8 程序运行结果

Line 11 抛出 out_of_range 类对象，out_of_range 类的构造函数需要一个 string 类型的参数，out_of_range 类的成员函数 what()可以得到该参数值。

10.6　断言与静态断言

1. 断言

断言(Assertion)为程序调试提供了一个强有力的手段。例如，在某行代码中的变量 x 不能等于零。这时，我们可以通过断言假设 x 不等于零，当程序运行到这行代码时检查 x 的值是否等于零，若不等于零，断言正确，否则断言失败。如果断言失败，系统将调用 abort()函数结束程序的运行，并且给出相应的提示信息，包括出错的行号、断言表达式等。

在 C++ 语言中，用宏 assert()实现断言，并需要包含头文件<cassert>。宏 assert()的使用格式如下：

```
assert(表达式);
```

其中，表达式通常是布尔类型，如果表达式的值为 true，断言正确，否则断言失败。

【例 10-9】

```
#include <iostream>
#include <cassert>
using namespace std;
int main()
{
    int x;
    x =0;
    assert(x !=0);
    return 0;
}
```

程序运行结果如图 10-20 所示。

图 10-20　例 10-9 程序运行结果

注意

断言应该在程序的调试阶段使用，在程序的发布版本中一般不使用断言。断言一旦失败，将执行 abort()函数终止程序的执行。所以，如果需要调试程序，应该在发生断言的位置设置断点，检查变量的值。

2. 静态断言

静态断言(static_assertion)是在编译时就能够进行程序检查的断言。静态断言是 C++ 语言的标准语法，不需要引用头文件，其语法格式如下：

```
static_assert(常量表达式, 提示信息字符串);
```

其中，常量表达式通常是布尔类型。编译时首先运算常量表达式的值，若为 true，则断言正确，不执行任何操作，程序继续完成编译；若为 false，则断言失败，产生编译错误，并给出相应提示。

【例 10-10】

```
#include <iostream>
#include <cstring>
using namespace std;
int main()
{
    char str1[10];
    char str2[20] = "China";
    static_assert(sizeof(str1) >= sizeof(str2), "目标字符串长度不能小于源
      字符串长度!");
    strcpy(str1, str2);
    return 0;
}
```

进行字符串复制时,要求目标字符串的长度不应小于源字符串的长度,可以通过静态断言达到这一要求。如果不符合要求则编译出错,出错提示信息如图 10-21 所示。

Line	Message
	=== Build file: "no target" in "no project" (compiler: unknown) ===
	In function 'int main()':
8	error: static assertion failed: 目标字符串长度不能小于源字符串长度!
	=== Build failed: 1 error(s), 0 warning(s) (0 minute(s), 0 second(s)) ===

图 10-21　例 10-10 编译时出错提示信息

注意

静态断言需要在编译阶段计算表达式的值,所以要求该表达式必须是常量表达式。

小　　结

习近平总书记在二十大报告中指出:"国家安全是民族复兴的根基,社会稳定是国家强盛的前提。必须坚定不移贯彻总体国家安全观,把维护国家安全贯穿党和国家工作各方面全过程,确保国家安全和社会稳定。"同样,安全与稳定是程序得以生存与应用的前提与保障。在程序设计中要充分考虑程序的安全性以及稳定性,使用 C++ 提供的异常处理与静态断言等技术可以发现并处理程序中存在的缺陷与错误。

在程序设计时应该在程序中加入异常处理,而不是以后再添加。这是程序设计的基本原则。把直接或者间接导致异常的函数调用放在 try 语句块内,catch 语句块紧跟在 try 语句块的后面。一旦函数中发生异常,终止当前执行的函数,把程序控制权转移到与异常类型匹配的 catch 语句块,在 catch 语句块中处理异常。断言用于处理不应该发生的非法情况,对于可能发生的非法情况使用异常处理。在断言的使用中,应该遵循这样的一个规定:对来自系统内部的可靠数据使用断言;对于外部不可靠数据不能使用断言,而应该使用错误处理代码。

参 考 文 献

1. Bjarne Stroustrup. The C++ Programming Language[M]. 4 Edition. Addison-Wesley, 2013.

2. 传智播客高教产品研发部. C++ 程序设计教程[M]. 北京：人民邮电出版社，2015.

3. Stephen Prata. C++ Primer Plus(中文版)[M]. 张海龙，袁国忠，译. 6 版. 北京：人民邮电出版社，2012.

4. 谭浩强. C++ 程序设计[M]. 3 版. 北京：清华大学出版社，2015.

5. 郑莉，董渊，何江舟. C++ 语言程序设计[M]. 北京：清华大学出版社，2010.